U0295928

中法卓越工程师培养工程

高等数学
导论 （中法双语版）

上海交通大学巴黎卓越工程师学院 组编

吉宏俊
【法】瓦伦丁 · 维诺莱斯 主编
(Valentin VINOLES)

Fondamentaux de mathématiques

上海交通大学 出版社
SHANGHAI JIAO TONG UNIVERSITY PRESS

内容提要

本书为“中法卓越工程师培养工程”系列教材之一，是一本为中法两国大学及工程师教育设计的高等数学先修教材。主要内容包括命题逻辑、集合论、映射与函数、求和与乘积、计数原理、等价关系与序关系以及数学证明方法等，旨在为高等数学、微积分、线性代数、概率与统计、离散数学等大学数学课程的学习打下基础。

本书采用中法双语对照模式撰写，内容充分考虑中法两国高等教育关于理科与工科对数学知识的基本需求，确保读者能够掌握大学数学课程的先修知识。本书适合高三学生、大学生以及具有初等法语水平的学习者使用，既可以作为大学先修数学课程的教材，也可供对数学和法语感兴趣的读者阅读参考。

图书在版编目（CIP）数据

高等数学导论：汉、法／吉宏俊，（法）瓦伦丁·
维诺莱斯（Valentin Vinoles）主编. -- 上海：上海交
通大学出版社，2024.10 -- ISBN 978-7-313-31713-1

Ⅰ.O13

中国国家版本馆CIP数据核字第2024DZ9940号

高等数学导论（中法双语版）
GAODENG SHUXUE DAOLUN（ZHONGFA SHUANGYUBAN）

主　　编：吉宏俊　　［法］瓦伦丁·维诺莱斯	
出版发行：上海交通大学出版社	地　　址：上海市番禺路951号
邮政编码：200030	电　　话：021-64071208
印　　制：上海万卷印刷股份有限公司	经　　销：全国新华书店
开　　本：710mm×1000mm 1/16	印　　张：19.75
字　　数：400千字	
版　　次：2024年10月第1版	印　　次：2024年10月第1次印刷
书　　号：ISBN 978-7-313-31713-1	
定　　价：68.00元	

Remerciements 鸣谢

Nous tenons à exprimer notre gratitude pour tout le soutien et toute l'aide que nous avons reçus lors de la rédaction de cette ouvrage.

Nous remercions tout particulièrement l'École d'Ingénieurs Paris SJTU de l'Université Jiao Tong de Shanghai, la *School of Mathematical Sciences* de l'Université Jiao Tong de Shanghai ainsi que le bureau des affaires académiques de l'Université Jiao Tong de Shanghai pour leurs encouragements et leur soutien lors de la rédaction de ce manuel.

Nous rendons hommage à tous les experts qui ont participé à la révision du manuscrit, leur professionnalisme a grandement contribué à l'amélioration de la qualité de ce livre. Nous tenons également à remercier les professeurs de mathématiques de l'École d'Ingénieurs Paris SJTU et les étudiants de la classe sino-française 2301 pour leur lecture attentive du manuscrit et leurs précieuses suggestions au cours de la première phase de rédaction.

Nous remercions également les Presses de l'Université Jiao Tong de Shanghai pour avoir assuré la publication de cet ouvrage. Enfin, nous exprimons notre plus sincère gratitude à toutes les personnes et institutions qui ont apporté leur aide et leur soutien lors de la rédaction et de la publication de cet ouvrage.

在本书的撰写过程中，我们得到许多支持与帮助，在此我们表示最深切的感谢。

在这里，我们要特别感谢上海交通大学巴黎卓越工程师学院、上海交通大学数学科学院以及上海交通大学教务处对本教材的撰写给予了极大的鼓励和支持。

我们向所有参与审稿的专家表示敬意，他们的专业意见对提升本书的质量起到了关键作用。我们还要特别感谢，在初稿阶段巴黎卓越工程师学院数学组老师及中法2301班同学对书稿的试读并提出宝贵的建议。

特别鸣谢上海交通大学出版社，确保了本书的顺利出版。最后，我们对所有在本书撰写和出版过程中给予帮助和支持的个人和机构表示最诚挚的谢意。

序言

在全球化的大潮中，中法两国的友谊与合作不断深化，特别是在高等教育领域，我们见证了无数的交流与融合。上海交通大学巴黎卓越工程师学院（SPEIT）成立于2012年，是上海交通大学为积极践行教育部"卓越工程师教育培养计划"，与法国四所世界顶尖工程师学校联合成立的学院，亦是上海交通大学"综合性、创新型、国际化"办学方针的集中体现。我们以"强基多元、全球视野、行业精英"为培养理念，致力于融合中法双方的教育资源，构建了由本院专任教师、校内导师、来访教师、企业专家和客座教授构成的多元师资体系。

巴黎卓越工程师学院始终坚持秉承"求实学，务实业"的宗旨，以培养"第一等人才"为教育目标。在十几年的教学实践中，学院积累了宝贵的教育教学经验，为了将这些宝贵的经验归纳、沉淀、推广，我们与上海交通大学出版社合作，出版了"中法卓越工程师培养工程"系列教材。全系列图书共计三十余本，是国内工程教育领域的首套法文系列教材，内容非常丰富，涵盖工程师教育基础阶段的数学、物理、化学等教材。《高等数学导论》是系列教材中的重要一员，它是一本衔接高中数学与大学数学的桥梁，吸纳了中国大学本科和法国预科阶段对数学基础知识的结构体系，注重培养学生的数学思维和解决实际问题的能力，旨在为学生提供坚实的数学基础，帮助他们平滑过渡到更高层次的数学学习。

本教材采用中法双语对照，这不仅是为了适应中国学生和以法语为母语的留学生的实际需求，更是为了促进两种语言和文化的交流与理解。我们相信，语言是沟通的桥梁，通过双语学习，中外学生将能够更好地理解不同文化背景下的思维方式，逐渐培养跨语言和跨文化学习能力。因此，它不仅是一本数学书，更是中法融合国际化教育教学实践的载体。

最后，我们期待广大读者提供宝贵的意见和建议。我们希望通过持续的交流与合作，不断完善和提升本教材，使其成为中法高等教育合作的杰出成果，并最终构建起一个具有中国特色的卓越工程师培养体系。

陈彩莲
2024 年 9 月

Préambule 前言

Avec l'essor de la mondialisation, les échanges et la coopération entre la Chine et la France dans le domaine de l'enseignement supérieur sont devenus de plus en plus fréquents et importants. Cet ouvrage vise à fournir une base mathématique solide pour les formations franco-chinoises au sein des universités et des écoles d'ingénieurs.

Le contenu de cet ouvrage couvre les prérequis nécessaires afin de suivre les cours de mathématiques du supérieur comme le *calculus*, l'analyse, l'algèbre linéaire, les probabilités et les statistiques, les mathématiques discrètes, etc.

Ce livre est divisé en sept chapitres.

- Le premier chapitre concerne la logique propositionnelle (calcul des propositions), l'accent est mis sur la logique mathématique permettant ainsi des raisonnements mathématiques rigoureux.
- Le deuxième introduit les ensembles, leurs propriétés et diverses opérations pouvant être effectuées sur eux. On y présente également les quantificateurs permettant de manipuler des propositions dépendantes de variables.
- Le troisième présente la notion d'application/fonction et notamment les notions d'injections, de surjections et de bijections qui jouent un rôle central en mathématiques.
- Le quatrième reprend différentes méthodes de démonstration vues dans les chapitres précédents et en introduit de nouvelles, notamment la démonstration par récurrence.
- Le cinquième expose la manipulation et le calcul de sommes et de produits notamment via l'utilisation des symboles Σ et Π ; on y présente également des sommes classiques comme les sommes géométriques.
- Le sixième chapitre présente les bases du dénombrement et, en particulier, une définition rigoureuse de la notion d'ensemble fini. On y voit également un certain de nombres de concepts de dénombrement qui ont leur utilité en probabilités et statistiques : principe additif, principe multiplicatif, permutations, etc. On y présente également les coefficients binomiaux et la célèbre formule du binôme de Newton. On trouve à la fin une introduction à la notion de dénombrabilité.

- Le septième et dernier chapitre se concentre sur les notions de relation d'équivalence et de relation d'ordre. On y présente la notion centrale d'ensemble quotient et l'exemple fondamental de $\mathbb{Z}/n\mathbb{Z}$ y est présenté.

Au cours de ces chapitres, nous présentons diverses méthodes et idées de démonstration couramment utilisées dans les mathématiques du supérieur.

Afin de prendre en compte les besoins fondamentaux en mathématiques pour l'enseignement des sciences et de l'ingénierie en Chine et en France et la coopération franco-chinoise, ce livre est rédigé dans un mode bilingue français-chinois. Nous espérons que cette manière innovante d'écrire pourra apporter de nouvelles perspectives pour l'enseignement des mathématiques dans les formations franco-chinoises au sein des universités et des écoles d'ingénieurs.

Ce livre peut être utilisé par les élèves de lycée comme un manuel préparatoire de mathématiques ou pour les étudiants en début d'enseignement supérieur à l'université ou en école d'ingénieurs. Ce livre convient également aux étudiants ayant un niveau débutant en français, voire inexistant.

Malgré toute notre attention, des inexactitudes et même des erreurs sont inévitables. Les lecteurs sont invités à nous indiquer tout commentaire, toute critique et toute correction.

JI HONGJUN et Valentin VINOLES
Septembre 2024
Université Jiao Tong de Shanghai

随着全球化的不断深入，中法两国在高等教育领域的交流与合作日益频繁。本书旨在为中法两国的大学和工程师交叉融合的教育，提供坚实的数学基础。

本书内容涵盖了高等数学、数学分析、微积分、线性代数、概率与统计、离散数学等大学数学相关课程的先修知识。全书共分为七个章节，包括命题逻辑、集合论、映射与函数、求和与乘积、计数原理、等价关系与序关系以及数学证明方法。

在命题逻辑章节中，重点介绍数理逻辑理论，旨在培养严谨思维和数学推理能力。在集合论章节中，介绍了集合的性质和运算，并重点介绍了笛卡尔积。在集合的基础上，我们引出了映射与函数章节，分析了集合与映射的联系，并展开介绍了映射的性质等。在求和与乘积中，我们学习了有限项情况下多项求和与多项乘积的性质和计算方法等，为数学分析中数列与级数内容的学习打下基础。在计数原理章节中，我们首先介绍了有限集基数的概念以及与映射关系，同时还介绍了概率与统计课程的先修知识如加法原理、乘法原理、排列、组合、置换、二项式公式等内容，并且引出不可数集的定义和性质等。最后我们介绍了离散数学中关系与序关系并重点介绍了商空间。在学习全书章节的过程中，我们也总结了大学数学学习过程常用的证明思路和方法。

为了兼顾中法两国在理科与工科教育中对数学知识的基本需求和中法融合，本书采用中文和法语双语对照模式进行撰写。我们希望，这种创新的教材编写方式能够为中法两国的数学和工程师教育的交叉融合带来新的视角。

本书可以作为高三学生或者大学生学习大学数学课程的先修数学教材，本书也适合零基础和初等法语水平的学生学习和使用。

由于编者水平和能力有限，不妥甚至错误之处在所难免，欢迎广大读者给予批评和指正。

吉宏俊和瓦伦丁·维诺莱斯
2024 年 9 月于
上海交通大学

Table des matières 目录

Lexique mathématique franco-chinois
数学术语中法对照表

Voici un petit lexique mathématique franco-chinois reprenant du vocabulaire employé tout au long de ce livre. On pourra aussi consulter l'index à la fin.

下表收录了本书中一些数学术语相关词汇。在本书末的索引中，可以查阅更多相关词汇。

associativité	结合率
associer	对应
axe des abscisses, des ordonnées	横坐标轴，纵坐标轴
axiome	公理
calcul algébrique	代数计算
caractérisation	特征
carré (d'un nombre)	数的平方
chapitre	章节
commutativité	交换率
comparaison	比较
construction (d'un objet mathématique)	构建
contre-exemple	反例
couple	二元组，有序对
courbe (d'une fonction)	函数曲线

définition	定义
démonstration	证明
différent $\neq$	不等
distinction de cas	分类讨论
distributivité	分配率
division euclidienne	欧几里得除法
double	双重
droite horizontale/verticale	水平线，垂直线
égal $=$	等于
exemple	例题
exercice	习题
existence	存在性
entier naturel	自然数
entier relatif	整数
équation	方程
faux	假
flèche	箭头
impair (entier)	奇数
inconnue (pour une équation)	未知数（方程）
inégalité	不等式
intervalle	区间
lemme	引理
méthode	方法
négatif (nombre)	负数
nombre premier	素数，质数
nombre rationnel	有理数
nombre réel	实数
notation	记法
opération	运算
page	页数

pair (entier)	偶数
parenthèses « (», «) »	括号
parité (d'un entier)	奇偶性
partie entière	整数部分
point d'intersection	交点
positif (nombre)	正数
produit	乘积
propriété	性质
quotient (d'une division euclidienne)	商
raisonnement	论证，推理
remarque	注释
réflexivité	自反性
reste (d'une division euclidienne)	余数
segment	闭区间
signe (d'un nombre)	正负号（数）
solution (d'une équation)	解（方程）
somme	和
symbole	符号
table de vérité	真值表
théorème	定理
transitivité	传递性
triple	三重
triplet	三元组
unicité	唯一性
valeur absolue	绝对值
variable	变量
vrai	真

Liste de notations
符号列表

Voilà la liste récapitulative des notations introduites dans ce livre, par ordre d'apparition.

下表是本书中按章节顺序出现的符号。

Chapitre 1

V, F	vrai, faux	(notation 1.1 p.2)
non P, $\neg P$	négation de P	(définition 1.2 p.3)
P et Q, $P \wedge Q$	conjonction (et) de P et Q	(définition 1.3 p.3)
P ou Q, $P \vee Q$	disjonction (ou) de P et Q	(définition 1.4 p.4)
P ou bien Q, $P \oplus Q$	« ou exclusif » de P et Q	(remarque 1.5 p.5)
$P \iff Q$	équivalence de P et Q	(définition 1.5 p.6)
$P \implies Q$	implication de P vers Q	(définition 1.6 p.11)

Chapitre 2

$P(x)$, $P(x_1, \ldots, x_n)$	proposition dépendante d'objets	(notation 2.1 p.30)
$x \in E$, $x \notin E$	appartenance ou non de x à E	(notation 2.2 p.30)
$\mathbb{N}$	ensemble des entiers naturels	(définition 2.2 p.31)
$\mathbb{Z}$	ensemble des entiers relatifs	(définition 2.2 p.31)
$\mathbb{Q}$	ensemble des nombres rationnels	(définition 2.2 p.31)
$\mathbb{R}$	ensemble des nombres réels	(définition 2.2 p.31)

$\{x_1, \ldots, x_n\}$	ensemble en extension	(définition 2.4 p.33)
$[\![a, b]\!]$	intervalle d'entiers entre a et b	(notation 2.3 p.34)
$\{x \in A \mid P(x)\}$	ensemble en compréhension	(définition 2.6 p.35)
X^*, $X_\pm$, $X_\pm^*$	sous-ensemble spécifique	(notation 2.4 p.38)
$[a, b]$, $[a, b[$, $]a, b]$, $]a, b[$	intervalles	(définition 2.7 p.39)
$\forall$	quantificateur universel	(définition 2.8 p.40)
$\exists$	quantificateur existentiel	(définition 2.9 p.40)
$\exists!$	quantificateur d'existence unique	(définition 2.10 p.42)
$\lfloor x \rfloor$	partie entière de x	(exemple 2.17 p.51)
$A \subset B$, $A \not\subset B$	inclusion ou non de A dans B	(définition 2.11 p.52)
$\varnothing$	ensemble vide	(définition 2.12 p.56)
$\mathscr{P}(E)$	ensemble des parties de E	(définition 2.13 p.57)
$A \cap B$	intersection de A et de B	(définition 2.14 p.59)
$A \cup B$	union de A et de B	(définition 2.15 p.60)
$A \setminus B$	différence de B dans A	(définition 2.17 p.63)
$\overline{A}$, A^{c}	complémentaire de A	(définition 2.18 p.64)
(a, b)	couple formé de a et b	(définition 2.19 p.68)
$(a_1, \ldots, a_n)$	n-uplet formé de $a_1, \ldots, a_n$	(définition 2.20 p.69)
$A \times B$, $A_1 \times \cdots \times A_n$ $\prod_{i=1}^{n} A_i$, A^n	produit cartésien	(définition 2.21 p.70)
$(A_i)_{i \in I}$	famille d'ensembles	(définition 2.22 p.74)
$\bigcap_{i \in I} A_i$	intersection des A_i, $i \in I$	(définition 2.23 p.74)
$\bigcup_{i \in I} A_i$	union des A_i, $i \in I$	(définition 2.23 p.74)
$|x|$	valeur absolue de x	(exercice 2.4 p.82)
$A \,\Delta\, B$	différence symétrique de A et B	(exercice 2.13 p.84)

Chapitre 3

$f : E \to F$	application/fonction de E dans F	(notation 3.1 p.89)

$f(x)$	image de x par f	(définition 3.2 p.89)
$f(x_1, \ldots, x_n)$	application de plusieurs variables	(notation 3.2 p.95)
F^E, $\mathscr{F}(E, F)$	ensemble des applications de E dans F	(notation 3.3 p.95)
id_E	application identité de E	(définition 3.4 p.96)
$i_{E,F}$	injection canonique de E dans F	(définition 3.5 p.97)
$\mathbb{1}_A$	fonction indicatrice de A	(définition 3.6 p.97)
p_E	projection canonique sur E	(définition 3.7 p.98)
$g \circ f$	composée de f et de g	(définition 3.8 p.98)
$\mathrm{Im}\, f$	image de f	(définition 3.9 p.101)
$f(E')$	image directe de E' par f	(définition 3.9 p.101)
$f^{-1}(F')$	image réciproque de F' par f	(définition 3.10 p.106)
$f|_A$	restriction de f à A	(définition 3.11 p.108)
$f|^B$	corestriction de f à B	(définition 3.12 p.109)
f^{-1}	bijection réciproque de f	(définition 3.17 p.121)
$(x_i)_{i \in I}$	famille d'éléments	(définition 3.18 p.128)

Chapitre 4

$$a \mid b \quad a \text{ divise } b \quad \text{(définition 4.1 p.161)}$$

Chapitre 5

$\displaystyle\sum_{i \in I} a_i$	somme des éléments de la famille $(a_i)_{i \in I}$	(définition 5.1 p.170)
$\displaystyle\sum_{i=n}^{p} a_i$	somme des éléments de la famille $(a_i)_{i \in [\![n,p]\!]}$	(définition 5.1 p.170)
$\displaystyle\prod_{i \in I} a_i$	produit des éléments de la famille $(a_i)_{i \in I}$	(définition 5.3 p.187)
$\displaystyle\prod_{i=n}^{p} a_i$	produit des éléments de la famille $(a_i)_{i \in [\![n,p]\!]}$	(définition 5.3 p.187)
$n!$	factorielle de n	(définition 5.5 p.190)
$\displaystyle\sum_{\substack{n \leqslant i \leqslant p \\ q \leqslant j \leqslant r}} a_{i,j}$	somme double indexée par $[\![n,p]\!] \times [\![q,r]\!]$	(notation 5.1 p.192)

Chapitre 6

Chapitre 7

Chapitre 1

Logique propositionnelle
命题逻辑

Ce chapitre présente principalement l'une des bases de la logique mathématique : la logique propositionnelle (aussi appelée calcul des propositions). La logique est essentielle à la pratique des mathématiques donc en particulier à son apprentissage. Elle est le point d'appui d'une pensée rigoureuse et des raisonnements mathématiques mais aussi à la base de concepts mathématiques plus complexes et de la résolution de problèmes.

Le but ici n'est pas de présenter la logique formelle – qui est un vaste et profond domaine des mathématiques – mais simplement de donner des outils qui permettront une pratique rigoureuse des mathématiques. Ainsi, nous donnons seulement une définition « intuitive » de la notion de *proposition* (définition 1.1 p.2) et nous exposons la logique propositionnelle à partir de ce point.

本章主要介绍了数理逻辑的基础知识：命题逻辑。逻辑对数学学习至关重要，是数学学习和思维的核心。逻辑能培养严谨的思维和数学推理能力，也是解决复杂数学问题的基础。本章的目标不是学习整个逻辑学（数学中一个广泛而深入的领域）并深入探讨形式逻辑的复杂性，而是聚焦在今后数学分析、线性代数、概率论等课程中所应用的数理逻辑理论。因此，本章将从命题的定义（定义 1.1 p.2）出发并展开相关内容的介绍。

1.1   Proposition 命题

> **Définition 1.1** – proposition 命题
>
> Une *proposition* est une « phrase mathématique » [a] à laquelle on attribue la valeur « vraie » ou bien la valeur « fausse ».
>
> ───────────
> a. Voir la remarque 1.1 p.2.
>
> ─
>
> 能够判定真假的数学语言，称作为**命题**。

Remarque 1.1

Comme expliqué dans l'introduction de ce chapitre, cette définition est volontairement floue car nous n'avons pas défini précisément ce qu'est une « phrase mathématique ». On se contentera d'en avoir une idée « intuitive ».

─ ─

正如本章引言中所说，本命题的定义似乎是模糊的。因为我们没有确切地定义什么是"数学语言"。我们将会在后续内容中进一步讨论，从而有一个更"直观"的理解。

> **Notation 1.1** – vrai (V), faux (F) 真，假
>
> Les valeurs possibles d'une proposition sont notées V (pour « vraie ») et F (pour « fausse »).
>
> ─
>
> 命题为真时记作 V，命题为假时记作 F，命题的真和假称作为命题的**真值**。

Remarque 1.2

1. On dit parfois « assertion » au lieu de « proposition ».
2. Une proposition ne peut pas admettre d'autres valeurs que « vraie » ou « fausse ». Elle ne peut pas admettre ces deux valeurs en même temps.

─ ─

1. 在某些法语教材中也会使用词汇"断言 assertion"表示"命题 proposition"。
2. 数学逻辑命题中不存在除了真假以外的真值，因此不存在既真也假或者既不真也不假的情况。

Exemple 1.1

1. La proposition « 2 est un entier » est vraie (V).
2. La proposition « $\sqrt{2}$ est un entier » est fausse (F).

1. 命题" 2 是整数"为真 (V)。
2. 命题" $\sqrt{2}$ 是整数"为假 (F)。

1.2   Négation (non), conjonction (et), disjonction (ou) 否定，合取，析取

Définition 1.2 – négation (non) 否定

Soit P une proposition. La *négation* de P est la proposition notée « non P » et définie par la *table de vérité* suivante :

P	non P
V	F
F	V

On utilise parfois la notation « $\neg P$ » plutôt que « non P ».

命题 P 的**否定**记作 non P，它的**真值表**定义如上表所示。命题" non P "也记作" $\neg P$ "。

Remarque 1.3
Il faut lire la table de vérité ci-dessus ainsi :

- si P est vraie (V), non P est fausse (F) ;
- si P est fausse (F), non P est vraie (V).

在真值表中：

- 命题 P 为真时 (V)，non P 则为假 (F) ；
- 命题 P 为假时 (F)，non P 则为真 (V)。

Définition 1.3 – conjonction (et) 合取

Soient P et Q deux propositions. La *conjonction* de P et de Q est la proposition notée « P et Q » et définie par la table de vérité suivante :

P	Q	P et Q
V	V	V
V	F	F
F	V	F
F	F	F

On utilise parfois la notation « $P \wedge Q$ » plutôt que « P et Q ».

设 P 和 Q 是两个命题，定义命题 P 和 Q 的合取为复合命题" P et Q "，合取的真值表定义如上表所示。 合取命题" P et Q "也记作" $P \wedge Q$ "。

Remarque 1.4
Il faut lire la table de vérité ci-dessus ainsi :
- si P est vraie (V) et Q est vraie (V), « P et Q » est vraie (V) ;
- si P est vraie (V) et Q est fausse (F), « P et Q » est fausse (F) ;
- si P est fausse (F) et Q est vraie (V), « P et Q » est fausse (F) ;
- si P est fausse (F) et Q est fausse (F), « P et Q » est fausse (F).

结合真值表，我们有
- 命题 P 为真 (V) 且命题 Q 为真 (V) 时，则 P et Q 为真 (V) ；
- 命题 P 为真 (V) 且命题 Q 为假 (F) 时，则 P et Q 为假 (F) ；
- 命题 P 为假 (F) 且命题 Q 为真 (V) 时，则 P et Q 为假 (F) ；
- 命题 P 为假 (F) 且命题 Q 为假 (F) 时，则 P et Q 为假 (F) 。

Définition 1.4 – disjonction (ou) 析取

Soient P et Q deux propositions. La *disjonction* de P et de Q est la proposition notée « P ou Q » et définie par la table de vérité suivante :

P	Q	P ou Q
V	V	V
V	F	V
F	V	V
F	F	F

On utilise parfois la notation « $P \vee Q$ » plutôt que « P ou Q ».

设 P 和 Q 是两个命题，定义命题 P 和 Q 的**析取**为复合命题" P ou Q "，析取的真值表定义如上所示。析取命题" P ou Q "也记作" $P \vee Q$ "。

En mathématiques, le « ou » est *inclusif* : si P et Q sont toutes les deux vraies, alors P ou Q est encore vraie. Dans le langage usuel, le « ou » est souvent *exclusif*. Par exemple, si un menu d'un restaurant indique « fromage ou dessert », vous ne pourrez pas avoir les deux !

数学语言中，析取"ou"是**包容式**的，如：若命题 P 和 Q 都为真时，则 P ou Q 为真。日常生活语言中，词语"ou"通常是排他式的。例如：若餐厅的菜单上某个套餐内容标注"奶酪 ou 甜点"，则不能同时拥有！

Remarque 1.5

Pour indiquer un « ou exclusif » de deux propositions P et Q, on écrit « P **ou bien** Q », ce qui définit une nouvelle proposition donnée par la table de vérité suivante :

P	Q	P ou bien Q
V	V	F
V	F	V
F	V	V
F	F	F

On utilise parfois la notation « $P \oplus Q$ » plutôt que « P ou bien Q ».

通常使用"P **ou bien** Q"，来表示复合命题中"排他式"的关系，如果复合命题中 P 为真，则 Q 必须为假，反之亦然。真值表定义如上表所示。命题"P ou bien Q"也记作"$P \oplus Q$"。

Proposition 1.1 – principes de non-contradiction et du tiers-exclu 永假式与永真式原理

Soit P une proposition.

1. *Principe de non-contradiction.* La proposition « P et (non P) » est toujours fausse.

2. *Principe du tiers-exclu.* La proposition « P ou (non P) » est toujours vraie.

- - - - - - - - - -

设 P 是一个命题，则有

1. **永假式原理**：命题"P et (non P)"永远为假。

2. **永真式原理**：命题"P ou (non P)"永远为真。

Cela confirme donc qu'une proposition ne peut pas être à la fois vraie et fausse en même temps et qu'elle ne peut pas prendre d'autres valeurs.

- - - - - - - - - -

上述原理验证了命题不能同时为真和假，并且它也不能有其他真值的情况。

Démonstration

1. Il suffit d'écrire la table de vérité de « P et (non P) » en utilisant la définition de « et »

(définition 1.3 p.3) et la définition de « non » (définition 1.2 p.3) :

P	non P	P et (non P)
V	F	F
F	V	F

2. Laissée en exercice (exercice 1.1 p.26).

证明过程中只需要写出复合命题" P et (non P) "的真值表。

Remarque 1.6

1. Dans la proposition 1.1 p.5, le terme « proposition » dans le titre a un sens un peu différent de celui de la définition 1.1 p.2, il indique ici un résultat qui est vrai et qui est à retenir.

2. On utilise des parenthèses en présence de propositions complexes : on évalue toujours l'intérieur des parenthèses en premier, par exemple :

$$P \text{ ou } \underbrace{\left(\overbrace{(Q \text{ ou } R)}^{\text{en premier}} \text{ et } S \right)}_{\text{en deuxième}}.$$

en troisième

1. 在命题 1.1 p.5 中，"命题"这个术语在标题中的含义与定义 1.1 p.2 中的含义略有不同。这里命题作为标题，指一般的定理或结论，是一个值得记住的结果。

2. 在多个复杂命题的情况下，使用括号进行优先级的处理：优先计算括号内的内容，如上图所示。

1.3 Équivalence 等价

> **Définition 1.5** – équivalence 等价
>
> On dit que deux propositions P et Q sont *équivalentes* si elles ont les mêmes valeurs.
> La proposition [a] « $P \iff Q$ » est définie par la table de vérité suivante :
>
> | P | Q | $P \iff Q$ |
> |---|---|---|
> | V | V | V |
> | V | F | F |
> | F | V | F |
> | F | F | V |
>
> ———————————
> a. Lire « P est équivalente à Q ».

当命题 P 和命题 Q 具有同样的真值时，则称命题 P 和 Q 等价，记作 $P \iff Q$，读作命题 P 等价于命题 Q。复合命题 $P \iff Q$ 真值表定义如上表所示。

Proposition 1.2 – double négation 双重否定

Soit P une proposition. Alors

$$\text{non}(\text{non}\,P) \iff P.$$

设 P 是一个命题，则有

$$\text{non}(\text{non}\,P) \iff P$$

Démonstration
On écrit la table de vérité de « non(non P) » :

P	non P	non(non P)
V	F	V
F	V	F

On constate que « P » et « non(non P) » ont les mêmes valeurs donc ces deux propositions sont équivalentes.

证明过程中，只需要写出复合命题 non(non P) 的真值表，发现命题 P 和 non(non P) 有同样的真值，因此两个命题等价。

Proposition 1.3 – lois de De Morgan 德摩根定律

Soient P et Q deux propositions.

1. Négation d'un « et » :

$$\text{non}(P \text{ et } Q) \iff ((\text{non}\,P) \text{ ou } (\text{non}\,Q)).$$

2. Négation d'un « ou » :

$$\text{non}(P \text{ ou } Q) \iff ((\text{non}\,P) \text{ et } (\text{non}\,Q)).$$

设 P 和 Q 是两个命题，则有

1. 合取的否定：

$$\text{non}(P \text{ et } Q) \iff ((\text{non}\,P) \text{ ou } (\text{non}\,Q))$$

---

2. 析取的否定：

$$\text{non}(P \text{ ou } Q) \Longleftrightarrow ((\text{non } P) \text{ et } (\text{non } Q))$$

Démonstration

1. On écrit la table de vérité de « non(P et Q) » :

P	Q	P et Q	non(P et Q)
V	V	V	F
V	F	F	V
F	V	F	V
F	F	F	V

puis celle de « (non P) ou (non Q) » :

P	Q	non P	non Q	(non P) ou (non Q)
V	V	F	F	F
V	F	F	V	V
F	V	V	F	V
F	F	V	V	V

On constate que « non(P et Q) » et « (non P) ou (non Q) » ont les mêmes valeurs, elles sont donc équivalentes.

2. Laissée en exercice (utiliser la même méthode, voir l'exercice 1.1 p.26).

证明过程中，只需要写出命题 non(P et Q) 和 (non P) ou (non Q) 的真值表。

Exemple 1.2

Bob : est-ce que $\underbrace{\text{tu veux du café ou du thé}}_{P \text{ ou } Q}$?

Alice : non, $\underbrace{\text{je ne veux ni du café ni du thé}}_{(\text{non } P) \text{ et } (\text{non } Q)}$!

Ici, P est « Alice veut du café » et Q « Alice veut du thé ».

鲍伯：$\underbrace{\text{你需要咖啡还是茶}}_{P \text{ ou } Q}$？

爱丽丝：不，$\underbrace{\text{我不需要咖啡也不需要茶}}_{(\text{non } P) \text{ et } (\text{non } Q)}$！

这里，命题 P 为"爱丽丝需要咖啡"；命题 Q 为"爱丽丝需要茶"。

Proposition 1.4 − distributivité de *et* et de *ou* 合取与析取的分配律

Soient P, Q et R trois propositions.

1. *Distributivité de « et » par rapport à « ou »* :

$$\big(P \text{ et } (Q \text{ ou } R)\big) \iff \big((P \text{ et } Q) \text{ ou } (P \text{ et } R)\big).$$

2. *Distributivité de « ou » par rapport à « et »* :

$$\big(P \text{ ou } (Q \text{ et } R)\big) \iff \big((P \text{ ou } Q) \text{ et } (P \text{ ou } R)\big).$$

- -

设 P，Q 和 R 是三个命题，则有

1. 合取关于析取的分配律：

$$\big(P \text{ et } (Q \text{ ou } R)\big) \iff \big((P \text{ et } Q) \text{ ou } (P \text{ et } R)\big)$$

2. 析取关于合取的分配律：

$$\big(P \text{ ou } (Q \text{ et } R)\big) \iff \big((P \text{ ou } Q) \text{ et } (P \text{ ou } R)\big)$$

Démonstration

1. On écrit la table de vérité de « P et $(Q$ ou $R)$ » :

P	Q	R	Q ou R	P et $(Q$ ou $R)$
V	V	V	V	V
V	V	F	V	V
V	F	V	V	V
V	F	F	F	F
F	V	V	V	F
F	V	F	V	F
F	F	V	V	F
F	F	F	F	F

On écrit maintenant la table de vérité de « $(P$ et $Q)$ ou $(P$ et $R)$ » :

P	Q	R	P et Q	P et R	$(P$ et $Q)$ ou $(P$ et $R)$
V	V	V	V	V	V
V	V	F	V	F	V
V	F	V	F	V	V
V	F	F	F	F	F
F	V	V	F	F	F
F	V	F	F	F	F
F	F	V	F	F	F
F	F	F	F	F	F

Les propositions « P et $(Q$ ou $R)$ » et « $(P$ et $Q)$ ou $(P$ et $R)$ » ont les mêmes valeurs, elles sont donc équivalentes.

2. On peut utiliser la même méthode qu'au point 1 (avec des tables de vérité) ou bien raisonner de la façon suivante (voir la remarque 1.7 p.10).

On applique le point 1 aux propositions $\neg P$, $\neg Q$ et $\neg R$ (on note « $\neg X$ » pour « non X » pour alléger l'écriture dans cette démonstration), on obtient donc

$$\Big(\neg P \text{ et } (\neg Q \text{ ou } \neg R)\Big) \iff \Big((\neg P \text{ et } \neg Q) \text{ ou } (\neg P \text{ et } \neg R)\Big).$$

D'après l'équivalence des négations (voir l'exercice 1.4 p.27), on a

$$\neg\Big(\neg P \text{ et } (\neg Q \text{ ou } \neg R)\Big) \iff \neg\Big((\neg P \text{ et } \neg Q) \text{ ou } (\neg P \text{ et } \neg R)\Big).$$

On utilise ensuite les lois de De Morgan (négation d'un « et » et d'un « ou », propriété 1.3 p.7), on a

$$\Big(\neg\neg P \text{ ou } \neg(\neg Q \text{ ou } \neg R)\Big) \iff \Big(\neg(\neg P \text{ et } \neg Q) \text{ et } \neg(\neg P \text{ et } \neg R)\Big).$$

En utilisant la double négation (propriété 1.2 p.7) et une nouvelle fois les lois de De Morgan, on a

$$\Big(P \text{ ou } (\neg\neg Q \text{ et } \neg\neg R)\Big) \iff \Big((\neg\neg P \text{ ou } \neg\neg Q) \text{ ou } (\neg\neg P \text{ ou } \neg\neg R)\Big).$$

En utilisant une nouvelle fois la double négation, on obtient

$$\Big(P \text{ ou } (Q \text{ et } R)\Big) \iff \Big((P \text{ ou } Q) \text{ et } (P \text{ ou } R)\Big)$$

qui est exactement le point 2.

本性质的证明依然应用命题的真值表，需要分别写出每个复合命题的真值表，并比较它们的真值从而得证。

Remarque 1.7

Lorsqu'on a une équivalence de deux propositions qui dépendent elles-même d'autres propositions :

$$P(R_1, R_2, \ldots, R_n) \iff Q(S_1, S_2, \ldots, S_m)$$

on peut *substituer* l'une de ces propositions par une propositions équivalente. Par exemple si $R_1 \iff T$ alors

$$P(T, R_2, \ldots, R_n) \iff Q(S_1, S_2, \ldots, S_m).$$

En effet, puisque R_1 et T ont même valeur (elles sont équivalentes), les tables de vérité de $P(R_1, R_2, \ldots, R_n)$ et $P(T, R_2, \ldots, R_n)$ sont les mêmes.

当两个命题之间的等价关系依赖于其他命题时：

$$P(R_1, R_2, \ldots, R_n) \iff Q(S_1, S_2, \ldots, S_m)$$

我们可以将其中一个命题替换为其他等价的命题。例如：若有 $R_1 \iff T$，则

$$P(T, R_2, \ldots, R_n) \iff Q(S_1, S_2, \ldots, S_m)$$

实际上，R_1 和 T 具有同样的真值，那么 $P(R_1, R_2, \ldots, R_n)$ 和 $P(T, R_2, \ldots, R_n)$ 的真值表也完全一样。

1.4 Implication 蕴含

> **Définition 1.6** – implication 蕴含
>
> Soient P et Q deux propositions. On définit la proposition[a] « $P \implies Q$ »
> par la table de vérité suivante :
>
> | P | Q | $P \implies Q$ |
> |:---:|:---:|:---:|
> | V | V | V |
> | V | F | F |
> | F | V | V |
> | F | F | V |
>
> ---
> a. Lire « P implique Q » ou « si P alors Q ».
>
> - - - - - - - - - - - -
>
> 设 P 和 Q 是两个命题，复合命题蕴含式定义为 $P \implies Q$，读作 P 蕴含 Q 或者 P 推出 Q，其真值表定义如上表所示。

Exemple 1.3

Si P est fausse alors l'implication « $P \implies Q$ » est toujours vraie quelque soit la valeur de Q. Cela peut sembler étrange. Voilà un petit exemple pour convaincre le lecteur.

Soit n un entier naturel. On note P la proposition « $n \leqslant 5$ » et Q la proposition « $n \leqslant 10$ ». Tout le monde accepte la proposition « $P \implies Q$ ». Pourtant, en fonction de la valeur de n, il y a différentes situations :

- si n vaut 0, 1, 2, 3, 4 ou 5 ; on est dans la situation « vrai $\implies$ vrai » ;
- si n vaut 6, 7, 8, 9 ou 10 ; on est dans la situation « faux $\implies$ vrai » ;
- si n est strictement plus grand que 10, on est dans la situation « faux $\implies$ faux ».

- - - - - - - - - - - -

如果命题 P 为假，无论命题 Q 的真值情况，复合命题 $P \implies Q$ 总是为真。这可能看起来有些奇怪。我们用如下的例子来帮助理解。

对任意自然整数 n，记命题 P 为" $n \leqslant 5$ "命题 Q 为" $n \leqslant 10$ "。所有人都能接受复合命题" $P \implies Q$ "。然而，根据 n 的值，存在如下不同的情况：

- 如果 n 为 0，1，2，3，4 或 5，则有" vrai $\implies$ vrai "；
- 如果 n 为 6，7，8，9 或 10，则有" faux $\implies$ vrai "；
- 如果 n 严格大于 10，则有" faux $\implies$ faux "。

Savoir que « $P \implies Q$ » est vraie ne dit rien sur les valeurs de P et de Q. L'implication « si je suis un oiseau, alors je peux voler » est vraie mais je ne suis pas un oiseau et je ne peux pas voler !

当知道" $P \implies Q$ "为真时并不能确定命题 P 和 Q 的真值。
例如：蕴含式"如果我是一种鸟，那么我就能飞"为真，但我不是鸟，我也不能飞！

L'implication « $P \implies Q$ » ne traduit aucune *causalité* entre P et Q. L'implication « si $0 = 0$, alors la Chine est plus grande que la France » est vraie mais il n'y a aucun lien entre les deux propositions !

蕴含式 $P \implies Q$ 本身并不表示 P 和 Q 有因果关系。例如："如果 $0 = 0$，那么中国比法国大为真"，但这两者之间没有任何联系！

Proposition 1.5 – caractérisation de l'implication 蕴含式的性质

Soient P et Q deux propositions. Les propositions « $P \implies Q$ » et « (non P) ou Q » sont équivalentes.

- -

设 P 和 Q 是两个命题，蕴含式 $P \implies Q$ 和 (non P) ou Q 是等价的。

Démonstration
Laissé en exercice (exercice 1.1 p.26).

Exemple 1.4

Dire « si je conduis trop vite alors je reçois une amende » est équivalent à dire « je ne conduis pas trop vite ou je reçois une amende ».

- -

例："如果我开车太快，那么我会收到罚单"等价于"我开车并不快，或者我会收到罚单"。

Définition 1.7 – réciproque d'une implication 逆命题

Soient P et Q deux propositions. La *réciproque* de l'implication « $P \implies Q$ » est l'implication « $Q \implies P$ ».

- -

设 P 和 Q 是两个命题，蕴含式 $P \implies Q$ 的**逆命题**为蕴含式 $Q \implies P$。

Si l'implication « $P \implies Q$ » est vraie, cela ne dit rien sur la valeur de la réciproque « $Q \implies P$ ». L'implication « si je suis à Shanghai, alors je suis en Chine » est vraie mais la réciproque « si je suis en Chine, alors je suis à Shanghai » est fausse.

如果蕴含式 $P \implies Q$ 为真，并不能判断它的逆命题 $Q \implies P$ 的真值。例如：蕴含式"如果我在上海，那么我在中国"为真，但是逆命题"如果我在中国，那么我在上海"为假。

Proposition 1.6 – négation d'une implication 蕴含的否定

Soient P et Q deux propositions. Alors :

$$\text{non}(P \implies Q) \iff \big(P \text{ et } (\text{non } Q)\big).$$

设 P 和 Q 是两个命题，有

$$\text{non}(P \implies Q) \iff \big(P \text{ et } (\text{non } Q)\big)$$

Démonstration
On écrit la table de vérité de « $\text{non}(P \implies Q)$ » :

P	Q	$P \implies Q$	$\text{non}(P \implies Q)$
V	V	V	F
V	F	F	V
F	V	V	F
F	F	V	F

On écrit ensuite la table de vérité de « P et $(\text{non } Q)$ » :

P	Q	$\text{non } Q$	P et $(\text{non } Q)$
V	V	F	F
V	F	V	V
F	V	F	F
F	F	V	F

Ce sont les mêmes valeurs, il y a donc bien équivalence entre « $\text{non}(P \implies Q)$ » et « P et $(\text{non } Q)$ ».

熟练掌握真值表，得证。

Exemple 1.5
Bob : si $\underbrace{\text{tu sors du travail à 18h}}_{P}$, alors $\underbrace{\text{on peut aller au cinéma}}_{Q}$.

Alice : non, je sors du travail à 18h mais on ne peut pas y aller, je vais au restaurant avec mes parents.

P — je sors du travail à 18h

non *Q* — on ne peut pas y aller

鲍伯：如果 你 18 点完成工作，那么 我们可以去看电影。

P — 你 18 点完成工作

Q — 我们可以去看电影

爱丽丝：不，我 18 点完成工作，我们不能去看电影，我将和我爸妈去餐馆。

P — 我 18 点完成工作

non *Q* — 我们不能去看电影

Définition 1.8 – contraposée 逆否

Soient P et Q deux propositions. La *contraposée* de l'implication « $P \implies Q$ » est l'implication « $(\text{non } Q) \implies (\text{non } P)$ ».

设 P 和 Q 是两个命题，蕴含式 $P \implies Q$ 的逆否命题为蕴含式 $(\text{non } Q) \implies (\text{non } P)$。

Proposition 1.7 – une implication et sa contraposée sont équivalentes 蕴含式与它的逆否命题等价

Soient P et Q deux propositions. Alors

$$(P \implies Q) \iff ((\text{non } Q) \implies (\text{non } P)).$$

设 P 和 Q 是两个命题，蕴含式与它的逆否命题是等价的，即

$$(P \implies Q) \iff ((\text{non } Q) \implies (\text{non } P))$$

Démonstration

On écrit la table de vérité de « $(\text{non } Q) \implies (\text{non } P)$ » :

P	Q	non P	non Q	$(\text{non } Q) \implies (\text{non } P)$
V	V	F	F	V
V	F	F	V	F
F	V	V	F	V
F	F	V	V	V

On retrouve les mêmes valeurs que « $P \implies Q$ ». Il y a donc bien équivalence entre une implication et sa contraposée.

熟练掌握真值表，只需要写出 $P \implies Q$ 和 $(\text{non } Q) \implies (\text{non } P)$ 的真值表，得证。

Exemple 1.6

Il est équivalent de dire « si je suis à Shanghai alors je suis en Chine » et « si ne suis pas en Chine, alors je ne suis pas à Shanghai ».

例：蕴含式"如果我在上海，那么我在中国"与蕴含式"如果我不在中国，那么我不在上海"是等价的。

 Attention à l'ordre des propositions dans une contraposée, P et Q échangent leurs places !

注意逆否命题中 P 和 Q 的顺序。

Proposition 1.8 – une équivalence est une double implication
等价与双重蕴含

Soient P et Q deux propositions. Alors

$$(P \iff Q) \iff ((P \implies Q) \text{ et } (Q \implies P)).$$

设 P 和 Q 是两个命题，有

$$(P \iff Q) \iff ((P \implies Q) \text{ et } (Q \implies P))$$

Démonstration

On écrit la table de vérité de « $(P \implies Q)$ et $(Q \implies P)$ » :

P	Q	$P \implies Q$	$Q \implies P$	$(P \implies Q)$ et $(Q \implies P)$
V	V	V	V	V
V	F	F	V	F
F	V	V	F	F
F	F	V	V	V

On retrouve les mêmes valeurs que « $P \iff Q$ ».

双重蕴含表示蕴含式和它的逆命题的合取。两命题的双重蕴含与等价，其真值完全相同。

Proposition 1.9 – transitivité de l'implication 蕴含的传递性

Soient P, Q et R trois propositions. Alors

$$((P \implies Q) \text{ et } (Q \implies R)) \implies (P \implies R).$$

On dit que l'implication est *transitive*.

设 P, Q 和 R 是三个命题, 则有

$$((P \implies Q) \text{ et } (Q \implies R)) \implies (P \implies R)$$

蕴含具有**传递性**。

Démonstration
Laissée en exercice (exercice 1.1 p.26).

L'une des utilités de la transitivité de l'implication est de pouvoir démontrer l'équivalence de plusieurs propositions via un *cycle d'implications*. Voyons un exemple.

蕴含的传递性的应用之一是能够通过**蕴含循环**来证明多个命题的等价性。参看如下例题。

Exemple 1.7
Pour démontrer l'équivalence de trois propositions P, Q et R, il suffit de démontrer les trois implications

$$P \implies Q, \quad Q \implies R \text{ et } R \implies P.$$

Pour démontrer l'équivalence $P \iff Q$, on a déjà une première implication $P \implies Q$. De plus, les deux implications $Q \implies R$ et $R \implies P$ donnent $Q \implies P$ par transitivité (proposition 1.9 p.15). Par double implication (proposition 1.8 p.15), on a bien $P \iff Q$.
Les deux autres équivalences $Q \iff R$ et $R \iff P$ s'obtiennent de la même manière.

证明命题 P, Q 和 R 之间两两等价, 只需要证明如下三个蕴含式

$$P \implies Q, \quad Q \implies R \text{ 和 } R \implies P$$

证明等价关系 $P \iff Q$:首先, 由题意有蕴含式 $P \implies Q$。又因为存在蕴含式 $Q \implies R$ 和 $R \implies P$, 由传递性（参看命题 1.9 p.15）, 可知 $Q \implies P$。因此, 由双重蕴含（参看命题 1.8 p.15）得 $P \iff Q$。
同样的方法, 可以证得 $Q \iff R$ 和 $R \iff P$。

1.5 Raisonnement déductif 演绎推理

Dans beaucoup de situations en mathématiques, on fait des *raisonnements déductifs* de la forme

« P est vraie donc Q est vraie ».

Ce n'est pas la même chose que l'implication « $P \implies Q$ ». En effet, comme on l'a vu (voir l'exemple 1.3 p.11 et l'encadré qui suit), l'implication « $P \implies Q$ » ne dit rien sur les valeurs de P et de Q.
Par exemple, ce n'est pas la même chose de dire

« s'il pleut alors le sol est mouillé » (implication)

et de dire

« il pleut donc le sol est mouillé » (raisonnement déductif).

Autrement dit, « $P \implies Q$ » est une *proposition* et non un *raisonnement*. On utilise donc le symbole $\implies$ très rarement dans les démonstrations, il est surtout utile pour les définitions et énoncer des résultats.

- -

在数学的证明过程中，经常使用如下的**演绎推理**：

P 是真的，所以 Q 是真的

这与蕴含式 $P \implies Q$ 并不表示同一意思。 正如例题 1.3 p.11 中蕴含式 $P \implies Q$ 本身并不能确定命题 P 和 Q 的真值。
例如：

如果下雨，那么地面是湿的（蕴含式）

与

下雨了，所以地面是湿的（演绎推理）

是不一样的。
换言之，蕴含式 $P \implies Q$ 作为整体是一个命题，不是演绎推理。因此，在今后数学证明或练习的推理的过程中，我们并不使用蕴含符号 $\implies$ 。蕴含符号 $\implies$ 一般只在定义或题干中使用。

 Le symbole $\implies$ ne signifie pas « donc », il ne doit pas être utilisé dans un raisonnement déductif.

- -

蕴含符号" $\implies$ "并不表示"所以"，在数学演绎推理或证明过程中不使用。

Plus précisément, le raisonnement déductif est de la forme

$$((P \text{ est vraie}) \text{ et } (P \implies Q \text{ est vraie})) \text{ donc } (Q \text{ est vraie}).$$

Cependant, en pratique, on précise rarement l'implication $P \implies Q$, on écrit simplement « P est vraie donc Q est vraie ».

更准确地说，演绎推理一般表示为

$$((P \text{ 为真}) \text{且} (P \implies Q \text{ 为真})) \text{ 因此} (Q \text{ 为真}).$$

不过，在实际使用过程中，我们很少明确指出 $P \implies Q$ 为真，而是简单的写出 P 为真，因此 Q 为真，参看如下例题。

Exemple 1.8
Considérons

- P est « avoir plus de 18 ans » ;
- Q est « pouvoir passer le permis de conduire ».

L'implication « $P \implies Q$ » est vraie (c'est la loi qui le dit). Pour une personne de plus de 18 ans, P est vraie donc elle peut passer son permis de conduire (Q est vraie).

- 命题 P：年满 18 周岁；
- 命题 Q：可以参加驾照考试。

蕴含式 $P \implies Q$ 为真。对于一个超过 18 周岁的人，P 为真，因此他可以考驾照（Q 为真）。

Remarque 1.8
Si l'on considère la table de vérité de l'implication (définition 1.6 p.11) :

P	Q	$P \implies Q$
V	V	V
V	F	F
F	V	V
F	F	V

on voit que la seule ligne où « P » et « $P \implies Q$ » sont toutes les deux vraies est celle où Q est aussi vraie (première ligne). Cela justifie donc le raisonnement déductif ! Voir également la règle du modus ponens (exercice 1.3 p.27).

考虑蕴含（定义 1.6 p.11）的真值表：可以看到，在其真值表中，第一行" P "与" $P \implies Q$ "都为真时，Q 也为真。这表明了演绎推理的正确性，参看 modus ponens 规则（习题 1.3 p.27）。

Définition 1.9 – condition suffisante 充分条件

Soit P une proposition. Une *condition suffisante* pour P est une proposition Q telle que l'implication « $Q \implies P$ » est vraie.

On dit : « il suffit Q pour que P » ou simplement « P si Q ».

- -

设 P 是一个命题，P 的**充分条件**是使得蕴含式 $Q \implies P$ 为真的命题 Q。

换言之："只要有命题 Q 就有命题 P"。

Exemple 1.9

La proposition « il pleut » est une condition suffisante pour « le sol est mouillé » car l'implication « s'il pleut alors le sol est mouillé » est vraie. Il *suffit* de savoir qu'il pleut pour en déduire que le sol est mouillé. Autrement dit : « le sol est mouillé s'il pleut ».

- -

例如："下雨"是"地面湿了"的充分条件，因为蕴含式"如果下雨，那么地面湿了"为真。因此，只要知道下雨，就足以推断出地面湿了。

Remarque 1.9

La notion de condition suffisante traduit simplement le raisonnement déductif décrit à la partie précédente : lorsque l'implication « $Q \implies P$ » est vraie, il *suffit* que Q soit vraie pour que P soit aussi vraie.

- -

充分条件默认演绎推理中蕴含式为真：当蕴含式 $Q \implies P$ 为真时，命题 Q 为真就足够保证命题 P 也为真。

Définition 1.10 – condition nécessaire 必要条件

Soit P une proposition. Une *condition nécessaire* pour P est une proposition Q telle que l'implication « $P \implies Q$ » est vraie.

On dit : « il faut Q pour que P » ou « P seulement si Q ».

- -

设 P 是一个命题，P 的**必要条件**是使得蕴含式 $P \implies Q$ 为真的命题 Q。

理解："需要有命题 Q 才有命题 P"或者"要使得命题 P 成立，需要有命题 Q"。

Exemple 1.10

La proposition « le sol est mouillé » est une condition nécessaire pour « il pleut » car l'implication « s'il pleut alors le sol est mouillé » est vraie. Il est *nécessaire* que le sol soit mouillé pour savoir qu'il pleut (car par contraposée « si sol n'est pas mouillé alors il ne pleut pas »). Autrement dit : « il pleut seulement si le sol est mouillé ».

例如：“地面湿了”是“下雨”的必要条件，因为蕴含式“如果下雨，那么地面湿了”为真。要判断是否下雨，需要地面是湿的，因为根据逆否命题：“如果地面不湿，那么就没有下雨”。

Remarque 1.10

Lorsque l'implication « $P \implies Q$ » est vraie, la contraposée « $\text{non}\,Q \implies \text{non}\,P$ » est aussi vraie (proposition 1.7 p.14). Dans le cas où Q est fausse ($\text{non}\,Q$ est vraie), le raisonnement déductif nous dit que P est aussi fausse ($\text{non}\,P$ est vraie). Pour que P soit vraie, il est donc *nécessaire* que Q soit vraie.

当蕴含式 $P \implies Q$ 为真时，其逆否命题 $\text{non}\,Q \implies \text{non}\,P$（参见命题 1.7 p.14）也为真。在 Q 为假（$\text{non}\,P$ 为真）的情况下，由演绎推理得 P 为假（$\text{non}\,P$ 为真）。因此，为了使 P 为真，则 Q 必须为真。

Définition 1.11 – condition nécessaire et suffisante CNS 充分必要条件

Soient P et Q deux propositions. Si Q est à la fois nécessaire et suffisante pour P, on dit que Q est une *condition nécessaire et suffisante pour P*.
Le terme « condition nécessaire et suffisante » est souvent abrégé en « CNS ».

设 P 和 Q 是两个命题，当命题 Q 是命题 P 必要条件和充分条件时，那么 Q 是 P 的**充分必要条件**。充分必要条件也可以简记成“ CNS ”。

Par la propriété de double implication (proposition 1.8 p.15), dire Q est une condition nécessaire et suffisante pour P revient à dire que P et Q sont équivalentes.
Ainsi, pour dire « P et Q sont équivalentes », on peut aussi dire :

- « pour que P, il faut et il suffit que Q » ;
- « P si et seulement si Q ».

由双重蕴含的性质（参看命题 1.8 p.15）可知，当命题 Q 是 P 充分条件和必要条件时，则 P 和 Q 是等价的。因此，“ P 等价于 Q ”也可以理解成：

- 为了使命题 P 为真，命题 Q 是必要且足够的；
- 命题 P 当且仅当命题 Q。

1.6 Quelques méthodes de démonstration 证明方法

> **Méthode 1.1** − conjonction (et) 合取命题
>
> Pour démontrer une conjonction A et B, on procède en deux étapes : on démontre A puis on démontre B.
> On peut aussi démontrer B puis démontrer A (par commutativité de « et », voir l'exercice 1.5 p.27).
>
> -
>
> 证明合取命题" A et B "，需要分两步进行：首先证明 A，然后证明 B。
> 由合取的交换性，也可以先证明 B 再证明 A（参看习题 1.5 p.27）。

> **Méthode 1.2** − implication 蕴含式
>
> Pour démontrer une implication $A \implies B$, on suppose que A est vraie et on démontre que B est vraie.
> Dans certains cas, il est plus simple de démontrer la contraposée non $B \implies$ non A (voir la proposition 1.7 p.14).
>
> -
>
> 证明蕴含式 $A \implies B$，我们假设 A 为真，然后证明 B 为真。
> 在一些情况下，证明其逆否命题 non $B \implies$ non A 会使得解答变得简单（参看命题 1.7 p.14）。

Remarque 1.11
Pour démontrer $A \implies B$, il est inutile de s'intéresser au cas où A est fausse. En effet, si A est fausse alors $A \implies B$ est toujours vraie (voir la table de vérité de l'implication, définition 1.6 p.11).

- -

证明蕴含式 $A \implies B$ 时，我们不需要关心 A 为假的情况。实际上，如果 A 为假，那么 $A \implies B$ 总是真的。

Exemple 1.11
Soit n un entier.

- Démontrons l'implication suivante : si n est pair, alors n^2 est pair.
  On suppose que n est pair. Il existe donc un entier k tel que $n = 2k$. On a alors
  $$n^2 = (2k)^2 = 4k^2 = 2(2k^2).$$
  On a donc démontré que n^2 s'écrit comme le produit de 2 et de l'entier $2k^2$, il est donc pair.
  On a donc bien démontré l'implication : si n est pair, alors n^2 est pair.

- Démontrons l'implication suivante : si n^2 est pair, alors n est pair.
  On raisonne par contraposée en montrant l'implication : si n est impair, alors n^2 est impair.
  On suppose que n est impair. Il existe donc un entier k tel que $n = 2k+1$. On a alors

$$n^2 = (2k+1)^2 = 4k^2 + 4k + 1 = 2(2k^2 + 2) + 1$$

  donc n^2 est impair. On a démontré l'implication : si n est impair, alors n^2 est impair. Par contraposée, on a démontré l'implication : si n^2 est pair, alors n est pair.

- -

设 n 是一个整数，
- 证明蕴含命题：如果 n 是偶数，那么 n^2 也是偶数。
  假设 n 是偶数。因此，存在一个整数 k 使得 $n = 2k$。则有

$$n^2 = (2k)^2 = 4k^2 = 2(2k^2)$$

  因此，n^2 可以写成 2 与整数 $2k^2$ 的乘积，所以它是偶数。
- 证明蕴含命题：如果 n^2 是偶数，那么 n 也是偶数。
  通过证明其逆否命题：如果 n 是奇数，那么 n^2 也是奇数。
  假设 n 是奇数。因此，存在一个整数 k 使得 $n = 2k+1$。则有

$$n^2 = (2k+1)^2 = 4k^2 + 4k + 1 = 2(2k^2 + 2) + 1$$

  因此，n^2 是奇数。从而证得蕴含命题：如果 n 是奇数，那么 n^2 也是奇数。因此证明了命题：如果 n^2 是偶数，那么 n 也是偶数。

Remarque 1.12

1. Pour démontrer qu'une implication $A \implies B$ n'est pas vraie, on démontre la conjonction A et (non B) (négation d'une implication, proposition 1.6 p.13).
2. Pour démontrer une disjonction A ou B, on démontre l'implication non $A \implies B$ qui lui est équivalente par caractérisation de l'implication (proposition 1.5 p.12 appliquée à non A et B).

- -

1. 证明蕴含式 $A \implies B$ 为假时，可以证明合取" A et (non B) "（参看命题 1.6 p.13）。
2. 证明析取命题" A ou B "，可以证明蕴含式 non $A \implies B$（参看命题 1.5 p.12）。

Méthode 1.3 – équivalence 等价

Pour démontrer une équivalence $A \iff B$, on procède en général par double implication en montrant $A \implies B$ et $B \implies A$ (voir la proposition 1.8 p.15).

On peut également utiliser des *équivalences successives* :

$$A \iff P_1 \iff P_2 \iff \cdots \iff P_n \iff Q.$$

证明等价命题 $A \iff B$，可以使用双重蕴含的方法即证明 $A \implies B$ 和 $B \implies A$（参看命题 1.8 p.15）。

同样的，也可以使用**连续等价**的方式：

$$A \iff P_1 \iff P_2 \iff \cdots \iff P_n \iff Q$$

Exemple 1.12

Soient p et q deux entiers. Démontrons l'équivalence

$$p^2 + q^2 = 0 \iff (p = 0 \text{ et } q = 0).$$

- Démontrer l'implication $(p = 0 \text{ et } q = 0) \implies p^2 + q^2 = 0$ est facile. On suppose $p = 0$ et $q = 0$. Alors $p^2 + q^2 = 0^2 + 0^2 = 0$.
- Démontrons l'implication réciproque $p^2 + q^2 = 0 \implies (p = 0 \text{ et } q = 0)$. On suppose $p^2 + q^2 = 0$. Alors $p^2 = -q^2 \leqslant 0$. Mais on a aussi $p^2 \geqslant 0$. On en déduit que $p^2 = 0$ et donc que $p = 0$. On a alors $q^2 = -p^2 = 0$ d'où $q = 0$ aussi. On a donc $p = 0$ et $q = 0$.

Conclusion : par double implication $p^2 + q^2 = 0$ si et seulement si $p = 0$ et $q = 0$.

设 p 和 q 是两个整数，求证：

$$p^2 + q^2 = 0 \iff (p = 0 \text{ et } q = 0)$$

- 证明命题 $(p = 0 \text{ et } q = 0) \implies p^2 + q^2 = 0$。设 $p = 0$ 和 $q = 0$，则有 $p^2 + q^2 = 0^2 + 0^2 = 0$。
- 证明逆命题 $p^2 + q^2 = 0 \implies (p = 0 \text{ et } q = 0)$。设 $p^2 + q^2 = 0$，则有 $p^2 = -q^2 \leqslant 0$。由于 $p^2 \geqslant 0$，因此 $p^2 = 0$，所以有 $p = 0$。因此有 $q^2 = -p^2 = 0$ 即 $q = 0$。从而证得 $p = 0$ 和 $q = 0$。

结论：由双重蕴含得 $p^2 + q^2 = 0$ 当且仅当 $p = 0$ 和 $q = 0$。

 Attention au raisonnement par équivalences successives : il faut être sûr qu'il y a bien équivalence à chaque étape. C'est une méthode qui peut être dangereuse et que l'on réserve pour des cas « simples » (résolution de certains équations et inéquations par exemple).

在使用连续等价推理时需要注意：必须确保每一步都有等价性。实际过程中，使用连续等价推理很容易出现错误，因此我们通常只在"一目了然"的情况（例如求解方程或不等式）下使用。

Exemple 1.13

- On veut résoudre l'équation $5x + 2 = 3x - 10$ d'inconnue x un nombre réel. On écrit alors la chaîne d'équivalence

$$5x + 2 = 3x - 10 \iff 2x + 2 = -10 \iff 2x = -12 \iff x = -6$$

ce qui démontre que cette équation a une unique solution $x = 6$. Ici, on vérifie qu'il y a bien équivalence à chaque étape. Par exemple, pour la première équivalence, les implications $5x + 2 = 3x - 10 \implies 2x + 2 = -10$ et $2x + 2 = -10 \implies 5x + 2 = 3x - 10$ sont vraies (la première en ajoutant $-3x$ des deux côtés de l'égalité, la seconde en ajoutant $3x$ des deux côtés).

- Un exemple de raisonnement par équivalences successives qui ne marche pas : considérons un nombre réel a et

$$a = 2 \iff a + 5 = 7 \boxed{\iff} (a + 5)^2 = 7^2 = 49.$$

Ici, l'implication directe est vraie ($x = y \implies x^2 = y^2$ pour x et y des nombres réels) ; par contre l'implication réciproque n'est pas vraie, par exemple $(-5)^2 = 5^2$ mais $-5 \neq 5$. La « bonne » équivalence est : $x^2 = y^2 \iff (x = y \text{ ou } x = -y)$.

- 求方程 $5x + 2 = 3x - 10$ 的实数解 x。我们使用连续等价：

$$5x + 2 = 3x - 10 \iff 2x + 2 = -10 \iff 2x = -12 \iff x = -6$$

每一步都有等价性，这表明该方程有一个唯一的解 $x = 6$。

- 如下是连续等价推理失败的例子：考虑实数 a 和

$$a = 2 \iff a + 5 = 7 \boxed{\iff} (a + 5)^2 = 7^2 = 49$$

其中，正向的蕴含式为真（对于实数 x 和 y，$x = y \implies x^2 = y^2$）；但是其逆命题为假，如 $(-5)^2 = 5^2$ 但 $-5 \neq 5$。实际上，正确的等价为 $x^2 = y^2 \iff (x = y \text{ ou } x = -y)$。

Remarque 1.13

On verra plus tard une autre méthode pour résoudre des équations : la méthode d'*analyse-synthèse* (voir la partie 4.2.3 p.152).

- -

我们也可以使用后续章节中介绍的分析综合法来解上述方程（参看小节 4.2.3 p.152）。

Méthode 1.4 – distinction de cas 分类讨论

Pour démontrer une proposition R, on peut considérer deux propositions P et Q telles que P ou Q est vraie et démontrer les deux implications $P \implies R$ et $Q \implies R$.

- -

证明命题 R，可以考虑两个命题 P 和 Q 且满足 P ou Q 为真，并能证明蕴含式 $P \implies R$ 和 $Q \implies R$。

Remarque 1.14

1. Plus précisément, on utilise le fait que (voir l'exercice 1.6 p.27)

$$\big((P \text{ ou } Q) \implies R\big) \iff \big((P \implies R) \text{ et } (Q \implies R)\big).$$

2. Plus généralement, on peut considérer des propositions $P_1, P_2, \ldots, P_n$ telles que P_1 ou P_2 ou $\ldots$ ou P_n est vraie et démontrer les n implications $P_i \implies R$ avec i un entier allant de 1 à n.

- -

1. 分类讨论方法的逻辑是如下的的等价关系（参看习题 1.6 p.27）

$$\big((P \text{ ou } Q) \implies R\big) \iff \big((P \implies R) \text{ et } (Q \implies R)\big)$$

2. 更一般地，考虑 n 个命题 $P_1, P_2, \ldots, P_n$ 满足 P_1 ou P_2 ou $\ldots$ ou P_n 为真，并能证明 n 个蕴含式 $P_i \implies R$。

参看如下例题。

Exemple 1.14

Soit n un entier, montrons que $\frac{n(n-5)(n+5)}{3}$ est aussi un entier. Faisons une distinction de cas sur le reste de la division euclidienne [a] de n par 3. On écrit $n = 3k + r$ avec k un entier et $r = 0$, $r = 1$ ou $r = 2$.

- Si $r = 0$, alors

$$\frac{n(n-5)(n+5)}{3} = \frac{3k(3k-5)(3k+5)}{3} = k(3k-5)(3k+5)$$

est un entier.

- Si $r = 1$, alors

$$\frac{n(n-5)(n+5)}{3} = \frac{(3k+1)(3k-4)(3k+6)}{3}$$

$$= \frac{3(3k+1)(3k-4)(k+2)}{3}$$
$$= (3k+1)(3k-4)(k+2)$$

est un entier.

- Si $r = 2$, alors

$$\frac{n(n-5)(n+5)}{3} = \frac{(3k+2)(3k-3)(3k+7)}{3}$$
$$= \frac{3(3k+2)(k-1)(3k+7)}{3}$$
$$= (3k+2)(k-1)(3k+7)$$

est un entier.

Par distinction de cas, $\frac{n(n-5)(n+5)}{3}$ est un entier.

Ici, on a démontré les implications $P_0 \implies Q$, $P_1 \implies Q$ et $P_2 \implies Q$ avec P_i la proposition « $r = i$ » pour $i = 0$, 1 ou 2 et Q la proposition « $\frac{n(n-5)(n+5)}{3}$ est un entier ». Puisque « P_1 ou P_2 ou P_3 » est vraie, on a démontré Q par distinction de cas.

a. Voir la partie 4.3 p.161 pour les définitions.

设 n 为整数，证明" $\frac{n(n-5)(n+5)}{3}$ 是整数"。我们根据 n 除以 3 的欧几里得除法所得到的余数进行分类讨论，本例题只会出现余数 $r = 0$，$r = 1$ 或 $r = 2$ 三种情况。然后分别证明三个蕴含式，从而证得结论。关于欧几里得除法的定义参看小节 4.3 p.161。

1.7　Exercices 习题

Exercice 1.1. Démontrer les résultats de ce chapitre dont les démonstrations n'ont pas été faites :

1. le principe du tiers-exclu (point 2 de la proposition 1.1 p.5) ;

2. la deuxième loi de De Morgan (négation d'un « ou » point 2 de la proposition 1.3 p.7) ;

3. la caractérisation de l'implication (proposition 1.5 p.12) ;

4. la transitivité de l'implication (proposition 1.9 p.15).

Exercice 1.2. En prenant la négation du principe de non-contradiction (point 1 de la propriété 1.1 p.5), retrouver le principe du tiers-exclu (point 2 de la propriété 1.1 p.5).

Exercice 1.3. Soient P et Q deux propositions.

1. Démontrer que la proposition

$$(P \text{ et } (P \implies Q)) \implies Q$$

est toujours vraie. Ce résultat s'appelle le *modus ponens* (肯定前件式).

2. Même question pour le *modus tollens* (否定后件式) :

$$((P \implies Q)) \text{ et } (\text{non } Q)) \implies (\text{non } P).$$

Exercice 1.4. Soient P et Q deux propositions équivalentes. Démontrer que « non P » et « non Q » sont équivalentes.

Exercice 1.5.

1. (a) Soient P et Q deux propositions. Démontrer que

$$(P \text{ et } Q) \iff (Q \text{ et } P).$$

On dit que « et » est commutatif.

(b) Soient P, Q et R trois propositions. Démontrer que :

$$((P \text{ et } Q) \text{ et } R) \iff (P \text{ et } (Q \text{ et } R)).$$

On dit que « et » est associatif. *On peut donc noter « P et Q et R » sans risque de confusion.*

2. Démontrer que « ou » est commutatif et est associatif.

3. Même question pour $\iff$.

Exercice 1.6. Soient P, Q et R trois propositions.

1. Démontrer qu'il n'y a pas équivalence entre « $(P \implies Q) \implies R$ » et « $P \implies (Q \implies R)$ » en trouvant un *contre-exemple*.
   L'implication n'est donc pas associative (voir l'exercice 1.5 p.27).

2. Démontrer que

$$(P \implies (Q \text{ et } R)) \iff ((P \implies Q) \text{ et } (P \implies R))$$

et que

$$(P \implies (Q \text{ ou } R)) \iff ((P \implies Q) \text{ ou } (P \implies R)).$$

On dit que l'implication est distributive à gauche *par rapport à « et » et à « ou ».*

3. Démontrer que

$$((P \text{ et } Q) \implies R) \iff ((P \implies R) \text{ ou } (Q \implies R))$$

et que

$$((P \text{ ou } Q) \implies R) \iff ((P \implies R) \text{ et } (Q \implies R)).$$

L'implication n'est donc pas distributive à droite par rapport à « et » et à « ou ».

Exercice 1.7. Soit x un nombre réel tel que $0 \leqslant x \leqslant 1$. Démontrer que si $x - x^2$ est un entier alors $x = 0$ ou $x = 1$.

Exercice 1.8. Soit x un nombre réel. Démontrer que $x^2 \geqslant 1$ ou $(x - 2)^2 \geqslant 1$ (voir le point 2 de la remarque 1.12 p.22).

Exercice 1.9. Soit n un entier. Démontrer que $\frac{n(n+1)(2n+1)}{6}$ est un entier. *On pourra utiliser les définitions et résultats de la partie 4.3 p.161.*

Exercice 1.10. Soient a et b deux entiers. Démontrer que le reste de la division euclidienne de $a^2 + b^2$ par 4 est différent de 3 (voir la partie 4.3 p.161 pour les définitions).

Chapitre 2

Théorie des ensembles
集合论

Les ensembles jouent un rôle central dans les mathématiques modernes. Ils servent de briques de base pour définir des concepts plus complexes et à structurer à la fois les objets mathématiques et le discours mathématique. C'est donc, comme la logique que nous avons introduite au chapitre précédent, un point d'appui d'une pensée rigoureuse.

Définir formellement une théorie des ensembles cohérente est une tâche difficile. À notre niveau, on peut seulement en donner une « version intuitive » (voir la définition 2.1 p.30) qui sera suffisante pour développer les mathématiques dont nous avons besoin. Cependant, cette approche « naïve » pose un certain nombre de problèmes qui ont donné lieu à ce qu'on appelle la *crise des fondements des mathématiques* au tournant du XIXe siècle. On en présente un, le *paradoxe de Russel*, à la remarque 2.5 p.37.

Il existe de nos jours des théories rigoureuses des ensembles qui évitent ces problèmes, la plus utilisée étant la théorie de Zermelo-Fraenkel.

- -

集合在现代数学中占据着举足轻重的地位。它不仅是构建复杂概念的基石，也是数学对象和数学论述结构化的基础。正如我们在前一章所探讨的逻辑一样，集合是严谨思维的重要支点。

严谨定义集合论理论是一项困难的任务，因此我们给出一个直观版本的定义（参看定义 2.1 p.30），这足以解答大学数学课程中所涉及的大部分知识。然而，这种朴素的定义曾经引发了一些问题，并导致了 19 世纪末的"数学基础危机"，参看注释 2.5 p.37 中所介绍的**罗素悖论**。为了避免这些问题，现在最常用的集合理论是策梅洛-弗兰克尔集合论，它为我们提供了一个更加稳固的理论框架。

2.1 Notion d'ensemble 集合的概念

> **Notation 2.1** – proposition dépendante d'un objet 取决于对象的命题
>
> Si P est une proposition dont la valeur (vraie ou fausse) dépend d'un objet x, note $P(x)$ pour indiquer cette dépendance.
> Plus généralement, $P(x_1, \ldots, x_n)$ indique que la valeur de P dépend des objets $x_1, \ldots, x_n$.
>
> -
>
> 如果命题 P 的真假取决于对象 x，此时命题记作为 $P(x)$。 更一般地，$P(x_1, \ldots, x_n)$ 表示命题 P 的真假取决于多个对象 $x_1, \ldots, x_n$。

Exemple 2.1

Considérons $P(x)$ la proposition « x est un entier pair ». Alors $P(26)$ est vraie (26 est un entier pair), $P(29)$ est fausse (29 est un entier mais n'est pas pair), $P(\sqrt{2})$ est fausse ($\sqrt{2}$ n'est pas un entier), $P(ABC)$ où ABC est un triangle du plan est fausse (ABC n'est pas un entier).

- -

考虑命题 $P(x)$：" x 是一个偶数"。那么 $P(26)$ 为真 （因为 26 是一个偶数）；$P(29)$ 为假 （因为 29 是一个整数但不是偶数）；$P(\sqrt{2})$ 也为假 （因为 $\sqrt{2}$ 不是一个整数）；$P(ABC)$ 为假 （因为 ABC 是平面上的一个三角形，不是一个整数） 。

2.1.1 Définitions et exemples 定义与例题

> **Définition 2.1** – ensemble, élément 集合，元素
>
> Un *ensemble* est une « collection » d'objets appelés *éléments* de cet ensemble.
>
> -
>
> 集合是具有一类特性对象的总体，其中对象也被称为集合的元素。

> **Notation 2.2** – appartenance $\in$ 属于
>
> Soit E un ensemble et soit x un objet. On note [a] $x \in E$ si x est un élément de E et on note [b] $x \notin E$ si x n'est pas un élément de E.
>
> _____
>
> a. Lire « x appartient à E » ou « x est dans E ».
> b. Lire « x n'appartient pas à E » ou « x n'est pas dans E ».

设 E 是一个集合，x 是一个对象。如果 x 是 E 的元素，记作 $x \in E$；如果 x 不是 E 的元素，记作 $x \notin E$。

Remarque 2.1

1. On dit aussi « E contient x » ou « x est contenu dans E » pour $x \in E$.

2. Le terme « $x \in E$ » est une proposition qui dépend de x, elle est vraie si x est un élément de E et fausse si x n'est pas un élément de E. De même, « $x \notin E$ » est vraie si x n'est pas un élément de E et fausse si x est un élément de E. Ainsi, « $x \notin E$ » n'est qu'une abréviation de « non($x \in E$) ».

1. 当 $x \in E$ 时，读做" E 包含 x "，" x 属于 E "或者" x 包含于 E "。

2. 命题 $x \in E$，它的真假依赖于 x。如果 x 是 E 的一个元素则命题为真；如果 x 不是 E 的一个元素则命题为假。同样，命题 $x \notin E$，如果 x 不是 E 的元素则命题为真，如果 x 是 E 的元素则命题为假。因此，命题 $x \notin E$ 是命题" non($x \in E$) "的缩写方式。

Définition 2.2 – ensembles de référence 参考数集

Introduisons dès maintenant quelques ensembles de références :

- l'ensemble des *entiers naturels*, noté $\mathbb{N}$, dont les éléments sont $0, 1, 2, 3, \ldots$;

- l'ensemble des *entiers relatifs*, noté $\mathbb{Z}$, dont les éléments sont les entiers naturels et les entiers négatifs $-1, -2, -3, \ldots$;

- l'ensemble des *nombres rationnels*, noté $\mathbb{Q}$, dont les éléments sont de la forme $\frac{a}{b}$ avec a un entier relatif et b un entier naturel non nul ($\mathbb{Q}$ contient tous les entiers relatifs z car on peut les écrire sous la forme $z = \frac{z}{1}$);

- l'ensemble des *nombres réels*, noté $\mathbb{R}$, dont les éléments sont tous les nombres qu'on connaît : les nombres rationnels, mais aussi $\sqrt{2}$, π, e, etc.

这里介绍一些常用的参考数集：

- **自然数集**记作 $\mathbb{N}$，其元素为 $0, 1, 2, 3, \ldots$;

- **整数集**记作 $\mathbb{Z}$，其元素包括自然数和负整数 $-1, -2, -3, \ldots$;

- **有理数集**记作 $\mathbb{Q}$，其元素是形如 $\frac{a}{b}$ 的数，其中 a 是整数，b 是非零自然数。（$\mathbb{Q}$ 包含了所有整数元素 z，因为任意整数可以写成 $z = \frac{z}{1}$ 的形式）；

- **实数集**记作 $\mathbb{R}$，其元素包括所有的有理数（整数和分数）和无理数（不能表示为分数形式的数，如 $\sqrt{2}$、π、e 等）。

Exemple 2.2

On a

- $1 \in \mathbb{N}$;

- $-1 \notin \mathbb{N}$, mais $-1 \in \mathbb{Z}$;

- $\sqrt{2} \in \mathbb{R}$, mais $\sqrt{2} \notin \mathbb{Q}$;

- $\pi \notin \mathbb{Q}$.

On démontrera plus tard que $\sqrt{2} \notin \mathbb{Q}$ (voir l'exemple 4.3 p.144). On admet que $\pi \notin \mathbb{Q}$ ce qui est plus difficile à démontrer.

- -

我们将在后续章节中证明 $\sqrt{2} \notin \mathbb{Q}$（参见例题 4.3 p.144）和 $\pi \notin \mathbb{Q}$。

2.1.2 Égalité de deux ensembles 集合的相等

> **Définition 2.3** – égalité de deux ensembles 集合的相等
>
> Soient A et B deux ensembles.
>
> - On dit qu'ils sont *égaux* et on note [a] « $A = B$ » s'ils ont exactement les mêmes éléments.
> - Si ce n'est pas le cas [b], on dit que A et B sont *différents* et on note [c] « $A \neq B$ ».
>
> ───────────────
>
> *a.* Lire « A est égal à B ».
> *b.* C'est-à-dire qu'il existe un élément de A qui n'est pas dans B ou qu'il existe un élément de B qui n'est pas dans A, voir la remarque 2.2 p.32.
> *c.* Lire « A n'est pas égal à B » ou « A est différent de B ».
>
> -
>
> 设 A 和 B 是两个集合，
>
> - 如果 A 和 B 具有完全相同的元素，则称它们是**相等**的，并记作 $A = B$。
> - 如果 A 和 B **不相等**，则记作 $A \neq B$。

Remarque 2.2

L'égalité de deux ensembles A et B est formellement définie comme la proposition [a]

$$\forall x, (x \in A \iff x \in B)$$

ce qui est équivalent à

$$\forall x, \big((x \in A \implies x \in B) \text{ et } (x \in B \implies x \in A)\big).$$

La négation $A \neq B$ est donc la négation de la proposition ci-dessus [b] :

$$\exists x, \big((x \in A \text{ et } x \notin B) \text{ ou } (x \notin A \text{ et } x \in B)\big)$$

c'est-à-dire qu'il existe un élément de A qui n'est pas dans B ou un élément de B qui n'est pas dans A.

───────────────

a. Voir la partie 2.4.1 p.59 pour une définition de $\forall$.
b. Voir la proposition 2.1 p.43 pour une justification.

集合 A 和 B 相等，定义为如下命题

$$\forall x, \ (x \in A \iff x \in B)$$

它等价于

$$\forall x, \ \big((x \in A \implies x \in B) \text{ et } (x \in B \implies x \in A)\big)$$

命题 $A \neq B$ 的否定为上述命题的否定（参看命题 2.1 p.43 ）即

$$\exists x, \ \big((x \in A \text{ et } x \notin B) \text{ ou } (x \notin A \text{ et } x \in B)\big)$$

换言之，A 中存在元素不在 B 中，或者 B 中存在元素不在 A 中。

2.1.3　Comment définir un ensemble ? 如何定义集合

Il existe plusieurs façons de définir un ensemble. Dans ce chapitre, nous allons en voir trois que nous citons dès maintenant.

1. Par *extension*, c'est-à-dire en donnant explicitement tous ses éléments (voir la définition 2.4 p.33) ;

2. Par *compréhension*, c'est-à-dire en considérant l'ensemble des objets qui vérifient une propriété donnée (voir la définition 2.6 p.35) ;

3. À partir d'autres ensembles via des *opérations sur les ensembles* : intersection, union, différence, produit cartésien, etc. que nous allons voir dans les prochaines parties de ce chapitre.

本小节我们给出定义集合的三种方式：

1. 罗列法：直接列出集合中的所有元素（参看定义 2.4 p.33），称作**外延集合**；

2. 描述法：用一个描述来定义集合中的元素，或所有满足给定属性的元素（参看定义 2.6 p.35），称作**内涵集合**；

3. 通过集合的运算，如交集、并集、差集、笛卡尔积等。

Définition 2.4 – ensemble en extension 外延集合

Définir un *ensemble en extension*, c'est donner explicitement tous ses éléments. On note

$$\{x_1, \ldots, x_n\}$$

l'ensemble dont les éléments sont exactement $x_1, \ldots, x_n$.

外延集合是通过明确列出集合中所有元素来定义的集合，记作

$$\{x_1, \ldots, x_n\}$$

Exemple 2.3

L'ensemble dont les éléments sont les entiers 1, 2 et 3 est $\{1, 2, 3\}$.

元素只有 1, 2 和 3 的集合记作 $\{1, 2, 3\}$。

Notation 2.3 – intervalle d'entiers 整数区间

Soient a et b deux entiers tels que $a \leqslant b$. On note

$$[\![a, b]\!] \overset{\text{déf}}{=} \begin{cases} \{a, a+1, \ldots, b-1, b\} & \text{si } a \leqslant b\,; \\ \varnothing & \text{si } a > b. \end{cases}$$

C'est l'ensemble dont les éléments sont les entiers compris entre a et b. Ici $\varnothing$ désigne l'ensemble vide, c'est-à-dire l'ensemble ne contenant aucun élément (voir la partie 2.3.2 p.56).

设 a 和 b 是两个整数，且 $a \leqslant b$，定义如下集合：

$$[\![a, b]\!] \overset{\text{déf}}{=} \begin{cases} \{a, a+1, \ldots, b-1, b\} & \text{当 } a \leqslant b \\ \varnothing & \text{当 } a > b \end{cases}$$

换言之，当 $a \leqslant b$ 时，$[\![a, b]\!]$ 表示 a 和 b 之间所有整数的集合。其中 $\varnothing$ 表示空集，即不包含任何元素的集合，参看小节 2.3.2 p.56。

Exemple 2.4

$$[\![0, 10]\!] = \{0, 1, 2, 3, 4, 5, 6, 7, 8, 9, 10\}.$$

Il n'y a pas de notion d'ordre des éléments d'un ensemble : on peut énumérer ses éléments dans n'importe quel ordre :

$$\{1, 2, 3\} = \{3, 1, 2\}.$$

集合中元素的顺序并不重要：可以以任意顺序列举它的元素。

Un objet ne peut pas appartenir plusieurs fois à un ensemble : soit il lui appartient, soit il ne lui appartient pas. Il n'y a pas de « répétition » des éléments dans un ensemble. Par exemple :

$$\{3,1,2,2,2,3,3\} = \{1,2,3\}.$$

- -

一个元素不能多次属于同一个集合：要么它属于该集合，要么它不属于。
集合中没有重复的元素，如上例。

Définition 2.5 – singleton 单元素集合

Un *singleton* est un ensemble qui contient un seul élément. Il est donc de la
forme $\{a\}$ où a est cet unique élément.

- -

单元素集合表示只包含一个元素的集合。它的形式是 $\{a\}$，其中 a 是它唯一的元素。

Définition 2.6 – ensemble en compréhension 内涵集合

Définir un *ensemble en compréhension*, c'est considérer l'ensemble de tous
les objets x pour lesquels une proposition $P(x)$ est vraie. On note

$$\{x \mid P(x)\}$$

l'ensemble dont les éléments sont exactement les objets x tels que $P(x)$ est
vraie.
Souvent, on considère uniquement les objets x qui sont déjà des éléments
d'un ensemble A, on note alors

$$\{x \in A \mid P(x)\} \stackrel{\text{déf}}{=} \{x \mid x \in A \text{ et } P(x)\}$$

pour définir l'ensemble dont les éléments sont exactement les éléments x de
A tels que $P(x)$ est vraie.

- -

内涵集合指通过一类元素满足特定的属性或条件来描述的集合，记作

$$\{x \mid P(x)\}$$

表示满足命题 $P(x)$ 为真的所有对象 x 的集合。
有时，只考虑那些已经是某个集合 A 中元素的对象 x，如

$$\{x \in A \mid P(x)\} \stackrel{\text{déf}}{=} \{x \mid x \in A \text{ 和 } P(x)\}$$

表示属于 A 且满足 $P(x)$ 为真的所有元素 x 的集合。

Remarque 2.3
Ici, on utilise le symbole « | » pour séparer x et $P(x)$ dans la définition d'un ensemble en compréhension. Dans certaines éditions des autres manuels, les symboles « : » ou « , » sont également employés, par exemple $\{x : P(x)\}$ ou $\{x \, , \, P(x)\}$.

- -

集合定义中分开 x 与 $P(x)$ 使用的符号 " | "，在其他教材的定义中也会碰到如符号 " : "或 " , "等记法。如集合 $\{x : P(x)\}$ 或 $\{x \, , \, P(x)\}$ 等。

Exemple 2.5

- L'ensemble des entiers compris entre 0 et 10 :

$$\{n \in \mathbb{N} \mid n \leqslant 10\} = \{0, 1, 2, 3, 4, 5, 6, 7, 8, 9, 10\} = [\![0, 10]\!].$$

Plus généralement, si a et b sont deux entiers tels que $a \leqslant b$ alors

$$[\![a, b]\!] = \{n \in \mathbb{Z} \mid a \leqslant n \leqslant b\}.$$

- L'ensemble des entiers pairs :

$$\{2k \mid k \in \mathbb{Z}\} = \{n \in \mathbb{Z} \mid \exists k \in \mathbb{Z}, \, n = 2k\}$$

et l'ensemble des entiers impairs :

$$\{2k + 1 \mid k \in \mathbb{Z}\} = \{n \in \mathbb{Z} \mid \exists k \in \mathbb{Z}, \, n = 2k + 1\}.$$

Voir la partie suivante 2.2 p.40 pour la définition de « $\exists$ ».

- -

如下例题中，分别使用外延和内涵的方式描述同一集合：

- 包含在 0 和 10 之间所有整数的集合：

$$\{n \in \mathbb{N} \mid n \leqslant 10\} = \{0, 1, 2, 3, 4, 5, 6, 7, 8, 9, 10\} = [\![0, 10]\!]$$

- 偶数集：

$$\{2k \mid k \in \mathbb{Z}\} = \{n \in \mathbb{Z} \mid \exists k \in \mathbb{Z}, \, n = 2k\}$$

奇数集：

$$\{2k + 1 \mid k \in \mathbb{Z}\} = \{n \in \mathbb{Z} \mid \exists k \in \mathbb{Z}, \, n = 2k + 1\}$$

关于 " $\exists$ "的定义参看小节 2.2 p.40。

Remarque 2.4
Dans les ensembles $\{x \mid P(x)\}$ et $\{x \in A \mid P(x)\}$, la variable x est une *variable muette* (voir la partie 2.2.3 p.45).

在集合 $\{x \mid P(x)\}$ 和 $\{x \in A \mid P(x)\}$ 中，变量 x 称为哑变量。这里 x 可以理解成占位符，虽然表示集合中的元素，但实际上并不需要关心这个元素的具体值。因为它代表满足命题 P 为真的所有可能的元素。因此，哑变量可以被任何其他符号或值替换，而不会影响表达式或公式的真实性或结果（参看小节 2.2.3 p.45）。

Remarque 2.5
On a défini de manière « naïve » un ensemble comme une collection d'objets (définition 2.1 p.30). Cela nous suffit pour faire des mathématiques à notre niveau mais il peut y avoir des problèmes !
Regardons un exemple célèbre appelé le *paradoxe de Russel*. L'idée est la suivante :

> Dans un village, un barbier propose de raser **tous** les hommes qui ne se rasent pas eux-mêmes et **seulement** ceux-là. Le barbier doit-il se raser lui-même ?

On aboutit à une contradiction : si le barbier se rase lui-même, cela contredit le fait qu'il rase **seulement** les hommes qui ne se rasent pas eux-mêmes. Mais s'il ne rase pas lui-même, cela contredit le fait qu'il rase **tous** les hommes qui ne se rasent pas eux-mêmes. Cette situation n'a donc pas de sens !
On aboutit à un paradoxe analogue en théorie des ensembles si on considère la définition naïve 2.1 p.30. Considérons la collection $\mathscr{E}$ de tous les ensembles. D'après la définition 2.1 p.30, $\mathscr{E}$ est lui-même un ensemble. Considérons alors l'ensemble

$$F = \{E \in \mathscr{E} \mid E \notin E\}$$

c'est-à-dire l'ensemble F des ensembles E qui n'appartiennent pas à eux-mêmes. Puisque $F \in \mathscr{E}$ (c'est un ensemble), il y a alors deux cas possibles :

- si $F \in F = \{E \in \mathscr{E} \mid E \notin E\}$, cela veut dire que $F \notin F$, c'est absurde ;
- si $F \notin F = \{E \in \mathscr{E} \mid E \notin E\}$, cela veut dire que $F \in F$, c'est aussi absurde.

Ainsi, considérer $\mathscr{E}$ l'ensemble de tous les ensembles conduit à une contradiction.
Si l'on veut définir rigoureusement la notion d'ensemble, il faut donc être plus prudent. Les théories modernes des ensembles comme celle de Zermelo-Fraenkel permettent d'éviter ce genre de problème.

我们以一种"朴素"的方式定义了集合，即具有一类特性对象的集合。这足以满足我们目前数学学习和研究的需求，但更深层次的研究可能会遇到问题！让我们来看一个著名的故事，称为"罗素悖论"：

> 在一个村子里，有一个理发师提出要给所有不自己刮胡子的男人刮胡子，并且只给这些人刮。那么，理发师应该给自己刮胡子吗？

悖论的关键在于理发师的规则：他只给那些不给自己刮胡子的人刮胡子。如果理发师给自己刮胡子，那么根据他的规则，他不应该给自己刮，因为他属于那些给自己刮胡子的人。但如果他不给自己刮胡子，那么他就应该给自己刮，因为他属于那些不给自己刮胡子的人，按照他的规则，他会为这类人刮胡子。
这个悖论由英国数学家和哲学家伯特兰·罗素（Bertrand Russell）在1901年发现。这个悖论展示了朴素集合论中存在的一个问题，即当允许集合自我包含或自我引用时，会导致逻辑上的矛盾。
在集合论中，如果我们考虑朴素集合论的定义，就会得到一个类似的悖论。考虑所有集合的集合 $\mathscr{E}$。根据定义 2.1 p.30，$\mathscr{E}$ 本身也是一个集合。然后考虑集合

$$F = \{E \in \mathscr{E} \mid E \notin E\}$$

也就是说，考虑集合 F，它由那些不包含自身的集合 E 组成。既然 $F \in \mathscr{E}$（它是一个集合），那么存在两种可能的情况：

- 如果 $F \in F = \{E \in \mathscr{E} \mid E \notin E\}$，则表示 $F \notin F$, 矛盾；
- 如果 $F \notin F = \{E \in \mathscr{E} \mid E \notin E\}$，则表示 $F \in F$, 同样矛盾。

这个两难困境与罗素悖论相似，展示了朴素集合论中潜在的逻辑问题。为了解决这一问题，现代数学采用了更严格的集合论公理体系，如策梅洛-弗兰克尔集合论，它通过限制集合的形成规则来避免这样的悖论。

2.1.4   Quelques autres ensembles de référence 其他常用参考集合

Nous avons déjà défini les ensembles $\mathbb{N}$, $\mathbb{Z}$, $\mathbb{Q}$ et $\mathbb{R}$ à la définition 2.2 p.31 ainsi que les intervalles d'entiers $[\![a,b]\!]$ à la notation 2.3 p.34.

定义 2.2 p.31 中我们已经学习了参考数集 $\mathbb{N}$, $\mathbb{Z}$, $\mathbb{Q}$ 和 $\mathbb{R}$，记法 2.3 p.34 中我们学习了整数区间集合 $[\![a,b]\!]$。本小节我们将介绍一些与之相关的常用集合及记法。

> **Notation 2.4** – sous-ensembles d'ensembles de référence 参考数集的子集
>
> Soit X l'un des ensembles $\mathbb{N}$, $\mathbb{Z}$, $\mathbb{Q}$ ou $\mathbb{R}$. On pose :
> - $X^* \stackrel{\text{déf}}{=} \{x \in X \mid x \neq 0\}$;
> - $X_+ \stackrel{\text{déf}}{=} \{x \in X \mid x \geqslant 0\}$;
> - $X_+^* \stackrel{\text{déf}}{=} \{x \in X \mid x > 0\}$.
>
> On définit de même $X_- \stackrel{\text{déf}}{=} \{x \in X \mid x \leqslant 0\}$ et $X_-^* \stackrel{\text{déf}}{=} \{x \in X \mid x < 0\}$.
>
> 设 X 表示为 $\mathbb{N}$, $\mathbb{Z}$, $\mathbb{Q}$ 或 $\mathbb{R}$ 中任一集合，有
> - $X^* \stackrel{\text{déf}}{=} \{x \in X \mid x \neq 0\}$;
> - $X_+ \stackrel{\text{déf}}{=} \{x \in X \mid x \geqslant 0\}$;
> - $X_+^* \stackrel{\text{déf}}{=} \{x \in X \mid x > 0\}$。
>
> 以及 $X_- \stackrel{\text{déf}}{=} \{x \in X \mid x \leqslant 0\}$ 和 $X_-^* \stackrel{\text{déf}}{=} \{x \in X \mid x < 0\}$。

Exemple 2.6
- $\mathbb{N}^*$ est l'ensemble des entiers naturels non nuls.
- $\mathbb{Z}_+ = \mathbb{N}$ et $\mathbb{Z}_+^* = \mathbb{N}^*$.

- $\mathbb{N}^*$ 表示非零的自然数集。
- $\mathbb{Z}_+ = \mathbb{N}$ 和 $\mathbb{Z}_+^* = \mathbb{N}^*$。

> **Définition 2.7** – intervalle et segment 区间与闭区间
>
> Soient a et b deux nombres réels tels que $a \leqslant b$. Un *intervalle de* $\mathbb{R}$ est un sous-ensemble de $\mathbb{R}$ ayant l'une des formes suivantes [a] :
>
> - $[a,b] \stackrel{\text{déf}}{=} \{x \in \mathbb{R} \mid a \leqslant x \leqslant b\}$;
> - $[a,b[\stackrel{\text{déf}}{=} \{x \in \mathbb{R} \mid a \leqslant x < b\}$;
> - $]a,b[\stackrel{\text{déf}}{=} \{x \in \mathbb{R} \mid a < x < b\}$;
> - $]a,b] \stackrel{\text{déf}}{=} \{x \in \mathbb{R} \mid a < x \leqslant b\}$;
> - $]-\infty,a] \stackrel{\text{déf}}{=} \{x \in \mathbb{R} \mid x \leqslant a\}$;
> - $]-\infty,a[\stackrel{\text{déf}}{=} \{x \in \mathbb{R} \mid x < a\}$;
> - $[a,+\infty[\stackrel{\text{déf}}{=} \{x \in \mathbb{R} \mid x \geqslant a\}$;
> - $]a,+\infty[\stackrel{\text{déf}}{=} \{x \in \mathbb{R} \mid x > a\}$;
> - $]-\infty,\infty[\stackrel{\text{déf}}{=} \mathbb{R}$;
> - $\varnothing$.
>
> Un intervalle de la forme $[a,b]$ est aussi appelé *segment*.
>
> ───────────────────
> a. Voir la partie 2.3.2 p.56 pour la définition de l'ensemble vide $\varnothing$.
>
> - - - - - - - - - - - - - - - - - - -
>
> 设 a 和 b 是两个实数，满足 $a \leqslant b$。上述的集合都表示为 $\mathbb{R}$ 上的一个区间。当区间是 $[a,b]$ 形式时，称为**闭区间**；当区间是 $]a,b[$ 形式时，称为**开区间**。

> Ne pas confondre $[\![a,b]\!]$ avec $[a,b]$.
>
> - - - - - - - - - - - - - - - - - - -
>
> 注意区分集合 $[\![a,b]\!]$ 与 $[a,b]$。

Remarque 2.6

1. On a $[a,a] = \{a\}$. Ainsi, les singletons constitués d'un nombre réel sont des intervalles de $\mathbb{R}$ (et même des segments).
2. On a $]a,a] =]a,a] =]a,a[= \varnothing$ (ensemble vide, voir la partie 2.3.2 p.56).

- - - - - - - - - - - - - - - - - - -

1. 实际上 $[a,a] = \{a\}$，因此，由一个实数构成的单元素集合是 $\mathbb{R}$ 上的闭区间。
2. 实际上 $]a,a] =]a,a] =]a,a[= \varnothing$（参看小节 2.3.2 p.56）。

2.2 Quantificateurs 量词

2.2.1 Définitions et exemples 定义与例题

Définition 2.8 – quantificateur universel $\forall$ (« pour tout ») 全称量词

Soit P une proposition et soit E un ensemble. On définit la proposition [a]

$$\text{« } \forall x \in E, \ P(x) \text{ »}$$

qui est vraie si $P(x)$ est vraie **pour tous** les éléments x de E et fausse sinon [b].

<hr>

a. Le terme « $\forall x \in E$ » se lit « pour tout x appartenant à E » ou « pour tout x dans E ».

b. C'est-à-dire qu'il existe au moins un élément x de E pour lequel $P(x)$ est fausse, voir la proposition 2.1 p.43.

- - - - - - - - - - - - - - - - - -

设 P 是一个命题，E 是一个集合，定义命题

$$\forall x \in E, \ P(x)$$

如果对于集合 E 中的所有元素 x，$P(x)$ 都为真，则命题为真；否则该命题为假，即不是 E 中所有元素 x，都能使得 $P(x)$ 为真。
" $\forall x \in E$ "读作"对于所有 E 中的元素 x "（参看命题 2.1 p.43）。

Exemple 2.7

1. La proposition « $\forall x \in \mathbb{R}, \ x^2 \geqslant 0$ » est vraie.

2. La proposition « $\forall x \in \mathbb{R}, \ x^2 + 4x + 1 \geqslant 0$ » est fausse : on a $(-2)^2 + 4 \times (-2) + 1 = -3 < 0$.

- - - - - - - - - - - - - - - - - -

1. 命题" $\forall x \in \mathbb{R}, \ x^2 \geqslant 0$ "为真。

2. 命题" $\forall x \in \mathbb{R}, \ x^2 + 4x + 1 \geqslant 0$ "为假：因为 $(-2)^2 + 4 \times (-2) + 1 = -3 < 0$ 。

Définition 2.9 – quantificateur existentiel $\exists$ (« il existe ») *存在量词*

Soit P une proposition et soit E un ensemble. On définit la proposition [a]

$$\text{« } \exists x \in E, \ P(x) \text{ »}$$

qui est vraie s'il **existe au moins** un élément x de E pour laquelle $P(x)$ est vraie et fausse sinon [b].

<hr>

a. Le terme « $\exists x \in E, \ \dots$ » se lit « il existe x appartenant à E tel que ... » ou « il existe x dans E tel que ... ».

    b. C'est-à-dire que $P(x)$ est fausse pour tous les éléments de E, voir la proposition 2.1 p.43.

设 P 是一个命题，E 是一个集合，定义命题

$$\exists x \in E, \ P(x)$$

如果集合 E 中至少存在一个元素 x，使得 $P(x)$ 为真，则该命题为真；否则该命题为假，即 E 中没有任何元素使得 $P(x)$ 为真。
"$\exists x \in E$"读作"E 中存在元素 x"（参看命题 2.1 p.43）。

Exemple 2.8

1. La proposition « $\exists x \in \mathbb{R}, \ 1 < x < 2$ » est vraie (par exemple $\frac{3}{2}$ convient, mais aussi $\frac{5}{4}$).

2. La proposition « $\exists n \in \mathbb{N}, \ 1 < n < 2$ » est fausse.

---

1. 命题"$\exists x \in \mathbb{R}, \ 1 < x < 2$"为真（如 $\frac{3}{2}$，$\frac{5}{4}$ 等满足）。

2. 命题"$\exists n \in \mathbb{N}, \ 1 < n < 2$"为假。

Remarque 2.7

1. Dans les propositions « $\forall x \in E, \ P(x)$ » et « $\exists x \in E, \ P(x)$ », la variable x est une *variable muette* (voir la partie 2.2.3 p.45).

2. La proposition « $\forall x \in E, \ P(x)$ » n'est qu'une abréviation de la proposition « $\forall x, \ (x \in E \implies P(x))$ », c'est-à-dire que pour tout objet x, si $x \in E$ alors $P(x)$ est vraie.
La proposition « $\exists x \in E, \ P(x)$ » n'est qu'une abréviation de la proposition « $\exists x, \ (x \in E$ et $P(x))$ ».

3. Si $E = \{x_1, \ldots, x_n\}$ (on dira plus tard que E est un ensemble fini à n éléments, voir le chapitre 6), alors

$$\Big(\forall x \in E, \ P(x)\Big) \iff \Big(P(x_1) \text{ et } P(x_2) \text{ et } \ldots \text{ et } P(x_n)\Big)$$

et

$$\Big(\exists x \in E, \ P(x)\Big) \iff \Big(P(x_1) \text{ ou } P(x_2) \text{ ou } \ldots \text{ ou } P(x_n)\Big).$$

Nous allons voir dans la suite que de nombreuses propriétés des quantificateurs $\forall$ et $\exists$ sont des généralisations des propriétés de « et » et de « ou ».

---

1. 在命题"$\forall x \in E, \ P(x)$"和"$\exists x \in E, \ P(x)$"中，变量 x 均为哑变量（参看小节 2.2.3 p.45）。

2. 命题"$\forall x \in E, \ P(x)$"是命题"$\forall x, \ (x \in E \implies P(x))$"的简写形式，即对于所有对象 x，如果 $x \in E$，则有 $P(x)$。命题"$\exists x \in E, \ P(x)$"是命题"$\exists x, \ (x \in E$ et $P(x))$"的简写形式。

3. 如果 $E = \{x_1, \ldots, x_n\}$，那么

$$\Big(\forall x \in E, \ P(x)\Big) \iff \Big(P(x_1) \text{ et } P(x_2) \text{ et } \ldots \text{ et } P(x_n)\Big)$$

和

$$\big(\exists x \in E,\ P(x)\big) \iff \big(P(x_1)\ \text{ou}\ P(x_2)\ \text{ou} \ldots \text{ou}\ P(x_n)\big)$$

我们将在后续内容中学习全称量词 $\forall$ 和存在量词 $\exists$，它们与上一章命题逻辑中的" et "和" ou "有很多性质上的相似性。

Définition 2.10 – quantificateur d'existence unique $\exists!$ 唯一存在量词

Soit E un ensemble et soit P une proposition. On définit la proposition [a]

$$\ll \exists!\, x \in E,\ P(x) \gg$$

qui est vraie si l'ensemble E contient **exactement un seul** élément x tel que $P(x)$ est vraie et fausse sinon [b].
Si c'est le cas, on dit que x est *unique*.

_____

a. Le terme « $\exists!\, x \in E, \ldots$ » se lit « il existe un unique x appartenant à E tel que $P(x)$ » ou « il existe un unique x dans E tel que $P(x)$ ».

b. C'est-à-dire qu'un tel $x \in E$ n'existe pas ou qu'il n'est pas unique (il existe $y \in E$ différent de x tel que $P(y)$ est aussi vraie). Voir l'exercice 2.6 p.83.

- - - - - - - -

设 P 是一个命题，E 是一个集合，定义命题

$$\exists!\, x \in E,\ P(x)$$

如果集合 E 中只有**唯一**的元素 x 使得 $P(x)$ 为真，则该命题为真；否则该命题为假，即 E 中不是恰好只有一个元素使得 $P(x)$ 为真。

Exemple 2.9

1. La proposition « $\exists!\, x \in \mathbb{R},\ 3x = 2$ » est vraie (c'est $x = \frac{3}{2}$).
2. La proposition « $\exists!\, n \in \mathbb{N},\ 3n = 2$ » est fausse (un tel n n'existe pas).
3. La proposition « $\exists!\, n \in \mathbb{Z},\ n^2 = 4$ » est fausse (on a $2^2 = (-2)^2 = 4$).

- - - - - - - -

1. 命题" $\exists!\, x \in \mathbb{R},\ 3x = 2$ "为真，因为有唯一的 $x = \frac{3}{2}$。
2. 命题" $\exists!\, n \in \mathbb{N},\ 3n = 2$ "为假，因为这样的自然数 n 并不存在。
3. 命题" $\exists!\, n \in \mathbb{Z},\ n^2 = 4$ "为假，因为 $2^2 = (-2)^2 = 4$，即 n 不唯一。

Remarque 2.8

- Dans la proposition « $\exists!\, x \in E,\ P(x)$ », x est une variable muette (voir la partie 2.2.3 p.45).
- Formellement, « $\exists!\, x \in E,\ P(x)$ » est définie comme

$$\exists x \in E,\ \Big(P(x)\ \text{et}\ \big[\forall y \in E,\ \big(P(y) \implies x = y\big)\big]\Big).$$

- 命题 " $\exists! x \in E,\ P(x)$ " 中， x 为哑变量 (参看小节 2.2.3 p.45)。
- 更正式地， " $\exists! x \in E,\ P(x)$ " 的写法如上所示。

2.2.2 Négation et échange des quantificateurs 量词的否定与交换

> **Proposition 2.1** – négation des quantificateurs 量词的否定
>
> Soit E un ensemble et soit P une proposition. On a
>
> $$\text{non}\big(\forall x \in E,\ P(x)\big) \iff \Big(\exists x \in E,\ \big(\text{non } P(x)\big)\Big)$$
>
> et
>
> $$\text{non}\big(\exists x \in E,\ P(x)\big) \iff \Big(\forall x \in E,\ \big(\text{non } P(x)\big)\Big).$$
>
> 设 P 是一个命题， E 是一个集合，有
>
> $$\text{non}\big(\forall x \in E,\ P(x)\big) \iff \Big(\exists x \in E,\ \big(\text{non } P(x)\big)\Big)$$
>
> 和
>
> $$\text{non}\big(\exists x \in E,\ P(x)\big) \iff \Big(\forall x \in E,\ \big(\text{non } P(x)\big)\Big)$$

Démonstration
Admise, il faudrait développer plus formellement la notion de quantificateur pour pouvoir faire une démonstration précise.

Exemple 2.10

- La négation de « tous les étudiants de la classe ont plus de 18 ans » est « il existe un étudiant de la classe qui a moins de 18 ans ».
- La négation de « il existe un homme immortel » est « tous les hommes sont mortels ».

- "班上所有学生都超过 18 岁"的否定是"班上至少存在一个学生未满 18 岁"。
- "存在一个不朽的人"的否定是"所有人都会过世"。

Proposition 2.2 – échange de deux quantificateurs 量词的交换

Soient E et F deux ensembles et soit P une proposition. Alors

$$\big(\forall x \in E,\ \forall y \in F,\quad P(x,y)\big) \iff \big(\forall y \in F,\ \forall x \in E,\quad P(x,y)\big)$$

et

$$\big(\exists x \in E,\ \exists y \in F,\quad P(x,y)\big) \iff \big(\exists y \in F,\ \exists x \in E,\quad P(x,y)\big).$$

- -

设 P 是一个命题，E 是一个集合，有

$$\big(\forall x \in E,\ \forall y \in F,\quad P(x,y)\big) \iff \big(\forall y \in F,\ \forall x \in E,\quad P(x,y)\big)$$

和

$$\big(\exists x \in E,\ \exists y \in F,\quad P(x,y)\big) \iff \big(\exists y \in F,\ \exists x \in E,\quad P(x,y)\big)$$

Démonstration
Immédiate.

Attention, on ne peut pas changer l'ordre de deux quantificateurs $\forall$ et $\exists$ en général ! Par exemple :

$$\forall n \in \mathbb{N},\ \exists m \in \mathbb{N},\quad m > n$$

est vraie (par exemple $m = n + 1$ convient) mais

$$\exists m \in \mathbb{N},\ \forall n \in \mathbb{N},\quad m > n$$

est fausse (par exemple cela ne marche pas pour $n = m$).

- -

注意，不能随意改变全称量词 $\forall$ 和存在量词 $\exists$ 的顺序。例如：命题

$$\forall n \in \mathbb{N},\ \exists m \in \mathbb{N},\quad m > n$$

为真（如取 $m = n + 1$），但命题

$$\exists m \in \mathbb{N},\ \forall n \in \mathbb{N},\quad m > n$$

为假（如取 $n = m$）。

2.2.3 À propos des variables 关于变量的类型

En mathématiques, on distingue deux types de variables : les *variables libres* et les *variables liées*, aussi appelées *variables muettes*.

- Les variables libres sont des variables qui sont *déclarées explicitement* et qui sont utilisées et manipulées dans la suite du texte. On écrit le plus souvent « soit x ... » pour déclarer une variable libre x.
- Les variables liées (variables muettes) sont des variables qui n'existent que *localement* dans un objet et qui n'existent pas en dehors. Il n'y a pas besoin de les déclarer. Par exemple, dans ces trois objets [a] :

$$\text{« } \forall x \in \mathbb{R},\ x^2 \geqslant 0 \text{ »}, \quad \{n \in \mathbb{N} \mid n^2 + 1 \text{ est premier}\} \quad \text{et} \quad \sum_{i=1}^{17} i^2$$

  les variables x, n et i sont muettes.

  Il faut retenir les choses suivantes sur les variables muettes :

  1. une variable muette ne peut pas être une variable libre déjà déclarée ;
  2. une variable muette n'existe qu'à l'intérieur de l'objet associé, pas à l'extérieur ;
  3. on peut remplacer une variable muette par n'importe quelle autre variable qui n'est pas une variable libre déjà déclarée.

---

a. Voir le chapitre 5 pour une définition du symbole Σ.

- -

在数学中，我们区分两种类型的变量：**自由变量**和**约束变量（哑变量）**。

- 自由变量是被"明确声明"的并在文本后续部分中继续使用的变量，通常用"设 x ... "来声明自由变量 x。
- 哑变量是指仅在某个对象内部"局部"存在的变量，它们在对象外部并不存在。因此，没有必要特意声明它们。如：

$$\text{"} \forall x \in \mathbb{R},\ x^2 \geqslant 0 \text{ "}, \quad \{n \in \mathbb{N} \mid n^2 + 1 \text{ 为素数}\} \quad \text{和} \quad \sum_{i=1}^{17} i^2$$

  其中 x, n 和 i 均为哑变量。

  关于哑变量，需要记住以下几点：

  1. 哑变量不能是已经声明的自由变量；
  2. 哑变量仅存在于与之关联的对象内部，而不在外部；
  3. 可以用任何尚未声明为自由变量的其他变量来替换哑变量。

Exemple 2.11

Considérons le texte mathématique suivant :

Soient a, b et c des nombres réels tels que $b \neq 0$ et $a\,c < 0$. Alors $b^2 - 4ac > 0$. On a donc

$$\forall x \in \mathbb{R}, \quad a\,x^2 + b\,x + c \neq 0.$$

Ici, a, b et c sont des variables libres, elles sont déclarées à la première phrase. Dans la proposition « $\forall x \in \mathbb{R}$, $a\,x^2 + b\,x + c \neq 0$ », la variable x est une variable muette : elle n'existe que dans cette proposition, pas à l'extérieur. On peut la remplacer par n'importe quelle autre variable qui n'est pas une variable libre déjà déclarée : par exemple « $\forall z \in \mathbb{R}$, $a\,z^2 + b\,z + c \neq 0$ » mais pas par « $\forall c \in \mathbb{R}$, $a\,c^2 + b\,c + c \neq 0$ » car c est une variable libre déjà déclarée.

考虑如下数学语言：

设 a, b 和 c 为实数，满足 $b \neq 0$ 且 $a\,c < 0$，那么 $b^2 - 4ac > 0$。因此，在

$$\forall x \in \mathbb{R}, \quad a\,x^2 + b\,x + c \neq 0$$

中 a, b 和 c 是声明的自由变量。而在命题" $\forall x \in \mathbb{R}$, $a\,x^2 + b\,x + c \neq 0$ "中，变量 x 是一个哑变量：它只存在于这个命题中，不在命题之外。因此，可以将 x 替换为任何其他不是已经声明的自由变量的变量。例如：" $\forall z \in \mathbb{R}$, $a\,z^2 + b\,z + c \neq 0$ "写法正确，但" $\forall c \in \mathbb{R}$, $a\,c^2 + b\,c + c \neq 0$ "的写法则不正确，因为 c 是已经声明的自由变量，不可以作为哑变量再次出现。

 Toute variable libre doit être déclarée, toute variable muette n'existe pas en dehors de l'objet associé.

证明过程中，所有自由变量都必须先声明；哑变量不需要声明，哑变量不存在于与之相关联的对象之外。

Exemple 2.12

Considérons le texte suivant dont la rédaction n'est pas correcte :

La somme de deux entiers pairs est paire car $2n + 2m = 2(n + m)$.

Ici, les variables libres n et m ne sont pas déclarées. Voilà une rédaction correcte :

La somme de deux entiers pairs est paire. En effet, soit n et m deux entiers. Alors la somme $2n + 2m = 2(n + m)$ est pair.

若证明过程中出现，

因为 $2n + 2m = 2(n + m)$，所以两个偶数之和是偶数。

我们认为是不严谨的，因为自由变量 n 和 m 没有被声明。因此，严谨的写法

是

设 n 和 m 是两个整数，有 $2n + 2m = 2(n+m)$ 是偶数，所以两个偶数之和是偶数。

Exemple 2.13

Considérons le texte suivant dont la rédaction n'est pas correcte :

Soient $x_1, \ldots, x_n$ des entiers naturels. On a

$$\exists i_0 \in [\![1, n]\!], \; \forall i \in [\![1, n]\!], \quad x_{i_0} \geqslant x_i \geqslant 0$$

donc

$$x_1 \times \cdots \times x_n \leqslant x_{i_0} \times \cdots \times x_{i_0} = (x_{i_0})^n.$$

Ici, la variable muette i_0 n'existe que dans la proposition avec les quantificateurs, pas en dehors. Elle n'est donc pas déclarée comme variable libre pour être utilisée ensuite. Voilà une rédaction correcte :

Soient $x_1, \ldots, x_n$ des nombres réels. Soit $i_0 \in [\![1, n]\!]$ tel que

$$\forall i \in [\![1, n]\!], \quad x_{i_0} \geqslant x_i.$$

Alors

$$x_1 \times \cdots \times x_n \leqslant x_{i_0} \times \cdots \times x_{i_0} = (x_{i_0})^n.$$

- -

若证明过程中出现，

设 $x_1, \ldots, x_n$ 为自然数，有

$$\exists i_0 \in [\![1, n]\!], \; \forall i \in [\![1, n]\!], \quad x_{i_0} \geqslant x_i \geqslant 0$$

所以

$$x_1 \times \cdots \times x_n \leqslant x_{i_0} \times \cdots \times x_{i_0} = (x_{i_0})^n$$

我们认为是不正确的。因为哑变量 i_0 只存在于带有量词的命题中，而不在外部。因此 i_0 不能作为自由变量在后续证明过程中使用。正确的写法是

设 $x_1, \ldots, x_n$ 为实数，设 $i_0 \in [\![1, n]\!]$ 满足

$$\forall i \in [\![1, n]\!], \quad x_{i_0} \geqslant x_i$$

所以

$$x_1 \times \cdots \times x_n \leqslant x_{i_0} \times \cdots \times x_{i_0} = (x_{i_0})^n$$

Ces consignes de rédaction sont très importantes pour bien structurer les raisonnements et la pensée mathématique. Ne pas les respecter conduit à faire des erreurs de raisonnements et à un discours peu clair !

通过上述例题，发现在进行数学写作或数学证明过程时，遵循一定的结构和规范是非常重要的。因此为了保证逻辑推理的准确性和表达的清晰性，需要注意正确声明和使用自由变量以及恰当处理哑变量。不遵守正确的规则可能会导致误解、混淆，甚至逻辑上的错误。

2.2.4 Quelques méthodes liées aux quantificateurs 量词相关的数学方法

Méthode 2.1 – négation d'une proposition avec des quantificateurs 命题中量词的否定

Pour obtenir la négation d'une proposition contenant un ou plusieurs quantificateurs, on remplace tous les « $\forall$ » par des « $\exists$ », tous les « $\exists$ » par des « $\forall$ » et on prend la négation de la proposition à la fin.

为了得到存在一个或多个量词的命题否定形式，则只需要将原命题中所有的"$\forall$"替换为"$\exists$"，所有的"$\exists$"替换为"$\forall$"。

Exemple 2.14

La proposition « la fonction racine carrée est continue en 1 » s'écrit formellement

$$\forall \varepsilon > 0,\ \exists \delta > 0,\ \forall x \in \mathbb{R},\quad \left(|x-1| < \delta \implies \left|\sqrt{x}-1\right| < \varepsilon\right).$$

La négation correspondante est donc

$$\exists \varepsilon > 0,\ \forall \delta > 0,\ \exists x \in \mathbb{R},\quad \left(|x-1| < \delta\ \text{et}\ \left|\sqrt{x}-1\right| \geqslant \varepsilon\right)$$

en utilisant le fait que la négation de « $P \implies Q$ » est « P et (non Q) » (voir la propriété 1.6 p.13).

命题"平方根函数在 1 处是连续的"可以写成

$$\forall \varepsilon > 0,\ \exists \delta > 0,\ \forall x \in \mathbb{R},\quad \left(|x-1| < \delta \implies \left|\sqrt{x}-1\right| < \varepsilon\right)$$

它的否定是

$$\exists \varepsilon > 0,\ \forall \delta > 0,\ \exists x \in \mathbb{R},\quad \left(|x-1| < \delta\ \text{et}\ \left|\sqrt{x}-1\right| \geqslant \varepsilon\right)$$

这里应用了命题 $P \implies Q$ 的否定等价于" P et (non Q) "，参看命题 1.6 p.13。

> **Méthode 2.2** – proposition universelle (pour tout) 全称命题
>
> - Pour démontrer une *proposition universelle*, c'est-à-dire une proposition de la forme $\forall x \in E$, $P(x)$, on démontre $P(x)$ pour un $x \in E$ **quelconque**. On commence donc la rédaction par « Soit $x \in E$ » [a].
> - Pour démontrer que $\forall x \in E$, $P(x)$ est fausse, en général on trouve un *contre-exemple*, c'est-à-dire un élément $x_0 \in E$ tel que $P(x_0)$ est fausse.
>
> ───────────────
> a. On déclare donc une variable libre, voir la partie 2.2.3 p.45.
>
> -
>
> - 证明**全称命题**，即形如 $\forall x \in E$, $P(x)$ 的命题，需要证明对任意一个 $x \in E$，命题 $P(x)$ 成立。因此，通常可以从"设对任意 $x \in E$"开始证明。
> - 证明命题 $\forall x \in E$, $P(x)$ 为假时，只需要找出一个反例即可。换言之，存在某个 $x_0 \in E$，$P(x_0)$ 为假。

Exemple 2.15

Démontrons que

$$\forall x \in \mathbb{R}, \quad x(1-x) \leqslant \frac{1}{4}.$$

On commence la démonstration par déclarer un $x \in \mathbb{R}$ quelconque : soit $x \in \mathbb{R}$. On a :

$$x(1-x) = x - x^2 = \frac{1}{4} - \left(x - \frac{1}{2}\right)^2 \leqslant \frac{1}{4}.$$

On a donc montré que $x(1-x) \leqslant \frac{1}{4}$ pour tout $x \in \mathbb{R}$.

- -

证明

$$\forall x \in \mathbb{R}, \quad x(1-x) \leqslant \frac{1}{4}$$

从"设对于任意一个实数 $x \in \mathbb{R}$"开始证明：设 $x \in \mathbb{R}$，有

$$x(1-x) = x - x^2 = \frac{1}{4} - \left(x - \frac{1}{2}\right)^2 \leqslant \frac{1}{4}$$

从而证得对于所有的 $x \in \mathbb{R}$，$x(1-x) \leqslant \frac{1}{4}$。

Exemple 2.16

La proposition « pour tout nombre premier (voir la définition 4.2 p.161) p, $2^p - 1$ est aussi premier » est fausse. En effet, pour $p = 11$, $2^{11} - 1 = 2047 = 23 \times 89$ n'est pas premier [a].

a. On peut vérifier que $2^p - 1$ est premier pour $p \in \{2, 3, 5, 7\}$. Les nombres premiers de la forme $2^n - 1$ sont appelés *nombre premier de Mersenne*.

命题"对于任意素数 p，$2^p - 1$ 也是素数"为假。比如，取 $p = 11$，有 $2^{11} - 1 = 2047 = 23 \times 89$ 它不是素数。另外可以验证，对于 $p \in \{2, 3, 5, 7\}$，$2^p - 1$ 是素数；形如 $2^n - 1$ 的素数称为**梅森素数**。关于素数，参看定义 4.2 p.161。

Méthode 2.3 – proposition existentielle (il existe) 存在量词命题

- Pour démontrer une *proposition existentielle*, c'est-à-dire une proposition de la forme $\exists x \in E$, $P(x)$, il n'y a pas de méthode générale. Démontrer l'existence est souvent difficile en mathématiques ! Souvent, on essaie de construire explicitement un x qui convient [a]. Pour cela, on peut s'aider de la méthode d'*analyse-synthèse* que l'on présentera plus tard (partie 4.2.3 p.152). On peut parfois utiliser une contraposée pour transformer le $\exists$ en $\forall$ (voir l'exercice 2.2 p.82).

- Pour démontrer qu'il n'existe pas d'éléments $x \in E$ vérifiant $P(x)$, on peut démontrer que non $P(x)$ pour tout $x \in E$. On peut aussi utiliser un raisonnement par l'absurde que nous présenterons plus tard (partie 4.2.1 p.142).

---

a. C'est ce que l'on a fait à l'exemple 2.16 p.49 où on a démontré qu'il existe un nombre premier p tel que $2^p - 1$ est premier en explicitant $p = 11$.

- 证明**有存在量词的命题**，即形式为 $\exists x \in E$, $P(x)$ 的命题。目前没有通用的方法，证明存在性往往是困难的！因此，我们通常用构造一个满足条件的 x 来尝试证明，即稍后介绍的**分析-综合法**，参看小节 4.2.3 p.152。也可以尝试使用反证法将 $\exists$ 转换为 $\forall$ 来证明，参看习题 2.2 p.82。

- 证明不存在任何 $x \in E$ 使得 $P(x)$ 为真，可以证明对于所有 $x \in E$，non $P(x)$ 为真。另一方面，也可以使用本书后续介绍的"反证法"来证明，参看小节 4.2.1 p.142。

Méthode 2.4 – unicité 唯一性

Pour démontrer l'unicité d'un élément $x \in E$ vérifiant une propriété $P(x)$, le plus souvent on considère un élément $y \in E$ tel que $P(y)$ est aussi vraie et on démontre que $x = y$.

Dans certains cas, la méthode d'*analyse-synthèse* que l'on présentera plus tard (partie 4.2.3 p.152) permet de démontrer l'unicité.

证明唯一的一个元素 $x \in E$ 满足性质 $P(x)$。常见的方法是考虑另一个元素 $y \in E$ 使得 $P(y)$ 也成立，然后证明 $x = y$。在某些比较困难的题目中，同样也可以使用后续介绍的**分析-综合法**来证明其唯一性，参看小节 4.2.3 p.152。

Exemple 2.17

Soit $x \in \mathbb{R}$. On admet qu'il existe un entier $n \in \mathbb{N}$ tel que $n \leqslant x < n+1$ et on veut démontrer que n est unique.

On considère un entier $m \in \mathbb{N}$ tel que $m \leqslant x < m+1$. On a alors $-m-1 < -x \leqslant -m$. En sommant ces inégalités avec $n \leqslant x < n+1$, on obtient

$$n - m - 1 < 0 < n - m + 1$$

d'où

$$-1 < n - m < 1.$$

Or $n - m$ est un entier d'où $n - m = 0$ et donc $n = m$. On a bien montré l'unicité d'un entier $n \in \mathbb{N}$ tel que $n \leqslant x < n+1$.

L'entier n s'appelle la partie entière *de x, on la note $\lfloor x \rfloor$.*

设实数 $x \in \mathbb{R}$，证存在唯一的自然数 $n \in \mathbb{N}$ 满足 $n \leqslant x < n+1$。

考虑一个自然数 $m \in \mathbb{N}$ 使得 $m \leqslant x < m+1$，有 $-m-1 < -x \leqslant -m$。把它与 $n \leqslant x < n+1$ 相加，得

$$n - m - 1 < 0 < n - m + 1$$

因此有

$$-1 < n - m < 1$$

由于 $n - m$ 是一个整数，所以 $n - m = 0$，从而得 $n = m$。我们证明了存在唯一的一个自然数 $n \in \mathbb{N}$ 满足 $n \leqslant x < n+1$。此时，整数 n 称为 x 的**整数部分**，记作 $\lfloor x \rfloor$。

2.3   Inclusion de deux ensembles 集合的包含

2.3.1   Définitions, exemples et propriétés 定义，例题与性质

Définition 2.11 – inclusion, sous-ensemble, partie 包含，子集，部分

Soient A et B deux ensembles.

- On dit que B est un *sous-ensemble* de A si tout élément de B est un élément de A. Si c'est le cas, on note [a] $B \subset A$.
  Autrement dit,

$$(B \subset A) \iff (\forall x \in B,\ x \in A).$$

- On dit aussi que B est une *partie* de A.

- Si B n'est pas inclus dans A (c'est-à-dire qu'il existe $x \in B$ tel que $x \notin A$), on note $B \not\subset A$ au lieu de non$(B \subset A)$.

Voir la figure 2.1 p.52.

---
a. Lire « B est inclus dans A ».

- -

设 A 和 B 是两个集合，

- 若 B 中的每个元素都是 A 中的元素，则称 B 是 A 的一个子集。记作 [a] $B \subset A$。换言之，

$$(B \subset A) \iff (\forall x \in B,\ x \in A)$$

- 也可以称 B 是 A 的部分。

- 若存在 $x \in B$ 的元素但 $x \notin A$，通常用 $B \not\subset A$ 来代替 non$(B \subset A)$ 的记法。

---
a. 读作"B 包含于 A"或"A 包含 B"。

Figure 2.1 – $B \subset A$ (à gauche) et $B \not\subset A$ (à droite)
$B \subset A$ (左边) 与 $B \not\subset A$ (右边)

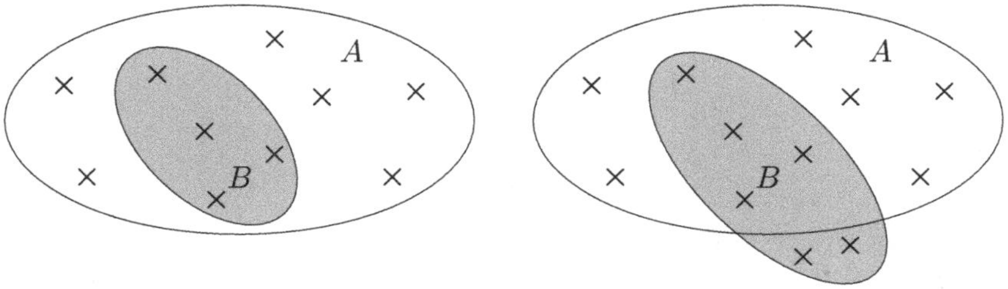

Les éléments sont représentés par des croix. A est l'ensemble des croix dans l'ellipse blanche, B est l'ensemble des croix dans l'ellipse grise.
图中集合的元素由 × 表示。A 为白色椭圆内的 × 的集合，B 为灰色椭圆内的 × 的集合。

Exemple 2.18

1. On a $\{1,2\} \subset \{1,2,3\}$ et $\{1,2,4\} \not\subset \{1,2,3\}$.
2. On a $\mathbb{N} \subset \mathbb{Z} \subset \mathbb{Q} \subset \mathbb{R}$.

- -

对于常用参考数集，有 $\mathbb{N} \subset \mathbb{Z} \subset \mathbb{Q} \subset \mathbb{R}$ 关系。

Ne pas confondre l'*appartenance* (symbole $\in$) avec l'*inclusion* (symbole $\subset$).

- -

符号 $\in$ 表示元素与集合之间的关系，而符号 $\subset$ 表示集合之间的关系。

Méthode 2.5 – inclusion d'ensembles 集合的包含

Démontrer une inclusion d'ensembles $E \subset F$ revient à démontrer la proposition universelle « $\forall x \in E,\ x \in F$ ». En suivant la méthode 2.2 p.49, on considère donc un élément $x \in E$ quelconque en commençant la démonstration par « soit $x \in E$ » et on démontre que $x \in F$.

- -

证明集合包含关系 $E \subset F$ 相当于证明全称命题" $\forall x \in E,\ x \in F$ "。考虑 E 中任意一个元素 x，从"设 $x \in E$ "开始证明，通过推理演绎并最终证得 $x \in F$，参看方法 2.2 p.49。

Exemple 2.19

Soient a, b, c et d des entiers tels que $a \leqslant b \leqslant c \leqslant d$. Démontrons que $[\![b,c]\!] \subset [\![a,d]\!]$.

Soit $n \in [\![b,c]\!]$, c'est-à-dire que n est un entier tel que $n \geqslant b$ et $n \leqslant c$. Or $b \geqslant a$ donc $n \geqslant a$ et $c \leqslant d$ donc $n \leqslant d$. On a donc démontré que n est un entier tel que $a \leqslant n \leqslant d$ d'où $n \in [\![a,d]\!]$. On a bien démontré l'inclusion $[\![b,c]\!] \subset [\![a,d]\!]$.

- -

设 a, b, c 和 d 是整数，满足 $a \leqslant b \leqslant c \leqslant d$。证明区间 $[\![b,c]\!]$ 是区间 $[\![a,d]\!]$ 的子集。

首先，设 $n \in [\![b,c]\!]$，即 n 是一个整数，满足 $n \geqslant b$ 且 $n \leqslant c$。由于 $b \geqslant a$，可

以推出 $n \geqslant a$；同样的，$c \leqslant d$ 可以推出 $n \leqslant d$。因此，证明了 n 是一个整数且满足 $a \leqslant n \leqslant d$，从而有 $n \in [\![a, d]\!]$。因此有 $[\![b, c]\!]$ 是 $[\![a, d]\!]$ 的子集。

Proposition 2.3 – propriétés de l'inclusion 包含的性质

Soient A, B et C trois ensembles. Alors :

1. $A \subset A$ (réflexivité) ;
2. si $A \subset B$ et $B \subset C$ alors $A \subset C$ (transitivité).

- -

设 A, B 和 C 是三个集合，则有

1. $A \subset A$（自反性）；
2. 若 $A \subset B$ 且 $B \subset C$，则有 $A \subset C$（传递性）。

Démonstration

1. Évident.
2. Supposons $A \subset B$ et $B \subset C$. Soit $x \in A$. On a $A \subset B$ donc $x \in B$. On a de plus $B \subset C$ donc $x \in C$. On a donc $A \subset C$.

- -

假设 $A \subset B$ 和 $B \subset C$，设 $x \in A$，则有 $A \subset B$，所以 $x \in B$。又因为有 $B \subset C$，所以 $x \in C$。从而有 $A \subset C$。

Proposition 2.4 – l'égalité d'ensembles est une double inclusion
集合的相等是双重包含

Soient A et B deux ensembles. Alors

$$(A = B) \iff ((A \subset B) \text{ et } (B \subset A)).$$

- -

设 A 和 B 是两个集合，则有

$$(A = B) \iff ((A \subset B) \text{ et } (B \subset A))$$

Démonstration
C'est exactement la remarque 2.2 p.32.

- -

本命题结论与注释 2.2 p.32 一样。

> **Méthode 2.6** – égalité de deux ensembles 集合的相等
>
> Pour démontrer une égalité d'ensembles $A = B$, on utilise généralement une *double inclusion* : on démontre les deux inclusions $A \subset B$ et $B \subset A$ avec la méthode 2.5 p.53.
>
> Dans certains cas simples, on peut simplement démontrer que $x \in A \iff x \in B$ par une suite d'équivalences (voir la méthode 1.3 p.22) mais il faut alors faire attention à bien avoir des équivalences à chaque étape (même mise en garde qu'à la suite de l'exemple 1.12 p.23).
>
> -
>
> 证明集合 $A = B$，通常使用双重包含的方法：分别证明 $A \subset B$ 和 $B \subset A$ 两个包含关系，参看方法 2.5 p.53。在一些简单的情况下，也可以通过连续等价方式来证明 $x \in A \iff x \in B$（参看方法 1.3 p.22），此时我们必须确保每一步都是等价的，如例题 1.12 p.23。

Exemple 2.20

Soit $A = \left\{ n \in \mathbb{Z} \mid n^2 - 6n + 5 \leqslant 0 \right\}$. Montrons que $A = [\![1, 5]\!]$ par double inclusion. Remarquons d'abord que $n^2 - 6n + 5 = (n-1)(n-5)$ pour tout entier n.

- Soit $n \in A$. On a donc $(n-1)(n-5) = n^2 - 6n + 5 \leqslant 0$. On en déduit que $n - 1$ et $n - 5$ sont de signe opposé. Mais c'est impossible d'avoir $n - 1 \leqslant 0$ et $n - 5 \geqslant 0$. On a donc $n - 1 \geqslant 0$ et $n - 5 \geqslant 0$ donc $n \in [\![1, 5]\!]$. On a donc montré $A \subset [\![1, 5]\!]$.

- Soit $n \in [\![1, 5]\!]$. On a donc $n - 1 \geqslant 0$ et $n - 5 \leqslant 0$ d'où $n^2 - 6n + 5 = (n-1)(n-5) \leqslant 0$ et donc $n \in A$. On a donc montré $[\![1, 5]\!] \subset A$.

Par double inclusion, $A = [\![1, 5]\!]$.

- -

设 $A = \left\{ n \in \mathbb{Z} \mid n^2 - 6n + 5 \leqslant 0 \right\}$，使用双重包含的方法证明 $A = [\![1, 5]\!]$。对于所有的整数 n，有 $n^2 - 6n + 5 = (n-1)(n-5)$。

- 设 $n \in A$，因此有 $(n-1)(n-5) = n^2 - 6n + 5 \leqslant 0$，即 $n - 1$ 和 $n - 5$ 的正负性符号相反。另一方面，由于 $n - 1 \leqslant 0$ 和 $n - 5 \geqslant 0$ 同时成立是不可能的。因此有 $n - 1 \geqslant 0$ 和 $n - 5 \leqslant 0$，从而有 $n \in [\![1, 5]\!]$，因此证得 $A \subset [\![1, 5]\!]$。

- 设 $n \in [\![1, 5]\!]$，因此有 $n - 1 \geqslant 0$ 和 $n - 5 \leqslant 0$，得 $n^2 - 6n + 5 = (n-1)(n-5) \leqslant 0$，所以有 $n \in A$。从而 $[\![1, 5]\!] \subset A$。

由双重包含得 $A = [\![1, 5]\!]$。

2.3.2   L'ensemble vide 空集

> **Définition 2.12** – ensemble vide 空集
>
> L'unique ensemble qui ne contient aucun élément est appelé *ensemble vide* et est noté $\varnothing$.
>
> -
>
> 不包含任何元素的集合称为空集，且它是唯一的，记作 $\varnothing$。

>
> Attention, l'ensemble vide ne contient rien, mais en tant qu'ensemble il n'est pas rien. On peut voir l'ensemble vide comme un sac vide : il ne contient rien mais n'est pas rien !
>
> -
>
> 空集不包含任何东西，但作为一个集合，它是存在的。我们可以将空集看作为一个空袋子：它里面什么也没有，但并不是不存在！空集是所有集合的子集，并且在集合论中扮演着重要的角色。

Remarque 2.9

1. Il y a bien unicité de l'ensemble vide. Si A est un ensemble qui ne contient aucun élément, on a par la proposition 2.6 p.57, $\varnothing \subset A$ et $A \subset \varnothing$ donc $A = \varnothing$ par double inclusion.

2. L'ensemble $\{\varnothing\}$ n'est pas l'ensemble vide : c'est le singleton qui contient l'ensemble vide comme élément. Si on voit l'ensemble vide comme un sac vide, $\{\varnothing\}$ est un sac qui contient ce sac vide, il n'est donc pas vide.

- -

1. 空集具有唯一性。如果 A 是一个不包含任何元素的集合，根据命题 2.6 p.57，有 $\varnothing \subset A$ 且 $A \subset \varnothing$。因此，通过证明双重包含，可以得出 $A = \varnothing$。

2. 集合 $\{\varnothing\}$ 不是空集：集合 $\{\varnothing\}$ 包含空集作为其唯一的元素，它本身并不是空集，而是一个包含空集元素的集合。

> **Proposition 2.5** – quantificateurs et l'ensemble vide 量词与空集
>
> Soit P une proposition. Alors :
>
> 1. la proposition « $\forall x \in \varnothing,\ P(x)$ » est toujours vraie ;
> 2. la proposition « $\exists x \in \varnothing,\ P(x)$ » est toujours fausse.
>
> -
>
> 设 P 是一个命题，则有
>
> 1. 命题" $\forall x \in \varnothing,\ P(x)$ "总是为真；
> 2. 命题" $\exists x \in \varnothing,\ P(x)$ "总是为假。

Démonstration

1. D'après la remarque 2.7 p.41, la proposition « $\forall x \in \varnothing,\ P(x)$ » n'est qu'une abréviation de la proposition

$$\text{« } \forall x,\ \big(x \in \varnothing \implies P(x)\big) \text{ ». }$$

Or $x \in \varnothing$ est fausse (l'ensemble vide n'a aucun élément) donc l'implication $x \in \varnothing \implies P(x)$ est vraie (le faux implique le vrai, voir la définition 1.6 p.11 et les commentaires qui suivent).

2. La négation de « $\exists x \in \varnothing,\ P(x)$ » est « $\forall x \in \varnothing,\ \mathrm{non}(P(x))$ » (proposition 2.1 p.43) qui est vraie d'après le premier point. On en déduit que « $\exists x \in \varnothing,\ P(x)$ » est fausse.

---

1. 由注释 2.7 p.41 可知, 命题 " $\forall x \in \varnothing,\ P(x)$ " 只是命题

$$\forall x,\ \big(x \in \varnothing \implies P(x)\big)$$

的简写形式。因为 $x \in \varnothing$ 为假（空集不含任何元素）因此蕴含式 $x \in \varnothing \implies P(x)$ 为真（参看定义 1.6 p.11 及注释）。

2. 命题 " $\exists x \in \varnothing,\ P(x)$ " 的否定是 " $\forall x \in \varnothing,\ \mathrm{non}(P(x))$ " 为真（参看 2.1 p.43）。因此有 " $\exists x \in \varnothing,\ P(x)$ " 为假。

Proposition 2.6 – l'ensemble vide est une partie de tout ensemble
空集是子集

Soit A un ensemble. Alors $\varnothing \subset A$.

设 A 是一个集合，则有 $\varnothing \subset A$。换言之，空集是所有集合的子集。

Démonstration
La proposition « $\forall x \in \varnothing,\ x \in A$ » est vraie d'après la proposition 2.5 p.56.

命题 " $\forall x \in \varnothing,\ x \in A$ " 为真（参看命题 2.5 p.56 ）。

2.3.3 Ensemble des parties d'un ensemble 集合的幂集

Définition 2.13 – ensemble des parties d'un ensemble 集合的幂集

Soit E un ensemble. L'ensemble de toutes les parties de E est appelé *ensemble des parties de E* et est noté $\mathscr{P}(E)$.
Autrement dit, si F est un ensemble,

$$F \in \mathscr{P}(E) \iff F \subset E.$$

设 E 是一个集合，由 E 的所有子集组成的集合被称为 E 的**幂集**，记作 $\mathscr{P}(E)$。

换言之，如果 F 为一个集合，有

$$F \in \mathscr{P}(E) \iff F \subset E$$

Exemple 2.21

- $\mathscr{P}(\{1,2,3\}) = \{\varnothing, \{1\}, \{2\}, \{3\}, \{1,2\}, \{2,3\}, \{1,3\}, \{1,2,3\}\}$;
- $\mathscr{P}(\varnothing) = \{\varnothing\}$.

注意集合的幂集一定包含空集，因为空集是任意集合的子集。

Proposition 2.7 – un ensemble contient toujours le vide et lui-même
集合的性质

Soit A un ensemble . On a $\varnothing \in \mathscr{P}(A)$ et $A \in \mathscr{P}(A)$. En particulier, $\mathscr{P}(A)$ n'est jamais vide.

设 A 是一个集合，总是有 $\varnothing \in \mathscr{P}(A)$ 和 $A \in \mathscr{P}(A)$。因此，集合 A 的幂集 $\mathscr{P}(A)$ 永远不会是空集。

Démonstration
Il s'agit simplement de la proposition 2.6 p.57 et de la réflexivité de l'inclusion (point 1 de la proposition 2.3 p.54).

参看命题 2.6 p.57 和包含关系的自反性（命题 2.3 p.54 中第 1 点）。

Remarque 2.10
On verra au chapitre 6 que si E est un ensemble fini ayant $n \in \mathbb{N}$ éléments, alors $\mathscr{P}(E)$ est un ensemble fini ayant 2^n éléments (proposition 6.14 p.228).

如果 E 是一个有 $n \in \mathbb{N}$ 个元素的有限集合，那么 $\mathscr{P}(E)$ 也是一个有限集合，且有 2^n 个元素，参看命题 6.14 p.228。

2.4   Opérations sur les ensembles 集合运算

2.4.1   Intersection et union 交集与并集

Définition 2.14 – intersection 交集

Soient A et B deux ensembles. L'*intersection de A et de B* est l'ensemble des éléments qui sont à la fois dans A et dans B, on le note[a] $A \cap B$:

$$A \cap B \overset{\text{déf}}{=} \{x \mid x \in A \text{ et } x \in B\}.$$

Autrement dit, pour tout x,

$$(x \in A \cap B) \iff (x \in A \text{ et } x \in B).$$

Voir la figure 2.2 p.59.

---

a. Lire « A inter B ».

- - - - - - - -

设 A 和 B 是两个集合，既属于 A 又属于 B 的元素组成的集合，称为 A 和 B 的交集或 A 和 B 的交，记作 $A \cap B$:

$$A \cap B \overset{\text{déf}}{=} \{x \mid x \in A \text{ et } x \in B\}$$

换言之，对于所有的 x，有

$$(x \in A \cap B) \iff (x \in A \text{ et } x \in B)$$

Figure 2.2 – intersection $A \cap B$ 集合 A 和 B 的交集

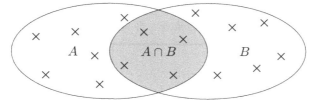

$A \cap B$ (en gris) est l'ensemble des points qui sont dans A et dans B.
$A \cap B$ 表示灰色部分所有点的集合，即同时属于 A 和 B 所有点的集合。

> **Définition 2.15** – union 并集
>
> Soient A et B deux ensembles. L'*union*[a] *de A et de B* est l'ensemble des éléments qui sont dans A ou dans B, on le note[b] $A \cup B$:
>
> $$A \cup B \overset{\text{déf}}{=} \{x \mid x \in A \text{ ou } x \in B\}.$$
>
> Autrement dit, pour tout x,
>
> $$(x \in A \cup B) \iff (x \in A \text{ ou } x \in B).$$
>
> Voir la figure 2.3 p.60.
> _____
> a. On dit aussi la *réunion*.
> b. Lire « A union B ».
>
> - - - - - - - - - - - - - - - - -
>
> 设 A 和 B 是两个集合，所有属于 A 或属于 B 的元素组成的集合，称为 A 和 B 的并集或 A 和 B 的并，记作 $A \cup B$:
>
> $$A \cup B \overset{\text{déf}}{=} \{x \mid x \in A \text{ ou } x \in B\}$$
>
> 换言之，对于所有的 x，有
>
> $$(x \in A \cup B) \iff (x \in A \text{ ou } x \in B)$$

> **Figure 2.3** – union $A \cup B$ 集合 A 和 B 的并集
>
>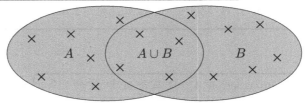
>
> $A \cup B$ *(en gris) est l'ensemble des points qui sont dans A ou dans B.*
> $A \cup B$ 表示灰色部分所有点的集合，即属于 A 或 B 所有点的集合。

Exemple 2.22
Soient $E = \{0, 2, 4, 6, 8, 10\}$ et $F = \{3, 10, 2, 8, 5\}$. Alors :

$$E \cap F = \{2, 8, 10\} \quad \text{et} \quad E \cup F = \{0, 2, 3, 4, 5, 6, 8, 10\}.$$

- - - - - - - - - - - - - - - - -

设集合 $E = \{0, 2, 4, 6, 8, 10\}$，集合 $F = \{3, 10, 2, 8, 5\}$，则有

$$E \cap F = \{2, 8, 10\} \quad \text{和} \quad E \cup F = \{0, 2, 3, 4, 5, 6, 8, 10\}$$

Proposition 2.8 – propriétés de l'intersection et de l'union
交集与并集的性质

Soient A, B et C deux ensembles. Alors :

1. $A \cap B \subset A$ et $A \subset A \cup B$;

2. $A \cap \varnothing = \varnothing$ et $A \cup \varnothing = A$;

3. $A \cap B = B \cap A$ et $A \cup B = B \cup A$ (commutativité) ;

4. $A \cap (B \cap C) = (A \cap B) \cap C$ et $A \cup (B \cup C) = (A \cup B) \cup C$ (associativité).

- -

设 A，B 和 C 是三个集合，则有

1. 集合交和并的封闭性：$A \cap B \subset A$ 和 $A \subset A \cup B$;

2. 集合交和并对空集的恒等律：$A \cap \varnothing = \varnothing$ 和 $A \cup \varnothing = A$;

3. 集合交和并的交换律：$A \cap B = B \cap A$ 和 $A \cup B = B \cup A$;

4. 集合交和并的结合律：$A \cap (B \cap C) = (A \cap B) \cap C$ 和 $A \cup (B \cup C) = (A \cup B) \cup C$ 。

Démonstration

1. Soit $x \in A \cap B$. Alors $(x \in A)$ et $(x \in B)$ est vrai donc en particulier $x \in A$. Cela démontre que $A \cap B \subset A$.
Soit $x \in A$. Alors $(x \in A)$ ou $(x \in A)$ est vrai donc $x \in A \cup B$. Cela démontre $A \subset A \cup B$.

2. Par définition de l'intersection $A \cap B = \{x \mid x \in A \text{ et } x \in \varnothing\}$. Or cette proposition est fausse (car $x \in \varnothing$ est fausse) donc $A \cap \varnothing$ ne contient aucun élément, c'est l'ensemble vide : $A \cap \varnothing = \varnothing$.
Pour tout x,

$$x \in A \cup \varnothing \iff (x \in A) \text{ ou } \underbrace{(x \in \varnothing)}_{\text{faux}} \iff x \in A$$

donc $A \cup \varnothing = A$. Ici, on a utilisé le fait que P ou F est équivalent à V pour toute proposition P.

3. Laissé en exercice (exercice 2.8 p.83).

4. Laissé en exercice (exercice 2.8 p.83).

- -

1. 设 $x \in A \cap B$，那么 $(x \in A)$ et $(x \in B)$ 为真。因此有 $x \in A$，从而证得 $A \cap B \subset A$。
设 $x \in A$，那么 $(x \in A)$ ou $(x \in A)$ 为真。因此有 $x \in A \cup B$，从而证得 $A \subset A \cup B$。

2. 由交集的定义可知 $A \cap B = \{x \mid x \in A \text{ et } x \in \varnothing\}$。但此命题为假（因为 $x \in \varnothing$ 为假）。因此，集合 $A \cap \varnothing$ 不包含任何元素，即空集：$A \cap \varnothing = \varnothing$。
对任意的 x，

$$x \in A \cup \varnothing \iff (x \in A) \text{ ou } \underbrace{(x \in \varnothing)}_{\text{faux}} \iff x \in A$$

因此有 $A \cup \varnothing = A$。此处我们应用了对于所有的命题 P，P ou F 等价于 V。

3. 参看习题 2.8 p.83。

4. 参看习题 2.8 p.83。

证明过程中应用了集合的交集与并集的定义及性质。

Le point 4 de la proposition précédente démontre qu'on peut noter

$$A \cap B \cap C \quad \text{pour} \quad (A \cap B) \cap C = A \cap (B \cap C)$$

et

$$A \cup B \cup C \quad \text{pour} \quad (A \cup B) \cup C = A \cup (B \cup C)$$

sans ambiguïté, on peut « supprimer les parenthèses ».

根据上述命题的第四点的性质，我们发现连续的交或并，有无括号都不影响集合的表达，因此，在不产生歧义的情况下可以省去括号。

 Attention, s'il y a en même temps des intersections et des unions, les parenthèses sont indispensables !
Par exemple, si $A = \{0,1\}$, $B = \{1,2\}$ et $C = \{2,3\}$, alors $(A \cap B) \cup C = \{1,2,3\}$ mais $A \cap (B \cup C) = \{1\}$.

注意，如果同时存在交集和并集，那么括号是必不可少的。
如，设 $A = \{0,1\}$，$B = \{1,2\}$ 和 $C = \{2,3\}$，那么有 $(A \cap B) \cup C = \{1,2,3\}$ 但是 $A \cap (B \cup C) = \{1\}$。

Proposition 2.9 – distributivité de l'intersection et de l'union
交集与并集的分配律

Soient A, B et C trois ensembles.

1. Distributivité de l'intersection par rapport à l'union :

$$A \cap (B \cup C) = (A \cap B) \cup (A \cap C) \text{ et } (A \cup B) \cap C = (A \cap C) \cup (B \cap C).$$

2. Distributivité de l'union par rapport à l'intersection :

$$A \cup (B \cap C) = (A \cup B) \cap (A \cup C) \text{ et } (A \cap B) \cup C = (A \cup C) \cap (B \cup C).$$

设 A，B 和 C 是三个集合，交集的分配律和并集的分配律，如上式。

Démonstration

1. On utilise la distributivité de « et » et de « ou » (proposition 1.4 p.9). Pour tout x,

$$x \in A \cap (B \cup C) \iff x \in A \text{ et } \big((x \in B) \text{ ou } (x \in C)\big)$$
$$\iff \big((x \in A) \text{ et } (x \in B)\big) \text{ ou } \big((x \in A) \text{ et } (x \in C)\big)$$
$$\iff x \in (A \cap B) \cup (A \cap C)$$

ce qui démontre $A \cap (B \cup C) = (A \cap B) \cup (A \cap C)$. Pour la deuxième égalité $(A \cup B) \cap C =$

$(A \cap C) \cup (B \cap C)$, par commutativité (point 3 de la proposition 2.8 p.61 :

$$(A \cup B) \cap C = C \cap (A \cup B) = (C \cap A) \cup (C \cap B) = (A \cap C) \cup (B \cap C).$$

2. Laissé en exercice (exercice 2.8 p.83).

---

1. 证明应用了合取" et "和析取" ou "的分配律（参看命题 1.4 p.9）。对于所有的 x，

$$x \in A \cap (B \cup C) \iff x \in A \text{ et } \big((x \in B) \text{ ou } (x \in C) \big)$$
$$\iff \big((x \in A) \text{ et } (x \in B) \big) \text{ ou } \big((x \in A) \text{ et } (x \in C) \big)$$
$$\iff x \in (A \cap B) \cup (A \cap C)$$

从而证得 $A \cap (B \cup C) = (A \cap B) \cup (A \cap C)$。对于证明 $(A \cup B) \cap C = (A \cap C) \cup (B \cap C)$，我们应用了交集的性质（参看命题 2.8 p.61 结论第3点）：

$$(A \cup B) \cap C = C \cap (A \cup B) = (C \cap A) \cup (C \cap B) = (A \cap C) \cup (B \cap C)$$

2. 留作练习（参看习题 2.8 p.83）。

> **Définition 2.16** – ensembles disjoints, union disjointe 不相交集合
>
> Deux ensembles A et B sont dits *disjoints* si
>
> $$A \cap B = \varnothing.$$
>
> Si c'est le cas, on dit que l'union $A \cup B$ est une *union disjointe*.
>
> - - -
>
> 如果 A 和 B 两个集合没有共同的元素，则 A 和 B 称为**不相交集合**。此时集合 $A \cup B$ 称为**不相交并集**。

2.4.2 Différence, complémentaire 差集与补集

> **Définition 2.17** – différence de deux ensembles 差集
>
> Soient A et B deux ensembles. La *différence de B dans A* est l'ensemble des objets qui appartiennent à A mais pas à B, on le note $A \setminus B$ (lire « A privé de B ») :
>
> $$A \setminus B \overset{\text{déf}}{=} \{x \mid x \in A \text{ et } x \notin B\} = \{x \in A \mid x \notin B\}.$$
>
> Voir la figure 2.4 p.64.
>
> - - -
>
> 设 A 和 B 是两个集合，在集合 A 中但不在集合 B 中的所有元素组成的集合称为 A 和 B 的差集，记作 $A \setminus B$。

Figure 2.4 – différence $A \setminus B$ 集合 A 和 B 的差集

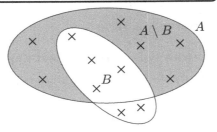

$A \setminus B$ *(en gris) est l'ensemble des points qui sont dans A mais pas dans B.*
$A \setminus B$ 表示图中灰色部分所有点的集合。

Exemple 2.23
Si $E = \{0, 2, 4, 6, 8, 10\}$ et $F = \{10, 2, 8, 11\}$, alors

$$E \setminus F = \{0, 4, 6\} \quad \text{et} \quad F \setminus E = \{11\}.$$

- -

设 $E = \{0, 2, 4, 6, 8, 10\}$ 和 $F = \{10, 2, 8, 11\}$，则有

$$E \setminus F = \{0, 4, 6\} \quad \text{和} \quad F \setminus E = \{11\}$$

Définition 2.18 – complémentaire 补集

Soit E un ensemble et soit A une partie de E. Le *complémentaire de A dans E* est la partie de E noté [a] $\overline{A}$ et définie par

$$\overline{A} \overset{\text{déf}}{=} E \setminus A = \{x \in E \mid x \notin A\}.$$

C'est donc l'ensemble des éléments de E qui ne sont pas dans A. Voir la figure 2.5 p.65.

-----

a. On note parfois A^{c} au lieu de $\overline{A}$.

- -

设 E 是一个集合，且 A 是 E 的子集，E 中不属于集合 A 的所有元素所组成的集合称为 A 在 E 中的补集，记作 $\overline{A}$ 或 A^{c}。

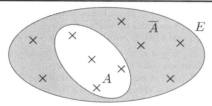

Figure 2.5 – complémentaire $\overline{A}$ dans E A 在 E 中的补集 $\overline{A}$

$\overline{A}$ *(en gris) est l'ensemble des éléments de E qui ne sont pas dans A.*
$\overline{A}$ 表示图中灰色部分所有点的集合。

Exemple 2.24
Pour $E = \{0, 2, 4, 6, 8, 10\}$, on a $\overline{\{2, 8, 10\}} = E \setminus \{2, 8, 10\} = \{0, 4, 6\}$.

 Attention à la notation $\overline{A}$, elle n'indique pas que si E change alors $\overline{A}$ change. On peut utiliser la notation $E \setminus A$ s'il faut préciser la dépendance par rapport à l'ensemble E.

- - - - - - - -

$\overline{A}$ 是相对于全集 E 而言的，如果不指明全集 E，则讨论补集是没有意义的。因此，如果 E 发生变化，则 $\overline{A}$ 也发生变化。因此，在一些教材中有**相对补集**和**绝对补集**的定义。

Proposition 2.10 – propriétés du complémentaire 补集的性质

Soit E un ensemble et soient A et B deux parties de E. Alors :
1. $\overline{E} = \varnothing$ et $\overline{\varnothing} = E$;
2. $A \cap \overline{A} = \varnothing$ et $A \cup \overline{A} = E$;
3. $\overline{\overline{A}} = A$;
4. $A \subset B$ si et seulement si $\overline{B} \subset \overline{A}$;
5. $A \setminus B = A \cap \overline{B}$.

- - - - - - - -

设 E 是一个集合，集合 A 和 B 是 E 的子集，则有
1. 集合对自身的补集是空集，空集的补集是全集：$\overline{E} = \varnothing$ 和 $\overline{\varnothing} = E$;
2. 补集的恒等律：$A \cap \overline{A} = \varnothing$ 和 $A \cup \overline{A} = E$;
3. 双重否定定律：$\overline{\overline{A}} = A$;
4. $A \subset B$ 当且仅当 $\overline{B} \subset \overline{A}$;
5. $A \setminus B = A \cap \overline{B}$。

Démonstration

1. On a $\overline{E} = E \setminus E = \{x \mid x \in E \text{ et } x \notin E\}$. Cette proposition étant fausse, cet ensemble ne contient aucun élément, c'est donc l'ensemble vide.
   Puisque $x \notin \varnothing$ est toujours vrai, on a $\overline{\varnothing} = \{x \mid x \in E \text{ et } x \notin \varnothing\} = \{x \mid x \in E\} = E$. Ici, on a utilisé le fait que P et V est équivalent à V pour toute proposition P.

2. On a $A \cap \overline{A} = \{x \in E \mid x \in A \text{ et } x \notin A\}$. Cette proposition étant fausse, cet ensemble ne contient aucun élément, c'est l'ensemble vide.
   On a $A \cup \overline{A} = \{x \in E \mid x \in A \text{ ou } x \notin A\}$. Cette proposition étant vraie, cet ensemble contient exactement tous les éléments de E, c'est donc E.

3. Soit $x \in E$. Par double négation (proposition 1.2 p.7) :
   $$x \in \overline{\overline{A}} \iff \text{non}\left(x \in \overline{A}\right) \iff \text{non}\left(\text{non}(x \in A)\right) \iff x \in A$$
   donc $\overline{\overline{A}} = A$.

4. La proposition $A \subset B$, c'est-à-dire « $\forall x \in E,\ x \in A \implies x \in B$ », est équivalente à sa contraposée « $\forall x \in E,\ x \notin A \implies x \notin B$ » qui est $\overline{B} \subset \overline{A}$.

5. Soit $x \in E$. On a
   $$x \in A \setminus B \iff x \in A \text{ et } x \notin B \iff x \in A \text{ et } x \in \overline{B} \iff x \in A \cap \overline{B}.$$

---

1. 根据定义有 $\overline{E} = E \setminus E = \{x \mid x \in E \text{ et } x \notin E\}$，此命题为假。集合不包含任何元素，因此为空集。
   由于命题 $x \notin \varnothing$ 为真，因此有 $\overline{\varnothing} = \{x \mid x \in E \text{ et } x \notin \varnothing\} = \{x \mid x \in E\} = E$。这里我们应用对于任意命题 P，有" P et V "等价于 V。

2. 根据定义有 $A \cap \overline{A} = \{x \in E \mid x \in A \text{ et } x \notin A\}$，此命题为假。集合不包含任何元素，因此为空集。
   根据定义有 $A \cup \overline{A} = \{x \in E \mid x \in A \text{ ou } x \notin A\}$，此命题为真，此集合包含的元素正好就是集合 E 的元素，因此与集合 E 相等。

3. 设 $x \in E$，根据双重否定（命题 1.2 p.7）：
   $$x \in \overline{\overline{A}} \iff \text{non}\left(x \in \overline{A}\right) \iff \text{non}\left(\text{non}(x \in A)\right) \iff x \in A$$
   所以有 $\overline{\overline{A}} = A$。

4. 命题 $A \subset B$，即" $\forall x \in E,\ x \in A \implies x \in B$ "，等价于它的逆否命题" $\forall x \in E,\ x \notin A \implies x \notin B$ "，即 $\overline{B} \subset \overline{A}$。

5. 设 $x \in E$，则有
   $$x \in A \setminus B \iff x \in A \text{ et } x \notin B \iff x \in A \text{ et } x \in \overline{B} \iff x \in A \cap \overline{B}$$

Remarque 2.11
On peut démontrer que $\overline{A}$ est l'unique partie B de E telle que $A \cap B = \varnothing$ et $A \cup B = E$ (voir l'exercice 2.14 p.85).

集合 $\overline{A}$ 是集合 E 的唯一子集 B 且满足 $A \cap B = \varnothing$ 和 $A \cup B = E$ （参看习题 2.14 p.85）。

> **Proposition 2.11** – complémentaire d'une intersection, d'une union
> 交集与并集的补集
>
> Soit E un ensemble et soient A et B deux parties de E. Alors
>
> $$\overline{A \cap B} = \overline{A} \cup \overline{B} \quad \text{et} \quad \overline{A \cup B} = \overline{A} \cap \overline{B}.$$
>
> Ces deux résultats s'appellent également les *lois de De Morgan*.
>
> -
>
> 设 E 是一个集合，A 和 B 是 E 的子集，则有如上集合的等价，本命题也叫做**德摩根定律**。

Démonstration
On utilise les lois de De Morgan en calcul des propositions (proposition 1.3 p.7). Pour tout x,

$$\begin{aligned} x \in \overline{A \cap B} &\iff \text{non}\left(x \in A \text{ et } x \in B\right) \\ &\iff \text{non}(x \in A) \text{ ou } \text{non}(x \in B) \\ &\iff (x \notin A) \text{ ou } (x \notin B) \\ &\iff x \in \overline{A} \cup \overline{B} \end{aligned}$$

ce qui démontre $\overline{A \cap B} = \overline{A} \cup \overline{B}$.
L'égalité $\overline{A \cup B} = \overline{A} \cap \overline{B}$ se démontre soit de la même manière soit de la manière suivante : on peut appliquer le premier résultat aux parties $\overline{A}$ et $\overline{B}$:

$$\overline{\overline{A} \cap \overline{B}} = \overline{\overline{A}} \cup \overline{\overline{B}} = A \cup B$$

en utilisant le point 4 de la proposition 2.10 p.65. On passe alors au complémentaire et on obtient

$$\overline{A \cup B} = \overline{\overline{\overline{A} \cap \overline{B}}} = \overline{\overline{A} \cup \overline{B}}.$$

- -

证明过程中将德摩根定律应用于命题逻辑，参看命题 1.3 p.7。对于所有的元素 x，

$$\begin{aligned} x \in \overline{A \cap B} &\iff \text{non}\left(x \in A \text{ et } x \in B\right) \\ &\iff \text{non}(x \in A) \text{ ou } \text{non}(x \in B) \\ &\iff (x \notin A) \text{ ou } (x \notin B) \\ &\iff x \in \overline{A} \cup \overline{B} \end{aligned}$$

从而证得 $\overline{A \cap B} = \overline{A} \cup \overline{B}$。
关于 $\overline{A \cup B} = \overline{A} \cap \overline{B}$ 的证明，可以使用如上的方法或者应用 $\overline{A}$ 和 $\overline{B}$ 的性质：

$$\overline{\overline{A} \cap \overline{B}} = \overline{\overline{A}} \cup \overline{\overline{B}} = A \cup B$$

参看命题 2.10 p.65 的第4点。最后由补集的性质，得

$$\overline{A \cup B} = \overline{\overline{\overline{A} \cap \overline{B}}} = \overline{\overline{A} \cup \overline{B}}$$

2.5　Dictionnaire entre logique et théorie des ensembles 逻辑与集合论的对应关系

Comme nous l'avons constaté lors des démonstrations de ce chapitre, beaucoup de résultats de la théorie des ensembles ne font que traduire des résultats de logique. Le tableau suivant résume la situation :

opération logique	opération ensembliste	correspondance
et	intersection $\cap$	$x \in A \cap B \iff (x \in A)$ et $(x \in B)$
ou	union $\cup$	$x \in A \cup B \iff (x \in A)$ ou $(x \in B)$
non	complémentaire $\overline{\cdot}$	pour $x \in E$, $x \in \overline{A} \iff \mathrm{non}(x \in A)$
$\implies$	inclusion $\subset$	$A \subset B \iff \forall x, (x \in A \implies x \in B)$
$\iff$	égalité $=$	$A = B \iff \forall x, (x \in A \iff x \in B)$
ou bien	différence symétrique Δ	$A \Delta B \iff \forall x, (x \in A$ ou bien $x \in B)$

Pour la dernière ligne, voir la remarque 1.5 p.5 et l'exercice 2.13 p.84.

在数学中，集合论的很多结论实际上是逻辑学中已有结果的直接应用或等价表述。集合论与逻辑学紧密相关，集合论的结果往往可以通过逻辑推理来证明。详见以上表格。

2.6　Produit cartésien 笛卡尔积

> **Définition 2.19** – couple 有序对
>
> Soient A et B deux ensembles.
> - Un *couple* d'éléments de A et de B est un objet de la forme (a, b) avec $a \in A$ et $b \in B$.
> - On définit l'égalité de deux couples d'éléments (a, b) et (a', b') de A et de B par
> $$(a, b) \overset{\text{déf}}{=} (a', b') \iff (a = a' \text{ et } b = b').$$
>
> 设 A 和 B 是两个集合，
> - A 中的一个元素和 B 中的一个元素组成的有序对是一个形如 (a, b) 的对象，满足 $a \in A$ 和 $b \in B$。
> - 定义 A 和 B 中元素组成的有序对 (a, b) 和 (a', b') 相等为
> $$(a, b) \overset{\text{déf}}{=} (a', b') \iff (a = a' \text{ et } b = b')$$

Contrairement aux ensembles pour lesquels $\{a, b\} = \{b, a\}$, l'ordre compte dans un couple : $(a, b) \neq (b, a)$ si $a \neq b$.

集合中元素的顺序并不重要，但有序对中元素的顺序非常重要。如当 $a \neq b$ 时，有序对 $(a, b) \neq (b, a)$，但集合 $\{a, b\} = \{b, a\}$。

Remarque 2.12
Formellement, on peut définir un couple (a, b) comme l'ensemble $\{a, \{a, b\}\}$. Voir l'exercice 2.15 p.85 pour plus de détails.

形式上，也可以将一个有序对 (a, b) 定义成集合 $\{a, \{a, b\}\}$ 的样式，参看习题 2.15 p.85。

Définition 2.20 – uplet 元组

Soient $A_1, \ldots, A_n$ des ensembles avec $n \geqslant 1$ un entier.

- Un *n-uplet* de $A_1, \ldots, A_n$ est un objet de la forme $(a_1, \ldots, a_n)$ avec $a_i \in A_i$ pour tout $i \in [\![1, n]\!]$.
  Dans le cas où les ensembles $A_1, \ldots, A_n$ sont tous égaux à un même ensemble F, les *n*-uplets sont parfois appelés des *n*-listes de F.

- On définit l'égalité de deux *n*-uplets $(a_1, \ldots, a_n)$ et $(a'_1, \ldots, a'_n)$ de $A_1, A_2, \ldots, A_n$ par [a]

$$(a_1, \ldots, a_n) \overset{\text{déf}}{=} (a'_1, \ldots, a'_n) \iff ((a_1 = a'_1) \text{ et } \ldots \text{ et } (a_n = a'_n))$$
$$\iff (\forall i \in [\![1, n]\!], \ a_i = b_i).$$

---

a. Voir le troisième point de la remarque 2.7 p.41 pour la deuxième équivalence.

设 $A_1, \ldots, A_n$ 是 n 个集合，其中 n 为大于 1 的整数，

- 集合 $A_1, \ldots, A_n$ 的 *n*-元组是形如 $(a_1, \ldots, a_n)$ 且满足对于所有的 $i \in [\![1, n]\!]$，$a_i \in A_i$。
  当集合 $A_1, \ldots, A_n$ 都等于集合 F 时，*n*-元组也称为 F 的 *n*-列表。

- 集合 $A_1, \ldots, A_n$ 的两个 *n*-元组 $(a_1, \ldots, a_n)$ 和 $(a'_1, \ldots, a'_n)$ 相等的定义为

$$(a_1, \ldots, a_n) \overset{\text{déf}}{=} (a'_1, \ldots, a'_n) \iff ((a_1 = a'_1) \text{ et } \ldots \text{ et } (a_n = a'_n))$$
$$\iff (\forall i \in [\![1, n]\!], \ a_i = b_i)$$

Remarque 2.13

1. Dans le cas $n = 2$, un 2-uplet est simplement un couple.

2. On dit aussi *triplet* au lieu de 3-uplet, *quadruplet* au lieu de 4-uplet, etc.

---

1. 当 $n = 2$ 时，二元组也称作为有序对 (参看定义 2.19 p.68)。

2. 法语中，单词 *triplet* 用来表示三元组，单词 *quadruplet* 用来表示四元组。

Définition 2.21 – produit cartésien 笛卡尔积

- Soient A et B deux ensembles. Le *produit cartésien de A et de B* est l'ensemble, noté[a] $A \times B$, des couples de A et de B :

$$A \times B \overset{\text{déf}}{=} \{(a, b) \mid a \in A \text{ et } b \in B\}.$$

- Soient $A_1, \ldots, A_n$ des ensembles (avec n un entier naturel non nul). Le *produit cartésien de $A_1, \ldots, A_n$* est l'ensemble, noté $A_1 \times \cdots \times A_n$, des n-uplets de $A_1, \ldots, A_n$:

$$A_1 \times \cdots \times A_n \overset{\text{déf}}{=} \{(a_1, \ldots, a_n) \mid (a_1 \in A_1) \text{ et } \ldots \text{ et } (a_n \in A_n)\}$$

$$= \{(a_1, \ldots, a_n) \mid \forall i \in [\![1, n]\!], \ a_i \in A_i\}.$$

On note aussi[b] $\prod\limits_{i=1}^{n} A_i$ pour $A_1 \times \cdots \times A_n$.

---

a. Lire « A croix B ».

b. On renvoie au chapitre 5 pour plus de détails sur la notation $\prod$.

- 设 A 和 B 是两个集合，A 和 B 的笛卡尔积为有序对的集合，记作 $A \times B$，其定义如下：

$$A \times B \overset{\text{déf}}{=} \{(a, b) \mid a \in A \text{ 且 } b \in B\}$$

- 设 $A_1, \ldots, A_n$ （其中 n 非零自然数）均是集合，$A_1, \ldots, A_n$ 的笛卡尔积为 n-元组的集合，记作 $A_1 \times \cdots \times A_n$，其定义如下：

$$A_1 \times \cdots \times A_n \overset{\text{déf}}{=} \{(a_1, \ldots, a_n) \mid (a_1 \in A_1) \text{ 且 } \ldots \text{ 且 } (a_n \in A_n)\}$$

$$= \{(a_1, \ldots, a_n) \mid \forall i \in [\![1, n]\!], \ a_i \in A_i\}$$

一般也用 $\prod\limits_{i=1}^{n} A_i$ 来表示 $A_1 \times \cdots \times A_n$。

Exemple 2.25

Soient $E_1 = \{8, 3, 5\}$, $E_2 = \{7, 3\}$ et $E_3 = \{3, 5\}$. Alors

$$E_1 \times E_2 \times E_3 = \big\{(8,7,3), (8,7,5), (8,3,3), (8,3,5), (3,7,3), (3,7,5),$$
$$(3,3,3), (3,3,5), (5,7,3), (5,7,5), (5,3,3), (5,3,5)\big\}.$$

Notation 2.5 – produit cartésien d'un ensemble avec lui-même
集合的笛卡尔积

Soit E un ensemble et soit $n \geqslant 1$ un entier. On note

$$E^n \overset{\text{déf}}{=} \underbrace{E \times E \times \cdots \times E}_{n \text{ fois}} = \prod_{i=1}^{n} E$$

le produit cartésien de l'ensemble E avec lui-même n fois.

- -

设 E 是一个集合，整数 $n \geqslant 1$，通常用

$$E^n \overset{\text{déf}}{=} \underbrace{E \times E \times \cdots \times E}_{n \text{ 个}} = \prod_{i=1}^{n} E$$

来表示 n 个相同集合 E 的笛卡尔积。

Exemple 2.26

L'ensemble $\mathbb{R}^2$ est l'ensemble des couples de nombres réels :

$$\mathbb{R}^2 = \{(x, y) \mid x \in \mathbb{R} \text{ et } y \in \mathbb{R}\}.$$

Cet ensemble est notamment utilisé pour étudier les vecteurs du plan. De même, $\mathbb{R}^3$ est l'ensemble des triplets de nombres réels (x, y, z) (vecteurs de l'espace).

- -

集合 $\mathbb{R}^2$ 是由全体实数对组成的集合：

$$\mathbb{R}^2 = \big\{(x, y) \mid x \in \mathbb{R} \quad 和 \quad y \in \mathbb{R}\big\}$$

本集合特别用于研究平面中的向量。同样地，$\mathbb{R}^3$ 是由全体实数三元组 (x, y, z) 组成的集合（空间中的向量），详见系列教材《线性代数 法文版》。

> **Proposition 2.12** – propriétés du produit cartésien 笛卡尔积的性质
>
> Soient A, B et C des ensembles. Alors :
>
> 1. $A \times B = \varnothing$ si et seulement si $A = \varnothing$ ou $B = \varnothing$;
> 2. $(A \cap B) \times C = (A \times C) \cap (B \times C)$ et $A \times (B \cap C) = (A \times B) \cap (A \times C)$;
> 3. $(A \cup B) \times C = (A \times C) \cup (B \times C)$ et $A \times (B \cup C) = (A \times B) \cup (A \times C)$.
>
> 设 A，B 和 C 是三个集合，则有
>
> 1. 任何集合与空集的笛卡尔积是空集：
>
> $$A \times B = \varnothing \quad 当且仅当 \quad A = \varnothing \quad 或 \quad B = \varnothing$$
>
> 2. 笛卡尔积关于交集的左分配律和右分配律：
>
> $$(A \cap B) \times C = (A \times C) \cap (B \times C) \quad 和 \quad A \times (B \cap C) = (A \times B) \cap (A \times C)$$
>
> 3. 笛卡尔积关于并集的左分配律和右分配律：
>
> $$(A \cup B) \times C = (A \times C) \cup (B \times C) \quad 和 \quad A \times (B \cup C) = (A \times B) \cup (A \times C)$$

Démonstration

1. Si $A = \varnothing$ ou $B = \varnothing$, alors il n'existe pas de couple de A et de B donc $A \times B$ ne contient aucun élément, c'est l'ensemble vide.
   Si $A \neq \varnothing$ et $B \neq \varnothing$, alors il existe $a \in A$ et $b \in B$ donc il existe un couple (a,b) de A et de B donc $A \times B$ n'est pas vide. Par contraposée, si $A \times B = \varnothing$ alors $A = \varnothing$ ou $B = \varnothing$.
   Par double implication, $A \times B = \varnothing$ si et seulement si $A = \varnothing$ ou $B = \varnothing$.
2. Pour tout x et tout y,

$$\begin{aligned}(x,y) \in (A \cap B) \times C &\iff (x \in A \cap B) \text{ et } y \in C \\ &\iff x \in A \text{ et } x \in B \text{ et } y \in C \\ &\iff (x \in A \text{ et } y \in C) \text{ et } (x \in B \text{ et } y \in C) \\ &\iff x \in (A \times C) \cap (B \times C)\end{aligned}$$

d'où $(A \cap B) \times C = (A \times C) \cap (B \times C)$. L'autre égalité $A \times (B \cap C) = (A \times B) \cap (A \times C)$ se démontre de la même manière
3. Laissé en exercice (exercice 2.8 p.83).

1. 若 $A = \varnothing$ 或者 $B = \varnothing$，则不存在集合 A 和 B 的有序对，此时集合 $A \times B$ 不包含任何元素，为空集。
   若 $A \neq \varnothing$ 和 $B \neq \varnothing$，则存在 $a \in A$ 和 $b \in B$。因此，存在集合 A 和 B 的有序对，此时集合 $A \times B$ 不为空集。由逆否命题得，如果 $A \times B = \varnothing$，则 $A = \varnothing$ 或 $B = \varnothing$。
   由双重蕴含得 $A \times B = \varnothing$ 当且仅当 $A = \varnothing$ 或 $B = \varnothing$。
2. 对于所有的 x 和 y，

$$\begin{aligned}(x,y) \in (A \cap B) \times C &\iff (x \in A \cap B) \text{ et } y \in C \\ &\iff x \in A \text{ et } x \in B \text{ et } y \in C\end{aligned}$$

$$\Longleftrightarrow (x \in A \text{ et } y \in C) \text{ et } (x \in B \text{ et } y \in C)$$
$$\Longleftrightarrow x \in (A \times C) \cap (B \times C)$$

其中 $(A \cap B) \times C = (A \times C) \cap (B \times C)$。同样，可以证得 $A \times (B \cap C) = (A \times B) \cap (A \times C)$。

3. 留作练习 (参看习题 2.8 p.83)。

 Si A et B sont des ensembles différents, alors $A \times B \neq B \times A$.

如果两个集合 A 和 B 不相等，则 $A \times B \neq B \times A$，进一步表明笛卡尔积中的元素的有序性。

Il est équivalent d'écrire :

- $\forall x \in E, \ \forall y \in F, \ P(x,y)$;
- $\forall y \in F, \ \forall x \in E, \ P(x,y)$;
- $\forall (x,y) \in E \times F, \ P(x,y)$.

Dans le cas où $E = F$, on écrira simplement « $\forall x,y \in E, \ P(x,y)$ ». Cela est aussi valable pour le quantificateur $\exists$.

- -

请注意，如上三种不同的写法我们认为是表示同一命题。当 $E = F$ 时，也可以简写成" $\forall x,y \in E, \ P(x,y)$ "。若换成存在量词 $\exists$ 也成立。

Remarque 2.14
Si A, B et C sont des ensembles, alors $A \times (B \times C)$, $(A \times B) \times C$ et $A \times B \times C$ ne sont pas égaux car $(a,(b,c))$, $((a,b),c)$ et (a,b,c) ne sont pas les mêmes objets (ici $a \in A$, $b \in B$ et $c \in C$). Cependant, on verra comment on peut « identifier » ces trois ensembles plus tard (voir l'exercice 3.14 p.137) et considérer qu'ils sont égaux même si ce n'est pas tout-à-fait le cas.

- -

设 A，B 和 C 是三个集合，那么到目前为止，我们认为 $A \times (B \times C)$，$(A \times B) \times C$ 和 $A \times B \times C$ 是不相等的。因为 $(a,(b,c))$，$((a,b),c)$ 和 (a,b,c) 至少在形式上不是相同的对象（其中 $a \in A$，$b \in B$ 和 $c \in C$）。后续章节中，我们将看到如何"识别"这三个集合 (参看习题 3.14 p.137)，并在某种本质上认为它们是相等的。

2.7   Famille et partition 集族与划分

2.7.1   Famille 集族

> **Définition 2.22** – famille d'ensembles 集族
>
> Soit I un ensemble.
>
> - Une *famille d'ensembles* est la donnée pour tout $i \in I$ d'un ensemble A_i. On la note $(A_i)_{i \in I}$.
> - L'élément $i \in I$ correspondant à l'ensemble A_i est appelé *indice* de A_i.
> - On dit que la famille $(A_i)_{i \in I}$ est *indexée* par I.
>
> -
>
> 设 I 是一个集合，
>
> - 集合 I 中对于每一个 $i \in I$ 给定了一个集合 A_i，其所组成的集合系统称为**集族**，记作 $(A_i)_{i \in I}$。
> - 关于集合 A_i，元素 $i \in I$ 称为 A_i 的**索引**。
> - 集族 $(A_i)_{i \in I}$ 是由 I 索引的。因此，集合 I 也称为**索引集**。

> **Exemple 2.27**
>
> - Si $I = [\![1, n]\!]$ avec n un entier naturel non nul, une famille d'ensembles $(A_i)_{i \in [\![1,n]\!]}$ est simplement la donnée de n ensembles $A_1, \ldots, A_n$ indexée par les entiers de 1 à n.
> - Si $I = \mathbb{N}$, une famille d'ensembles $(A_i)_{i \in \mathbb{N}}$ est alors une suite infinie d'ensembles $A_0, A_1, A_2, \ldots$ indexée par les entiers naturels.
>
> -
>
> - 如果索引集 $I = [\![1, n]\!]$，其中 n 是一个非零自然数，那么集族 $(A_i)_{i \in [\![1,n]\!]}$ 是由给定的 n 个集合 $A_1, \ldots, A_n$ 从 1 到 n 的整数索引得到。
> - 如果索引集 $I = \mathbb{N}$，集族 $(A_i)_{i \in \mathbb{N}}$ 是由自然数索引的无限序列的集合。

> **Définition 2.23** – intersection/union quelconque 集族的交与并
>
> Soit $(A_i)_{i \in I}$ une famille d'ensembles.
>
> - L'*intersection* de la famille $(A_i)_{i \in I}$ est l'ensemble des objets qui appartiennent à tous les A_i. On la note [a]
>
> $$\bigcap_{i \in I} A_i \overset{\text{déf}}{=} \{x \mid \forall i \in I,\ x \in A_i\}.$$
>
> - L'*union* de la famille $(A_i)_{i \in I}$ est l'ensemble des objets qui appar-

tiennent au moins à l'un des A_i. On la note [b]

$$\bigcup_{i \in I} A_i \overset{\text{déf}}{=} \{x \mid \exists i \in I,\ x \in A_i\}.$$

---

a. Lire « l'intersection des A_i pour i dans I ».
b. Lire « l'union des A_i pour i dans I ».

- -

设 $(A_i)_{i \in I}$ 是一个集族，

- 集族 $(A_i)_{i \in I}$ 的交是所有属于每个集合 A_i 的元素组成的集合，记作

$$\bigcap_{i \in I} A_i \overset{\text{déf}}{=} \{x \mid \forall i \in I,\ x \in A_i\}$$

- 集族 $(A_i)_{i \in I}$ 的并是所有属于任意一个集合 A_i 的元素组成的集合，记作

$$\bigcup_{i \in I} A_i \overset{\text{déf}}{=} \{x \mid \exists i \in I,\ x \in A_i\}$$

Exemple 2.28

- Soient $E_1 = \{8, 3, 5\}$, $E_2 = \{7, 3\}$ et $E_3 = \{3, 5\}$. Ici, la famille formée par ces trois ensembles est indexée par $I = \{1, 2, 3\}$. On a alors

$$\bigcap_{i \in I} E_i = \{3\} \qquad \text{et} \qquad \bigcup_{i \in I} E_i = \{3, 5, 7, 8\}.$$

- Si I est un ensemble fini, par exemple $I = [\![1, n]\!]$, on retrouve simplement les intersections et les unions définies à la partie 2.4.1 p.59 :

$$\bigcap_{i \in [\![1,n]\!]} E_i = E_1 \cap E_2 \cap \cdots \cap E_n \quad \text{et} \quad \bigcup_{i \in [\![1,n]\!]} E_i = E_1 \cup E_2 \cup \cdots \cup E_n.$$

- -

- 设 $E_1 = \{8, 3, 5\}$，$E_2 = \{7, 3\}$ 和 $E_3 = \{3, 5\}$，由这三个集合组成的集族是由集合 $I = \{1, 2, 3\}$ 索引的，且有

$$\bigcap_{i \in I} E_i = \{3\} \qquad \text{和} \qquad \bigcup_{i \in I} E_i = \{3, 5, 7, 8\}$$

- 若集合 I 是有限集，如 $I = [\![1, n]\!]$ 时，则能够很容易写出集族的交和并，参看小节 2.4.1 p.59 :

$$\bigcap_{i \in [\![1,n]\!]} E_i = E_1 \cap E_2 \cap \cdots \cap E_n \quad \text{和} \quad \bigcup_{i \in [\![1,n]\!]} E_i = E_1 \cup E_2 \cup \cdots \cup E_n$$

Remarque 2.15
Dans les notations $(A_i)_{i \in I}$, $\bigcap_{i \in I} A_i$ et $\bigcup_{i \in I} A_i$, la variable i est une variable muette.

- -

在 $(A_i)_{i \in I}$，$\bigcap_{i \in I} A_i$ 和 $\bigcup_{i \in I} A_i$ 中，索引集 I 中的索引变量 i 为哑变量。

Beaucoup de propriétés des intersections et des unions de la section 2.4.1 p.59 se généralisent aux intersections et aux unions de familles d'ensembles, par exemple la distributivité (proposition 2.9 p.62) ou les lois de De Morgan (proposition 2.11 p.67). Voir aussi l'exercice 2.16 p.85.

- -

上一小节中关于两个集合的交集和并集的性质（参看小节 2.4.1 p.59），可以推广到集族的交和并上，如分配律（参看命题 2.9 p.62）或德摩根定律（参看命题 2.11 p.67）等。更多内容，参看习题 2.16 p.85。

Proposition 2.13 – propriétés des intersections et des unions
集族交与并的性质

Soient $(A_i)_{i \in I}$ une famille d'ensembles.

1. Soit B un ensemble.

   (a) Distributivité de l'intersection par rapport à l'union :
   $$B \cap \left(\bigcup_{i \in I} A_i \right) = \bigcup_{i \in I} (B \cap A_i) \quad \text{et} \quad \left(\bigcup_{i \in I} A_i \right) \cap B = \bigcup_{i \in I} (A_i \cap B).$$

   (b) Distributivité de l'union par rapport à l'intersection :
   $$B \cup \left(\bigcap_{i \in I} A_i \right) = \bigcap_{i \in I} (B \cup A_i).$$

2. Supposons de plus que B et tous les A_i, $i \in I$, sont inclus dans un ensemble E. On a alors les *lois de De Morgan* :
   $$\overline{\bigcap_{i \in I} A_i} = \bigcup_{i \in I} \overline{A_i} \quad \text{et} \quad \overline{\bigcup_{i \in I} A_i} = \bigcap_{i \in I} \overline{A_i}.$$

- -

设 $(A_i)_{i \in I}$ 是一个集族，

1. 设 B 是一个集合，

   (a) 交关于并集的分配律：
   $$B \cap \left(\bigcup_{i \in I} A_i \right) = \bigcup_{i \in I} (B \cap A_i) \quad \text{和} \quad \left(\bigcup_{i \in I} A_i \right) \cap B = \bigcup_{i \in I} (A_i \cap B)$$

(b) 并关于交集的分配律：

$$B \cup \left(\bigcap_{i \in I} A_i \right) = \bigcap_{i \in I} (B \cup A_i)$$

2. 设 B 和 A_i（其中 $i \in I$）都包含在集合 E 中，则有**德摩根定律**：

$$\overline{\bigcap_{i \in I} A_i} = \bigcup_{i \in I} \overline{A_i} \quad \text{和} \quad \overline{\bigcup_{i \in I} A_i} = \bigcap_{i \in I} \overline{A_i}$$

本命题是两个集合交与并分配律性质的一般性推广。

Démonstration

1. (a) Procédons par double inclusion.
   - Soit $x \in B \cap \left(\bigcup_{i \in I} A_i \right)$. D'une part $x \in B$ et d'autre part $x \in \bigcup_{i \in I} A_i$ donc il existe $i \in I$ tel que $x \in A_i$. On a donc montré qu'il existe $i \in I$ tel que $x \in B \cap A_i$ donc $x \in \bigcup_{i \in I} (B \cap A_i)$.
   - Soit $x \in \bigcup_{i \in I} (B \cap A_i)$. Il existe donc $i \in I$ tel que $x \in B \cap A_i$ c'est-à-dire $x \in B$ et $x \in A_i$. En particulier, il existe $i \in I$ tel que $x \in A_i$ donc $x \in \bigcup_{i \in I} A_i$. De plus $x \in B$ donc $x \in B \cap \bigcup_{i \in I} A_i$.

   Par double inclusion, $B \cap \left(\bigcup_{i \in I} A_i \right) = \bigcup_{i \in I} (B \cap A_i)$.
   La deuxième égalité s'obtient par commutativité de l'intersection (point 3 de la proposition 2.8 p.61).
   (b) Laissé en exercice (exercice 2.8 p.83).
2. Pour tout $x \in E$,

$$
\begin{aligned}
x \in \overline{\bigcap_{i \in I} A_i} &\iff \text{non} \left(x \in \bigcap_{i \in I} A_i \right) \\
&\iff \text{non}(\forall i \in I, \ x \in A_i) \\
&\iff \exists x \in I, \ \text{non}(x \in A_i) \\
&\iff \exists x \in I, \ x \in \overline{A_i} \\
&\iff x \in \bigcup_{i \in I} \overline{A_i}.
\end{aligned}
$$

On a donc $\overline{\bigcap_{i \in I} A_i} = \bigcup_{i \in I} \overline{A_i}$. L'égalité $\overline{\bigcup_{i \in I} A_i} = \bigcap_{i \in I} \overline{A_i}$ est laissée en exercice (exercice 2.8 p.83).

- -

1. (a) 使用双重包含的方法证明：
   - 设 $x \in B \cap \left(\bigcup_{i \in I} A_i \right)$，一方面有 $x \in B$；另一方面有 $x \in \bigcup_{i \in I} A_i$。因此存在 $i \in I$ 满足 $x \in A_i$。证得存在 $i \in I$ 满足 $x \in B \cap A_i$，因此有 $x \in \bigcup_{i \in I} (B \cap A_i)$。
   - 设 $x \in \bigcup_{i \in I} (B \cap A_i)$，因此存在 $i \in I$ 满足 $x \in B \cap A_i$，即 $x \in B$ 和

$x \in A_i$。特别地，存在 $i \in I$ 满足 $x \in A_i$，因此 $x \in \bigcup_{i \in I} A_i$。又因为 $x \in B$，所以有 $x \in B \cap \bigcup_{i \in I} A_i$。

由双重包含得 $B \cap \left(\bigcup_{i \in I} A_i\right) = \bigcup_{i \in I}(B \cap A_i)$。

第二个等价关系应用交集的交换律性质来意着证明（参看命题 2.8 p.61 第3点）。

(b) 留作练习（参看习题 2.8 p.83）。

2. 对于所有的元素 $x \in E$，

$$
\begin{aligned}
x \in \overline{\bigcap_{i \in I} A_i} &\iff \mathrm{non}\left(x \in \bigcap_{i \in I} A_i\right) \\
&\iff \mathrm{non}(\forall i \in I,\ x \in A_i) \\
&\iff \exists x \in I,\ \mathrm{non}(x \in A_i) \\
&\iff \exists x \in I,\ x \in \overline{A_i} \\
&\iff x \in \bigcup_{i \in I} \overline{A_i}
\end{aligned}
$$

因此有 $\overline{\bigcap_{i \in I} A_i} = \bigcup_{i \in I} \overline{A_i}$。

关于 $\overline{\bigcup_{i \in I} A_i} = \bigcap_{i \in I} \overline{A_i}$ 的证明留作练习（参看习题 2.8 p.83）。

Exemple 2.29

Un joueur (très patient) lance une infinité de fois une pièce de monnaie. Il obtient donc une suite infinie de résultats « pile » ou « face », un pour chaque lancer.

Notons E l'ensemble de toutes les suites de lancers possibles et notons F_n le sous-ensemble de E de toutes les suites de lancers telles que le résultat du n-ième lancer soit « face » (peu importe les résultats des autres lancers). Considérons alors la famille d'ensembles $(F_n)_{n \in \mathbb{N}^*}$.

- $\bigcap_{n \in \mathbb{N}^*} F_n$ est l'ensemble des suites de lancers qui appartiennent à tous les F_n, c'est-à-dire que le joueur a fait « face » à tous les lancers. Il n'y a qu'une seule telle suite de lancers : la suite (« face »,« face »,« face »,...). Ainsi, $\bigcap_{n \in \mathbb{N}^*} F_n$ est un singleton.

- $\bigcup_{n \in \mathbb{N}^*} F_n$ est constituée des suites de lancers qui appartiennent à au moins un F_n, c'est-à-dire que le joueur a fait au moins une fois « face » au cours de tous les lancers.

- $\bigcap_{n \in \mathbb{N}^*} \overline{F_n}$ correspond au fait que le joueur a obtenu uniquement que des « piles », c'est l'ensemble $\overline{\bigcup_{n \in \mathbb{N}^*} F_n}$. Enfin, $\bigcup_{n \in \mathbb{N}^*} \overline{F_n}$ correspond au fait que le joueur a obtenu au moins une fois « pile », c'est l'ensemble $\overline{\bigcap_{n \in \mathbb{N}^*} F_n}$. On retrouve les lois de De Morgan.

假设一个非常有耐心的人无限次地抛同一枚硬币。因此，他将得到一个无限序列的结果，每次抛掷得到"正面"或"反面"的结果。设 E 是所有可能的抛掷序列组成的集合，设 F_n 是 E 的子集，包含了所有第 n 次抛掷结果是"反面"的序列（其他抛掷的结果无所谓）。考虑集族 $(F_n)_{n \in \mathbb{N}^*}$：

- $\bigcap_{n\in\mathbb{N}^*} F_n$ 是指属于所有 F_n 的抛掷序列的集合，即在每次抛掷中都得到了"反面"。这样的抛掷序列只有一个：序列（"反面"，"反面"，"反面"，......）。因此，$\bigcap_{n\in\mathbb{N}^*} F_n$ 是单元素集合。

- $\bigcup_{n\in\mathbb{N}^*} F_n$ 由至少属于一个 F_n 的抛掷序列组成，即在所有抛掷中至少有一次抛到了"反面"。

- $\bigcap_{n\in\mathbb{N}^*} \overline{F_n}$ 对应于只得到了"正面"的结果，也是集合 $\overline{\bigcup_{n\in\mathbb{N}^*} F_n}$。最后，$\bigcup_{n\in\mathbb{N}^*} \overline{F_n}$ 对应于至少有一次抛到了"正面"序列的集合，也是集合 $\overline{\bigcap_{n\in\mathbb{N}^*} F_n}$。这里，我们再次看到了德摩根定律的结论。

Remarque 2.16

On peut se demander s'il est possible de généraliser la notion de produit cartésien à une famille infinie d'ensembles. C'est plus délicat et nous reviendrons sur ce point au prochain chapitre (voir la partie 3.4.1 p.128).

- -

我们可能会想知道是否可以将笛卡尔积的概念和性质推广到无限集族上。我们将在下一章进一步讨论（参看小节3.4.1 p.128）。

2.7.2 Partition 划分

Définition 2.24 – partition 划分

Soit E un ensemble non vide. Une *partition* de E est une famille $(A_i)_{i\in I}$ de parties de E telle que :

1. aucune partie n'est vide :
$$\forall i \in I, \quad A_i \neq \varnothing;$$

2. les parties sont deux-à-deux disjointes [a] :
$$\forall(i,j) \in I^2, \quad i \neq j \implies A_i \cap A_j = \varnothing;$$

3. l'union des parties est E tout entier :
$$\bigcup_{i\in I} A_i = E.$$

- -

a. On dit aussi que l'union $\bigcup_{i\in I} A_i$ est *disjointe*.

- -

设 E 是一个非空集合，E 的一个**划分**是由 E 的子集所构成的一个集族 $(A_i)_{i\in I}$，并满足如下三个条件：

1. 任何一个子集都不是空集：
$$\forall i \in I, \quad A_i \neq \varnothing$$

2. 子集之间**两两不相交**：

$$\forall(i,j) \in I^2, \quad i \neq j \implies A_i \cap A_j = \varnothing$$

3. 所有子集的并是全集 E：

$$\bigcup_{i\in I} A_i = E$$

Figure 2.6 – partition d'un ensemble E　集合 E 的划分

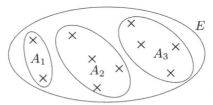

Les ensembles A_1, A_2 et A_3 forment une partition de E.
集合 A_1，A_2 和 A_3 是集合 E 的一个划分。

Exemple 2.30

1. Les ensembles $\{0,10\}$, $\{1,9\}$, $\{2,8\}$, $\{3,7\}$, $\{4,6\}$ et $\{5\}$ forment une partition de $[\![0,10]\!]$.

2. Si un ensemble E est non vide, il admet toujours la famille (E) comme partition (ici (E) est une famille qui a un seul élément E, on pourrait l'écrire $(E_i)_{i\in I}$ avec I un singleton de la forme $I = \{i_0\}$ et $E_{i_0} = E$).

3. L'ensemble $\{2n \mid n \in \mathbb{N}\} = \{n \mid \exists k \in \mathbb{N},\ n = 2k\}$ des entiers naturels pairs et l'ensemble $\{2n+1 \mid n \in \mathbb{N}\} = \{n \mid \exists k \in \mathbb{N},\ n = 2k+1\}$ des entiers naturels impairs forment une partition de l'ensemble $\mathbb{N}$ des entiers naturels.

4. Plus généralement, si E est un ensemble quelconque (non vide) et si A est une partie de E qui est non vide et différente de E, alors A et $\overline{A}$ forment une partition de E (d'après la proposition 2.10 p.65).

- -

1. 集合 $\{0,10\}$，$\{1,9\}$，$\{2,8\}$，$\{3,7\}$，$\{4,6\}$ 和 $\{5\}$ 是集合 $[\![0,10]\!]$ 的一个划分。

2. 如果 E 为非空集合，集族 (E) 是它的一个划分。这里集族 (E) 表示为只有一个元素 E 的集合，可以理解成 $(E_i)_{i\in I}$ 其中 I 为单元素集合，形式为 $I = \{i_0\}$，有 $E_{i_0} = E$。

3. 偶自然数集 $\{2n \mid n \in \mathbb{N}\} = \{n \mid \exists k \in \mathbb{N}, \ n = 2k\}$ 和奇自然数集 $\{2n+1 \mid n \in \mathbb{N}\} = \{n \mid \exists k \in \mathbb{N}, \ n = 2k+1\}$ 是自然数集的一个划分。

4. 更一般地，如果 E 是任意一个非空集合，A 是 E 的一个非空子集且 A 不等于 E，那么 A 和 $\overline{A}$ 形成了 E 的一个划分（参看命题 2.10 p.65）。

Une partition d'un ensemble E permet de décomposer E en sous-ensembles telles que chaque élément de E appartienne à un sous-ensemble de la partition et un seule.

La notion de partition est très utile. On s'en servira au chapitre 6.

Lorsque l'on a une partition de E, cela amène naturellement à la méthode de *distinction de cas* (méthode 1.4 p.25). Pour démontrer « $\forall x \in E, \ P(x)$ », on démontre « $\forall i \in I, \ \forall x \in A_i, \ P_i$ ».

集合 E 的划分允许将 E 分解为每个元素只属于划分中的一个子集，我们将在第 6 章计数原理中举例说明。划分的概念在组合数学、集合论、拓扑学和代数中都有应用。

当出现集合 E 的划分时，自然而然地引出**分类讨论**的方法（参看方法 1.4 p.25）。若要证明 " $\forall x \in E, \ P(x)$ "，只需证明 " $\forall i \in I, \ \forall x \in A_i, \ P_i$ "。

Exemple 2.31

En reprenant l'exemple 1.14 p.25, on a $\mathbb{Z} = A_0 \cup A_1 \cup A_2$ où A_i est l'ensemble des entiers dont le reste par la division euclidienne par 3 est égal à i. La famille $(A_i)_{i \in \{0,1,2\}}$ est alors une partition de $\mathbb{Z}$.

Pour démontrer que $\frac{n(n-5)(n+5)}{3}$ est un entier pour tout $n \in \mathbb{Z}$, on avait en fait montré cette proposition pour tout $n \in A_0$, puis tout $n \in A_1$ et enfin pour tout $n \in A_2$.

首先在例题 1.14 p.25 中，有 $\mathbb{Z} = A_0 \cup A_1 \cup A_2$，其中 A_i 是由整数除以 3 的欧几里得除法所得到余数为 i 所有整数组成的集合。因此，集族 $(A_i)_{i \in \{0,1,2\}}$ 就是 $\mathbb{Z}$ 的一个划分。证明对于所有 $n \in \mathbb{Z}$，$\frac{n(n-5)(n+5)}{3}$ 都是一个整数。实际上只需要对集合 A_0 中的每一个 n，集合 A_1 中的每一个 n，以及集合 A_2 中的每一个 n 进行了证明。此方法体现了划分在数学证明中的应用。

Remarque 2.17

Dès que E contient au moins deux éléments (c'est-à-dire que E n'est pas un singleton), il n'y a pas unicité de la partition : par exemple (E) et $(A, \overline{A})$, où A est une partie non vide de E différente de E, sont deux partitions différentes de E.

当集合 E 包含至少两个元素（即 E 不是单元素集合）时，则它的划分不唯一。例如：(E) 和 $(A, \overline{A})$ 是 E 的两个不同的划分，其中集合 A 是 E 的一个非空子集且不等于 E。

2.8   Exercices 习题

Les questions et exercices ayant le symbole ♠ sont plus difficiles.

- -

带有 ♠ 符号的习题有一定难度。

2.8.1   Quantificateurs 量词

Exercice 2.1. Démontrer que :

$$\forall x, y \in \mathbb{R}, \quad x\,y \leqslant \frac{x^2 + y^2}{2}.$$

Exercice 2.2. Soit A un nombre réel et soient $x_1, \ldots, x_n$ des nombres réels tels que $x_1 + \cdots + x_n = A$. Démontrer qu'il existe $i \in [\![1, n]\!]$ tel que $x_i \geqslant \frac{A}{n}$.

Exercice 2.3. Soit x un nombre réel tel que

$$\forall \varepsilon > 0, \quad 0 \leqslant x \leqslant \varepsilon.$$

Démontrer que $x = 0$.

Exercice 2.4. La *valeur absolue* (绝对值) d'un nombre réel x est le nombre réel noté $|x|$ et défini par

$$|x| = \begin{cases} x & \text{si } x \geqslant 0\,; \\ -x & \text{si } x < 0. \end{cases}$$

Par exemple $|7| = 7$, $\big| -\sqrt{2} \big| = \sqrt{2}$ et $|0| = 0$. Démontrer que

$$\forall x, y \in \mathbb{R}, \quad \big(|x| \geqslant y\big) \iff \big(x \geqslant y \text{ ou } x \leqslant -y\big).$$

Exercice 2.5. Soit E un ensemble et soit $f : E \to \mathbb{R}$ une fonction (voir le chapitre suivant pour une définition précise). Exprimer la négation des propositions suivantes :

1. $\forall x \in E, \ f(x) \neq 0$;
2. $\forall y \in \mathbb{R}, \ \exists x \in E, \ f(x) = y$;
3. $\exists M \in \mathbb{R}, \ \forall x \in E, \ |f(x)| \leqslant M$ *(voir l'exercice 2.4 p.82)* ;
4. $\forall x, y \in E, \ x \leqslant y \implies f(x) \leqslant f(y)$;
5. $\forall x, y \in E, \ f(x) = f(y) \implies x = y$;

6. $\forall x \in E, \big(f(x) > 0 \implies x \leqslant 0\big)$.

Exercice 2.6. Soit E un ensemble et soit P une proposition. On a vu à la remarque 2.8 p.42 que « $\exists!\, x \in E,\ P(x)$ » signifie que :

$$\exists x \in E,\quad \Big(P(x)\quad \text{et}\quad \big(\forall y \in E,\ \big(P(y) \implies x = y\big)\big)\Big).$$

Donner la négation de la proposition ci-dessus. Comment peut-on démontrer que la proposition « $\exists!\, x \in E,\ P(x)$ » est fausse ?

Exercice 2.7. Soit E un ensemble et soient P et Q deux propositions.

1. Démontrer, en trouvant un contre-exemple, que

   « $\forall x \in E,\ \big(P(x) \implies Q\big)$ »   et   « $\big(\forall x \in E,\ P(x)\big) \implies Q$ »

   ne sont pas équivalentes.

2. Les deux propositions

   $$\text{« } \forall x \in E,\ \big(P(x) \text{ et } Q(x)\big) \text{ »}$$

   et

   $$\text{« } \big(\forall x \in E,\ P(x)\big) \text{ et } \big(\forall x \in E,\ Q(x)\big) \text{ »}$$

   sont-elles équivalentes ?

3. Reprendre la question précédente en remplaçant les « et » par des « ou ».

4. Reprendre les deux questions précédentes en remplaçant les « $\forall$ » par des « $\exists$ ».

2.8.2   Ensembles 集合

Exercice 2.8. Démontrer les résultats de ce chapitre dont les démonstrations n'ont pas été faites :

1. commutativité et associativité de l'intersection et de l'union (points 3 et 4 de la proposition 2.8 p.61) ;

2. distributivité de l'union par rapport à l'intersection (point 2 de la proposition 2.9 p.62) ;

3. point 3 des propriétés du produit cartésien (proposition 2.12 p.72) ;

4. distributivité de l'union par rapport à l'intersection et deuxième loi de De Morgan pour des familles d'ensembles (proposition 2.13 p.76).

Exercice 2.9. Soient A, B et C trois ensembles. Démontrer que

$$A \setminus (B \cup C) = (A \setminus B) \cap (A \setminus C), \quad A \setminus (B \cap C) = (A \setminus B) \cup (A \setminus C),$$
$$A \setminus (B \setminus C) = (A \setminus B) \cup (A \cap C) \quad \text{et} \quad (A \setminus B) \setminus C = A \setminus (B \cup C).$$

Exercice 2.10. Soient A et B deux ensembles. Démontrer que

$$A \cap B = A \iff A \subset B$$

et que

$$A \cup B = B \iff B \subset A.$$

Exercice 2.11. Soit n un entier. Déterminer $\mathscr{P}(\{n\})$ puis $\mathscr{P}\big(\mathscr{P}(\{n\})\big)$.

Exercice 2.12. Soient E et F deux ensembles. Démontrer que

$$E \subset F \iff \mathscr{P}(E) \subset \mathscr{P}(F).$$

Exercice 2.13. Soit E un ensemble et soient A et B deux parties de E. On définit la *différence symétrique* de A et B, notée $A \bigtriangleup B$, par

$$A \bigtriangleup B \stackrel{\text{déf}}{=} (A \cup B) \setminus (A \cap B).$$

Voir la figure 2.7 p.85

1. Démontrer que $A \bigtriangleup B$ est l'ensemble des éléments de E qui sont dans A mais pas dans B **ou bien** qui sont dans B mais pas dans A, c'est-à-dire

$$A \bigtriangleup B = (A \setminus B) \cup (B \setminus A)$$

et que l'union ci-dessus est disjointe.

2. Déterminer $A \bigtriangleup \varnothing$, $A \bigtriangleup A$, $A \bigtriangleup \overline{A}$ et $A \bigtriangleup E$.

3. Soit C une partie de E. Démontrer que la différence symétrique est *associative*, c'est-à-dire que

$$(A \bigtriangleup B) \bigtriangleup C = A \bigtriangleup (B \bigtriangleup C).$$

4. Démontrer que $A \bigtriangleup B = B$ si et seulement si $A = \varnothing$.

Figure 2.7 – différence symétrique $A \triangle B$ 对称差集

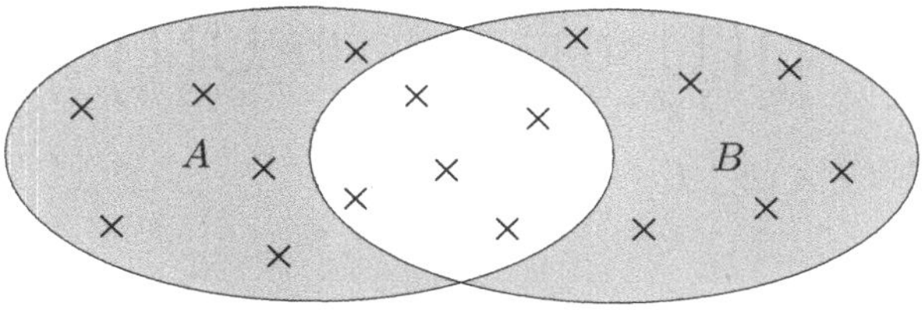

$$A \triangle B = (A \cup B) \setminus (A \cap B)$$

$A \triangle B$ (en gris) est l'ensemble des points qui sont dans A ou dans B mais pas dans les deux (pas dans $A \cap B$).

$A \triangle B$ 表示灰色部分的点，即在 A 或 B 中但不同时在两者中所有点的集合，也称作对称差集

Exercice 2.14. Soit E un ensemble et soit A une partie de E. Démontrer que $\overline{A}$ est l'unique partie B de E telle que $A \cap B = \varnothing$ et $A \cup B = E$.

Exercice 2.15. Soient A et B deux ensembles et soient $a \in A$ et $b \in B$. Formellement, on définit le couple (a, b) de la façon suivante :

$$(a, b) \overset{\text{déf}}{=} \{a, \{a, b\}\}.$$

Soient $a' \in A$ et $b' \in B$. Démontrer que

$$(a, b) = (a', b') \iff (a = a' \text{ et } b = b').$$

Proposer une façon de définir formellement un n-uplet et la notion d'égalité associée (définition 2.20 p.69).

Exercice 2.16. Soit $(A_i)_{i \in I}$ une famille d'ensembles et soit B un ensemble. Démontrer que

$$\left(\bigcap_{i \in I} A_i \right) \times B = \bigcap_{i \in I} (A_i \times B), \quad B \times \left(\bigcap_{i \in I} A_i \right) = \bigcap_{i \in I} (B \times A_i)$$

$$\left(\bigcup_{i \in I} A_i \right) \times B = \bigcup_{i \in I} (A_i \times B), \quad B \times \left(\bigcup_{i \in I} A_i \right) = \bigcup_{i \in I} (B \times A_i).$$

Exercice 2.17 (♠). Soient I et J deux ensembles et soit $(A_{i,j})_{(i,j) \in I \times J}$ une famille d'ensembles indexée par $I \times J$. Posons

$$E = \bigcap_{i \in I} \left(\bigcup_{j \in J} A_{i,j} \right) \quad \text{et} \quad F = \bigcup_{i \in I} \left(\bigcap_{j \in J} A_{i,j} \right).$$

A-t-on $E \subset F$? $F \subset E$? $E = F$?

Chapitre 3

Applications et fonctions
映射与函数

Après celui d'ensemble, le concept d'application est sans doute le plus important en mathématiques. Les applications permettent de faire *interagir* les ensembles entre eux et de leur donner vie. Typiquement, elles sont utilisées pour modéliser la dépendance d'une quantité par rapport à une autre, situation qui arrive constamment en mathématiques et plus généralement dans de nombreux domaines de la science, de l'ingénierie, de l'économie, etc.

Ce chapitre présente la notion d'application de manière abstraite afin qu'elle puisse être appliquée dans différents contextes. Après deux parties introduisant des concepts de base, la troisième présente les notions d'injection, de surjection et de bijection qui jouent un rôle central en mathématiques, y compris dans la suite de ce livre. La dernière partie est un complément qui peut être réservé à une seconde lecture. On y présente notamment deux théorèmes célèbres : celui de Cantor et celui de Cantor-Bernstein.

在学习了集合的知识之后，映射与函数的概念无疑是后续数学中最重要的内容之一。映射与函数能够把两个集合关联起来并赋予它们活力。映射与函数通常用于表达一个数量相对于另一个数量的依赖性。因此，映射与函数不仅应用于数学学科，同时也广泛地应用于物理、计算机、工程、经济等领域。本章采用抽象的方法介绍映射与函数的概念，以便它们能够灵活应用于多种不同的情境。在介绍了映射与函数的基础概念之后，本章的第三部分深入探讨了单射、满射和双射等关键概念，它们在高等数学的学习中占据着核心地位。本章最后一部分是补充内容，初次阅读可以跳过，重点介绍了著名的康托尔定理（Cantor's Theorem）和康托尔-伯恩斯坦定理（Cantor-Bernstein Theorem）。

3.1   Définitions et premiers exemples 定义与例题

3.1.1   Définitions 定义

> **Définition 3.1 –** application/fonction (définition *intuitive*)
> 映射/函数（直观定义）
>
> Soient E et F deux ensembles. Définir une *application* (ou une *fonction*) f de E dans F, c'est associer à tout élément x de E un **unique** élément de F noté $f(x)$.
>
> -
>
> 设 E 和 F 是两个集合，从 E 到 F 的一个映射（或函数）f，定义为它将集合 E 中的每一个元素 x 对应到集合 F 中唯一的元素 $f(x)$。

Cette définition est une définition « intuitive » que l'on utilise en pratique mais qui n'est pas très précise. Voir la remarque 3.1 p.88 pour une définition formelle.

- -

本定义是映射与函数的一个"直观的"定义，虽然它没有做到公式化，但非常实用和容易理解，有关"正式的"定义，参看注释 3.1 p.88。

Dans cet ouvrage, les termes « application » et « fonction » sont synonymes, on peut utiliser l'un ou l'autre indifféremment. En pratique, on utilise plutôt le terme « application » dans un cadre abstrait et le terme « fonction » lorsque l'ensemble d'arrivée F est un sous-ensemble de $\mathbb{R}$ ou de $\mathbb{R}^n$. Certains auteurs font la différence entre application et fonction, voir la remarque 3.4 p.96 pour plus de détails.

- -

在本书中，我们并不区分"映射"和"函数"，默认两个术语是同义词，可以根据实际情况任意使用其中一个。实际使用过程中，在抽象框架中使用"映射"这个术语，如线性代数、高等代数等。在高等数学或数学分析的学习过程中，当到达域 F 是 $\mathbb{R}$ 或 $\mathbb{R}^n$ 等集合的子集时，我们一般使用"函数"这个术语。更多细节，参看注释 3.4 p.96。

Remarque 3.1

1. La définition 3.1 p.88 n'est qu'une version « intuitive » car nous n'avons pas défini ce que veut dire « associer ». La définition formelle d'une application f de E dans F est la suivante : une application est un sous-ensemble f de $E \times F$ tel que

$$\forall x \in E, \ \exists ! \, y \in F, \quad (x, y) \in f.$$

   On note alors $f(x)$ cet unique élément y. On retrouve l'idée qu'on a « associé » à tout $x \in E$ un unique élément y noté $f(x)$.

2. Il est possible d'avoir $E = \varnothing$ ou $F = \varnothing$ pour une application de E dans F dans certains cas mais il faut être prudent.

- Si $E = \varnothing$, il existe une seule application de $\varnothing$ dans E appelée *application vide dans F* qui « n'associe rien ».
- Si $F = \varnothing$, il y a deux cas à distinguer :
  (a) Si $E \neq \varnothing$, il n'existe aucune application de E dans $\varnothing$ car on ne peut rien associer aux éléments de E.
  (b) Si $E = \varnothing$, c'est le point précédent : il existe une seule application de $\varnothing$ dans $\varnothing$, l'application vide dans $\varnothing$.

---

1. 定义 3.1 p.88 是一个直观的版本，因为我们没有给出"对应"是什么意思。从集合论的角度，从集合 E 到集合 F 的映射 f 的正式定义是：映射 f 是 $E \times F$ 一个子集满足

$$\forall x \in E, \exists! y \in F, \quad (x, y) \in f$$

通常用 $f(x)$ 来表示这个唯一的元素 y。

换言之，映射 f 作为 $E \times F$ 的子集，确保了对于 E 中的每个元素 x，都有一个唯一的 y 与之对应，满足 (x, y) 在 f 中。

2. 对于从集合 E 到集合 F 的映射，需要注意一些特殊情况，即 $E = \varnothing$ 或 $F = \varnothing$。

- 如果 $E = \varnothing$，那么存在唯一的从空集到 F 的映射，称为**空映射**，它不将任何元素对应起来。
- 如果 $F = \varnothing$，分两种情况讨论：
  (a) 如果 $E \neq \varnothing$，则不存在从 E 到 $\varnothing$ 的映射。因为 F 中没有元素与 E 中的元素相对应。
  (b) 如果 $E = \varnothing$，则与第一点一样，即存在唯一的从空集到空集的映射。

Définition 3.2 – image, antécédent, ensembles de départ et d'arrivée
像，原像，出发域和到达域

Soient E et F deux ensembles et soit f une application de E dans F.

- Soient $x \in E$ et $y \in F$ tels que $y = f(x)$. On dit que y est l'*image de x par f* et que x est **un** *antécédent de y par f*.
- L'ensemble E est appelé *ensemble de départ*[a] de f et l'ensemble F est appelé *ensemble d'arrivée* de f.

---

a. On dit aussi *ensemble de définition* ou *domaine de définition*.

设 E 和 F 是两个集合，f 是从 E 到 F 的一个映射，

- 当 $x \in E$ 和 $y \in F$ 满足 $y = f(x)$ 时，则称元素 y 为 x 在映射 f 下的**像**，元素 x 为 y 在映射 f 下的一个的**原像**。
- 集合 E 被称为 f 的**定义域**（或**出发域，出发集合**），集合 F 被称为映射 f 的**值域**（或**到达域，到达集合**）。

Notation 3.1 – application/fonction 映射/函数

On écrit

$$f : E \longrightarrow F$$

pour désigner une application f de E (ensemble de départ) dans F (ensemble d'arrivée). On écrit aussi

$$f : \begin{cases} E & \longrightarrow & F \\ x & \longmapsto & f(x) \end{cases}$$

pour préciser les images. Voir l'exemple 3.2 p.92 pour une illustration.

- -

通常用

$$f : E \longrightarrow F$$

来表示一个从 E 到 F 的映射，或者用

$$f : \begin{cases} E & \longrightarrow & F \\ x & \longmapsto & f(x) \end{cases}$$

的写法来明确表示对应的映射关系，参看例题 3.2 p.92。

 Définir une application, c'est donner un ensemble de départ E, un ensemble d'arrivée F et donner les images $f(x)$ pour tout $x \in E$. Il faut toujours préciser les trois !

- -

定义映射（或函数）的三要素：定义域 E，值域 F 和 E 中的每一个元素 x 所对应的像 $f(x)$ 即映射关系。

Exemple 3.1

Soit $f : [\![1,4]\!] \to [\![1,5]\!]$ telle que

$$f(1) = 2, \quad f(2) = 1, \quad f(3) = 2 \quad \text{et} \quad f(4) = 5.$$

Ceci définit bien une application notée f : l'ensemble de départ est $[\![1,4]\!]$, l'ensemble d'arrivée est $[\![1,5]\!]$ et les images $f(x)$ pour $x \in [\![1,4]\!]$ sont données ci-dessus.

On peut représenter cette application de la manière suivante :

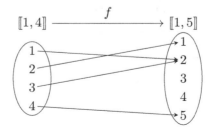

设映射 $f : [\![1,4]\!] \to [\![1,5]\!]$ 满足

$$f(1) = 2, \quad f(2) = 1, \quad f(3) = 2 \quad 和 \quad f(4) = 5$$

这里映射 f 的出发域为 $[\![1,4]\!]$，到达域为 $[\![1,5]\!]$ 和对于所有元素 $x \in [\![1,4]\!]$ 在 f 下的像定义如上图所示。

Remarque 3.2

1. Dans la notation 3.1 p.89, il y a deux flèches différentes ! La première flèche $\to$ pour relier les ensembles de départ E et d'arrivée F, la deuxième flèche $\mapsto$ pour relier un élément x et son image $f(x)$.

2. Dans la notation 3.1 p.89, x est une variable muette (voir la partie 2.2.3 p.45).

1. 在映射的记法 3.1 p.89 定义中，存在两种不同的箭头！第一种箭头 $\to$ 用于连接出发域 E 和到达域 F，第二种箭头 $\mapsto$ 用于连接元素 x 及其像 $f(x)$。

2. 在映射的记法 3.1 p.89 定义中，变量 x 为哑变量（参看小节 2.2.3 p.45）。

Ne pas confondre une application f avec $f(x)$ qui est l'image par x de l'application f.

注意区别 f 和 $f(x)$ 两种写法：其中 f 表示映射或函数，而 $f(x)$ 表示 x 在 f 下的像或者映射 f 的表达式。

Ainsi, écrire « la fonction $x\sqrt{x^2+1}$ » n'est pas correct. Non seulement l'ensemble de départ et l'ensemble d'arrivée ne sont pas précisés, mais surtout « $x\sqrt{x^2+1}$ » n'est pas une fonction, c'est un nombre réel (en supposant que $x \in \mathbb{R}$ ici).

On écrira donc « la fonction $\mathbb{R} \to \mathbb{R}$ donnée par $x \mapsto x\sqrt{x^2+1}$ » par exemple, ou « la fonction $f : \mathbb{R} \to \mathbb{R}$ définie par $f(x) = x\sqrt{x^2+1}$ pour tout $x \in \mathbb{R}$ » si on veut lui donner un nom. On peut aussi simplement écrire

$$f : \begin{cases} \mathbb{R} & \longrightarrow & \mathbb{R} \\ x & \longmapsto & x\sqrt{x^2+1}. \end{cases}$$

因此，"函数 $x\sqrt{x^2+1}$"这样的写法是不严谨的。因为一方面定义域和值域没有明确指出，另外一方面，"$x\sqrt{x^2+1}$"并不表示函数，实际上表示的是一个实数（当 $x \in \mathbb{R}$ 时）。

正确的写法为："从 $\mathbb{R} \to \mathbb{R}$ 的函数定义为 $x \mapsto x\sqrt{x^2+1}$"或者"从 $\mathbb{R} \to \mathbb{R}$ 的函数 f 定义为，对于任意的 $x \in \mathbb{R}$，$f(x) = x\sqrt{x^2+1}$"。

或者也可以简单地写成

$$f : \begin{cases} \mathbb{R} & \longrightarrow & \mathbb{R} \\ x & \longmapsto & x\sqrt{x^2 + 1} \end{cases}$$

 Un élément $y \in F$ peut avoir aucun, un seul ou plusieurs antécédents par une application $f : E \to F$, tout peut se produire !

元素 $y \in F$ 在映射 $f : E \to F$ 下的原像个数有多种可能：一个原像，多个原像或没有原像。

Exemple 3.2

Considérons la fonction

$$f : \begin{cases} \mathbb{R} & \longrightarrow & \mathbb{R} \\ x & \longmapsto & x^2 \end{cases}$$

qui a un nombre réel x « associe » son carré x^2. Alors :

- 4 admet plusieurs antécédents [a] : on a $f(2) = 2^2 = 4$ et $f(-2) = (-2)^2 = 4$, ainsi 2 et -2 sont des antécédents de 4 par f ;
- 0 admet un unique antécédent par f, c'est 0 ;
- -1 n'a pas d'antécédent par f car $f(x) = x^2 \geqslant 0$ pour tout $x \in \mathbb{R}$.

On peut représenter la fonction f sous la forme d'une *courbe* :

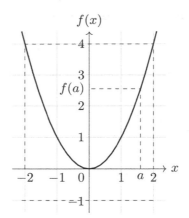

Pour lire l'image de a, on trace la droite verticale qui coupe l'axe des abscisses en a, l'ordonnée du point d'intersection de cette droite avec la courbe de f donne l'image $f(a)$ de a.

Pour lire les antécédents de y, on trace la droite horizontale qui coupe l'axe des ordonnées en y, les abscisses des points d'intersection de cette droite avec la courbe de f donnent les antécédents de y (avec $y = 4$ on retrouve 2 et -2, avec $y = -1$ on retrouve le fait qu'il n'y a aucun antécédent).

---

a. En fait exactement deux antécédents car l'équation $f(x) = x^2 = 4$ d'inconnue $x \in \mathbb{R}$ admet deux solutions 2 et -2.

- -

考虑函数：

$$f : \begin{cases} \mathbb{R} & \longrightarrow & \mathbb{R} \\ x & \longmapsto & x^2 \end{cases}$$

f 表示实数 x 与它的平方 x^2 对应的函数，因此有

- 4 在函数 f 下，有 2 和 -2 两个原像；
- 0 在函数 f 下，有 0 一个原像；
- -1 在函数 f 下没有原像。

可以将函数 f 表示为一条曲线，称作为函数 f 的**图像**，如上图所示。

因此，可以通过借助函数的图像来找到所求的像或原像：

- 要找到 a 的像，画一条过横轴上 a 点的垂直线，这条线与函数 f 的图像相交点的纵坐标，即为 a 在函数 f 下的像 $f(a)$。
- 要找到 y 的原像，画一条过纵轴上 y 点的水平线，这条线与函数 f 的图像相交点的横坐标，即 y 的原像（如图所示，当 $y = 4$ 时，有原像 2 和 -2；当 $y = -1$ 时，没有原像）。

Définition 3.3 – égalité d'applications 映射的相等

Deux applications f et g sont dites *égales* si :

- elles ont le même ensemble de départ et le même ensemble d'arrivée ;
- et si $f(x) = g(x)$ pour tout x dans cet ensemble de départ.

Si c'est le cas, on note $f = g$. Si ce n'est pas le cas [a], on note $f \neq g$.

---

a. C'est-à-dire si elles n'ont pas le même ensemble de départ ou le même ensemble d'arrivée ou s'il existe x tel que $f(x) \neq g(x)$.

- -

设 f 和 g 是两个映射，如果同时满足如下条件：

- f 和 g 具有相同的定义域和值域；
- 对于定义域中的所有 x，都有 $f(x) = g(x)$。

则称映射 f 和 g **相等**，记作 $f = g$；其他所有情况，称映射 f 和 g 不相等，记作 $f \neq g$。

> **Méthode 3.1 –** démontrer que deux applications sont égales ou non
> 如何证明映射相等
>
> Pour démontrer que deux applications f et g sont égales :
>
> - on vérifie qu'elles ont le même ensemble de départ E et le même ensemble d'arrivée F ;
> - on démontre que $f(x) = g(x)$ pour tout $x \in E$ (par la méthode 2.2 p.49).
>
> Pour démontrer qu'elles ne sont pas égales dans le cas où l'ensemble de départ E et l'ensemble d'arrivée F sont les mêmes, on trouve un $x \in E$ tel que $f(x) \neq g(x)$.
>
> -
>
> 证明两个映射 f 和 g 相等时，需要：
>
> - 验证它们是否具有相同的定义域 E 和相同的值域 F；
> - 验证是否对任意的 $x \in E$，有 $f(x) = g(x)$（参看方法 2.2 p.49）。
>
> 如果在定义域 E 和值域 F 相同的情况下，证明 f 和 g 不相等，则只需要找到一个 $x \in E$，满足 $f(x) \neq g(x)$。

Exemple 3.3

- Montrons que les fonctions suivantes sont égales [a]

$$f : \begin{cases} \mathbb{Z} & \longrightarrow & \mathbb{N} \\ n & \longmapsto & \sqrt{n^2} \end{cases} \qquad \text{et} \qquad g : \begin{cases} \mathbb{Z} & \longrightarrow & \mathbb{N} \\ n & \longmapsto & |n|. \end{cases}$$

Elles ont bien le même ensemble de départ $\mathbb{Z}$ et le même ensemble d'arrivée $\mathbb{N}$. Soit $n \in \mathbb{Z}$. On fait une distinction de cas sur le signe de n (méthode 1.4 p.25), on obtient [b] :

- si $n \geqslant 0$, alors $f(n) = \sqrt{n^2} = n = |n| = g(n)$;
- si $n < 0$, alors $f(n) = \sqrt{n^2} = -n = |n| = g(n)$;

On a donc montré que $f(n) = g(n)$ pour tout $n \in \mathbb{Z}$. On conclut donc que $f = g$.

- Les fonctions

$$\begin{cases} \mathbb{Z} & \longrightarrow & \mathbb{N} \\ n & \longmapsto & n^2 \end{cases} \qquad \text{et} \qquad \begin{cases} \mathbb{Z} & \longrightarrow & \mathbb{Z} \\ n & \longmapsto & n^2 \end{cases}$$

ne sont pas égales car elles n'ont pas le même ensemble d'arrivée.

- On définit la *fonction nulle* sur $\mathbb{R}$ par

$$\begin{cases} \mathbb{R} & \longrightarrow & \mathbb{R} \\ t & \longmapsto & 0 \end{cases}$$

Une fonction $f : \mathbb{R} \to \mathbb{R}$ n'est pas la fonction nulle s'il existe $t \in \mathbb{R}$ tel que $f(t) \neq 0$.

a. Voir l'exercice 2.4 p.82 pour la définition de la valeur absolue $|x|$.

b. On utilise le fait que, pour tout nombre réel $x \geqslant 0$, $\sqrt{x}$ est l'unique nombre réel $y \geqslant 0$ tel que $y^2 = x$.

例题中给出几个映射相等和不相等的情况。

特别地，实数集 $\mathbb{R}$ 上**零函数**定义为

$$\begin{cases} \mathbb{R} & \longrightarrow & \mathbb{R} \\ t & \longmapsto & 0 \end{cases}$$

即对于所有的 $t \in \mathbb{R}$，在函数下的像都是 0。因此，证明映射不是零函数，则只需要找出某一个元素 $t \in \mathbb{R}$ 满足 $f(t) \neq 0$ 即可。

Notation 3.2 – application de plusieurs variables 多变量映射

Soit $f : E_1 \times \cdots \times E_n \to F$ une application. Pour tout n-uplet $(x_1, \ldots, x_n) \in E_1 \times \cdots \times E_n$, on note

$$f(x_1, \ldots, x_n) \stackrel{\text{déf}}{=} f\big((x_1, \ldots, x_n)\big).$$

Ainsi, une application définie sur le produit cartésien $E_1 \times \cdots \times E_n$ est vue comme une « application de plusieurs variables $x_1, \ldots, x_n$ ».

- -

设 $f : E_1 \times \cdots \times E_n \to F$ 是一个映射，对于所有的 n 元 $(x_1, \ldots, x_n) \in E_1 \times \cdots \times E_n$，定义如下的写法

$$f(x_1, \ldots, x_n) \stackrel{\text{déf}}{=} f\big((x_1, \ldots, x_n)\big)$$

因此，一个映射定义在笛卡尔积 $E_1 \times \cdots \times E_n$ 上，可以看成是一个多变量映射。

Notation 3.3 – ensemble des applications 映射的集合

Soient E et F deux ensembles. L'ensemble des applications de E dans F est noté F^E ou $\mathscr{F}(E, F)$.

- -

设 E 和 F 是两个集合，从 E 到 F 的所有映射组成的集合记作 F^E 或 $\mathscr{F}(E, F)$。

Ne pas confondre F^E (l'ensemble des applications de E dans F) et E^F (l'ensemble des applications de F dans E).

F^E 表示从 E 到 F 所有映射组成的集合，而 E^F 表示从 F 到 E 的所有映射组成的集合。

Remarque 3.3
Voir la remarque 3.12 p.130 pour une « justification » de la notation F^E.

关于 F^E 注释 3.12 p.130 中有更具体的介绍和说明。

Remarque 3.4
Comme discuté après la définition 3.1 p.88, dans cet ouvrage les termes « application » et « fonction » sont synonymes.
Dans certains autres ouvrages, ce n'est pas le cas, la notion d'application est la même qu'à la définition 3.1 p.88 et la remarque 3.1 p.88 mais la notion de fonction est différente. Dans ceux-là, une *fonction f* de E dans F n'est définie que sur un sous-ensemble de E noté D_f et appelé *domaine de définition de f*. Ainsi, pour tout $x \in E$, si $x \in D_f$ alors il existe une unique image $f(x) \in F$ et si $x \notin D_f$ alors x n'a pas d'image par f.
Mais il suffit de restreindre l'ensemble de départ E de f à son domaine de définition D_f pour la transformer en une application $D_f \to E$ donnée par $x \mapsto f(x)$, ce qui rend assez peu utile cette distinction en pratique. C'est pourquoi nous avons choisi le point de vue « fonction = application » dans cet ouvrage.

正如在定义 3.1 p.88 中的介绍，在本书中"映射"和"函数"这两个术语是同义的。在某些其他教材中，也许会分别定义。映射的概念与定义 3.1 p.88 和注释 3.1 p.88 相同，但函数的概念则不同。如一个从 E 到 F 函数 f 只有 E 的一个子集上定义，记作 D_f，并称为 f 的定义域。因此，对于 E 中的每个 x，如果 $x \in D_f$，那么存在唯一的像 $f(x) \in F$；如果 $x \notin D_f$，则 x 在 f 下没有像。但只需要将 f 的出发域 E 限制在其定义域 D_f 上，就可以将其转换为从 D_f 到 E 的映射，由 $x \mapsto f(x)$ 给出，这使得在实际的学习中这种区分并没有体现。这也是为什么在本书中选择了"函数 = 映射"的观点。

3.1.2   Quelques applications de référence 常用映射

Définition 3.4 – application identité 恒等映射

Soit E un ensemble. L'*application identité* (ou *fonction identité*) de E est l'application notée id_E et définie par

$$\mathrm{id}_E : \begin{cases} E & \longrightarrow & E \\ x & \longmapsto & x. \end{cases}$$

设 E 是一个集合，集合 E 的恒等映射（或恒等函数）记作 id_E，定义如上。

Exemple 3.4

Voilà la courbe de la fonction identité $\mathrm{id}_\mathbb{R}$ de $\mathbb{R}$:

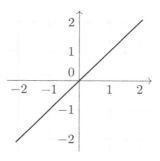

实数集 $\mathbb{R}$ 上的恒等函数 $\mathrm{id}_\mathbb{R}$ 的图像如上图所示。

Définition 3.5 – injection canonique 标准嵌入

Soit F un ensemble et soit $E \subset F$ un sous-ensemble de F. L'*injection canonique* de E dans F est l'application notée $i_{E,F}$ et définie par

$$i_{E,F} : \begin{cases} E & \longrightarrow & F \\ x & \longmapsto & x. \end{cases}$$

设 F 是一个集合，E 是 F 的一个子集，从 E 到 F 的标准嵌入映射，记作 $i_{E,F}$，定义如上。

Remarque 3.5

L'injection canonique $i_{E,E}$ de E dans E est simplement id_E, l'application identité de E.

E 的恒等映射是 E 到 F 标准嵌入映射的一种特殊情况（即 $E = F$ 时）。

Définition 3.6 – fonction indicatrice 指示函数

Soit E un ensemble et soit $A \subset E$ une partie de E. La *fonction indicatrice* de A est la fonction noté $\mathbb{1}_A$ et définie par

$$\mathbb{1}_A : \begin{cases} E & \longrightarrow & \{0,1\} \\ x & \longmapsto & \begin{cases} 1 & \text{si } x \in A\,; \\ 0 & \text{si } x \notin A. \end{cases} \end{cases}$$

设 E 是一个集合，A 是 E 的子集，A 的指示函数，记作 $\mathbb{1}_A$，定义如上。

Les fonctions indicatrices sont notamment utiles pour traduire les résultats du chapitre précédent sur la théorie des ensembles en calculs algébriques. Voir l'exercice 3.6 p.136 pour plus de détails.

指示函数在集合章节中元素转化代数计算的问题上非常有帮助，参看习题 3.6 p.136。

Définition 3.7 – projection canonique 标准投影

Soient E et F deux ensembles. Les *projections canoniques* de $E \times F$ sur E et sur F sont les applications notées p_E et p_F et définies par

$$p_E : \begin{cases} E \times F & \longrightarrow & E \\ (x, y) & \longmapsto & x \end{cases} \quad \text{et} \quad p_F : \begin{cases} E \times F & \longrightarrow & F \\ (x, y) & \longmapsto & y. \end{cases}$$

- - - - - - - - - -

设 E 和 F 是两个集合，从集合 $E \times F$ 到 E 上的标准投影，记作 p_E；从集合 $E \times F$ 到 F 上的标准投影，记作 p_F，定义如上。

3.1.3 Composition 复合

Définition 3.8 – composition 复合

Soient $f : E \to F$ et $g : F \to G$ deux applications. La *composée* de f et de g est l'application notée[a] $g \circ f$ et définie par

$$g \circ f : \begin{cases} E & \longrightarrow & G \\ x & \longmapsto & g\big(f(x)\big). \end{cases}$$

Voir la figure 3.1 p.98.

-----

a. Lire « g rond f ».

- - - - - - - - - -

设 $f : E \to F$ 和 $g : F \to G$ 是两个映射，f 和 g 的**复合映射**，记作 $g \circ f$，定义如上。

Figure 3.1 – composition de deux applications 映射的复合

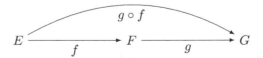

Exemple 3.5

Soient les fonctions

$$f : \begin{cases} \mathbb{R} & \longrightarrow & \mathbb{R} \\ x & \longmapsto & x+1 \end{cases} \qquad \text{et} \qquad g : \begin{cases} \mathbb{R} & \longrightarrow & \mathbb{R} \\ x & \longmapsto & x^2. \end{cases}$$

Alors la composée de f et de g est la fonction $g \circ f : \mathbb{R} \to \mathbb{R}$ telle que

$$\forall x \in \mathbb{R}, \quad (g \circ f)(x) = g\big(f(x)\big) = g(x+1) = (x+1)^2.$$

Par exemple, $(g \circ f)(3) = g\big(f(3)\big) = g(4) = 4^2 = 16$.

- -

本例题中给出函数 f 和 g 的复合函数 $g \circ f$，并给出对应关系。

Proposition 3.1 – propriétés de la composition 复合的性质

1. *La composition est associative.* Soient $f : E \to F$, $g : F \to G$ et $h : G \to H$ trois applications. Alors

$$h \circ (g \circ f) = (h \circ g) \circ f.$$

2. *Neutralité de l'identité.* Soit $f : E \to F$ une application. Alors

$$\mathrm{id}_F \circ f = f \circ \mathrm{id}_E = f.$$

- -

1. **结合律**：设 $f : E \to F$, $g : F \to G$ 和 $h : G \to H$ 是三个映射，则有

$$h \circ (g \circ f) = (h \circ g) \circ f$$

2. **恒等映射的中性性质**：设 $f : E \to F$ 是映射，则有

$$\mathrm{id}_F \circ f = f \circ \mathrm{id}_E = f$$

Démonstration

1. Les deux applications $h \circ (g \circ f)$ et $(h \circ g) \circ f$ ont les mêmes ensembles de départ E et d'arrivée H. Pour tout $x \in E$, on a

$$\big(h \circ (g \circ f)\big)(x) = h\big((g \circ f)(x)\big) = h\big(g\big(f(x)\big)\big) = (h \circ g)\big(f(x)\big) = \big((h \circ g) \circ f\big)(x)$$

d'où $h \circ (g \circ f) = (h \circ g) \circ f$.

2. Les trois applications $\mathrm{id}_F \circ f$, $f \circ \mathrm{id}_E$ et f ont les mêmes ensembles de départ E et d'arrivée F. Pour tout $x \in E$, on a

$$(\mathrm{id}_F \circ f)(x) = \mathrm{id}_F\big(f(x)\big) = f(x) = f\big(\mathrm{id}_E(x)\big) = (f \circ \mathrm{id}_E)(x)$$

donc $\mathrm{id}_F \circ f = f \circ \mathrm{id}_E = f$.

1. 复合映射 $h \circ (g \circ f)$ 和 $(h \circ g) \circ f$ 有同样的出发域和到达域。
   对任意的 $x \in E$，有
   $$\big(h \circ (g \circ f)\big)(x) = h\big((g \circ f)(x)\big) = h\big(g\big(f(x)\big)\big) = (h \circ g)\big(f(x)\big) = \big((h \circ g) \circ f\big)(x)$$
   因此 $h \circ (g \circ f) = (h \circ g) \circ f$。

2. 映射 $\mathrm{id}_F \circ f$，$f \circ \mathrm{id}_E$ 和 f 有同样的出发域和到达域。
   对任意的 $x \in E$，有
   $$(\mathrm{id}_F \circ f)(x) = \mathrm{id}_F\big(f(x)\big) = f(x) = f\big(\mathrm{id}_E(x)\big) = (f \circ \mathrm{id}_E)(x)$$
   因此 $\mathrm{id}_F \circ f = f \circ \mathrm{id}_E = f$。

Le premier point de la proposition 3.1 p.99 démontre que l'on peut écrire $h \circ g \circ f$ au lieu de $h \circ (g \circ f)$ ou $(h \circ g) \circ h$ sans ambiguïté.

在没有歧义的证明过程中：$h \circ (g \circ f)$ 或 $(h \circ g) \circ h$ 也可简写成 $h \circ g \circ f$。

 En général, la composition n'est pas commutative : $g \circ f \neq f \circ g$.

通常情况下，映射的复合没有交换性：$g \circ f \neq f \circ g$。

Exemple 3.6

Reprenons les fonctions f et g de l'exemple 3.5 p.99. On avait vu que $(g \circ f)(3) = 16$. Mais on a

$$(f \circ g)(3) = f\big(g(3)\big) = f(9) = 10 \neq (g \circ f)(3).$$

On a donc $g \circ f \neq f \circ g$.

例题 3.5 p.99 中，若需要证明两个映射不相等，则只需要举出一个反例。即存在某个元素 x 满足 $(f \circ g)(x) \neq (g \circ f)(x)$。如当 $x = 3$ 时：

$$(f \circ g)(3) = f\big(g(3)\big) = f(9) = 10 \neq 16 = (g \circ f)(3)$$

因此证得 $g \circ f \neq f \circ g$。

Remarque 3.6

Pour définir une application composée $g \circ f$ avec $f : E \to F$ et $g : H \to G$, on a en fait seulement besoin d'avoir $f(E) \subset H$, c'est-à-dire que l'image $f(E) = \mathrm{Im}\, f$ de f (voir la partie 3.2.1 p.101) soit incluse dans l'ensemble H de départ de G. Avec cette condition, on peut donc considérer $g \circ f : E \to G$ définie par $g(f(x))$ pour tout $x \in E$.

要定义复合映射 $g \circ f$，其中 $f : E \to F$ 和 $g : H \to G$，需要满足 $f(E) \subset H$，即 f 的像集 $f(E) = \operatorname{Im} f$（参看小节 3.2.1 p.101）要包含在 g 的出发域集合 H 中。此时，称映射 $g \circ f : E \to G$) 是良定义的，即对于所有的 $x \in E$，有唯一的 $g(f(x))$ 与之相对应。

3.2 Image, image directe, image réciproque 像集，直接像集，原像集

3.2.1 Image directe 直接像集

Définition 3.9 – image, image directe 像集，直接像集

Soit $f : E \to F$ une application.

- L'ensemble des images de f est appelé *image* de f et est noté $\operatorname{Im} f$:

$$\operatorname{Im} f \overset{\text{déf}}{=} \{ f(x) \mid x \in E \}.$$

Autrement dit, pour tout $y \in F$,

$$y \in \operatorname{Im} f \iff \exists x \in E, \quad y = f(x).$$

- Soit E' une partie de E. L'*image directe* [a] de E' par f est l'ensemble, noté $f(E')$, des images par f des éléments de E' ;

$$f(E') \overset{\text{déf}}{=} \{ f(x) \mid x \in E' \}.$$

Autrement dit, pour tout $y \in F$,

$$y \in f(E') \iff \exists x \in E', \quad y = f(x).$$

En particulier, on a $\operatorname{Im} f = f(E)$. On note donc aussi $f(E)$ l'image de f.

a. On dit souvent seulement « image de E' par f ».

设 $f : E \to F$ 是一个映射，

- 映射 f 的所有像组成的集合称为映射 f 的**像集**，并记作 $\operatorname{Im} f$:

$$\operatorname{Im} f \overset{\text{déf}}{=} \{ f(x) \mid x \in E \}$$

换言之，对所有 $y \in F$，

$$y \in \operatorname{Im} f \iff \exists x \in E, \quad y = f(x)$$

- 设 E' 是 E 的一个子集，E' 中所有元素通过映射 f 所得像的集合称

为 E' 的 **直接像集**, 并记作 $f(E')$:

$$f(E') \overset{\text{déf}}{=} \{f(x) \mid x \in E'\}$$

换言之, 对所有 $y \in F$,

$$y \in f(E') \iff \exists x \in E', \quad y = f(x)$$

特别地, 有 $\operatorname{Im} f = f(E)$。

En général, l'image d'une application $f : E \to F$ n'est pas égale à son ensemble d'arrivée : $\operatorname{Im} f \neq F$.

一般情况下, 映射 $f : E \to F$ 的像集并不等同于它的到达域: $\operatorname{Im} f \neq F$。

Exemple 3.7

Reprenons la fonction f de l'exemple 3.1 p.90.

- On a $\operatorname{Im} f = f([\![1,4]\!]) = \{1,2,5\}$. Ici, l'image est différente de l'ensemble d'arrivée.
- Soit $E' = [\![1,3]\!] \subset [\![1,4]\!]$. On a $f(E') = \{1,2\}$.

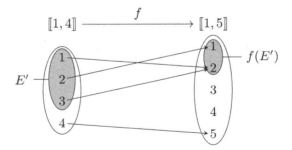

在例题 3.1 p.90 中的函数 f, 有

- $\operatorname{Im} f = f([\![1,4]\!]) = \{1,2,5\}$, 因此像集和到达域并不一样。
- 设 $E' = [\![1,3]\!] \subset [\![1,4]\!]$, 则 $f(E') = \{1,2\}$。

Proposition 3.2 – image d'une composée 复合映射的像

Soient $f : E \to F$ et $g : F \to G$ deux applications. Alors

$$\mathrm{Im}(g \circ f) \subset \mathrm{Im}\, g.$$

- -

设 $f : E \to F$, $g : F \to G$ 是两个映射，则有

$$\mathrm{Im}(g \circ f) \subset \mathrm{Im}\, g$$

Démonstration

Soit $z \in \mathrm{Im}(g \circ f)$. Il existe donc $x \in E$ tel que $z = (g \circ f)(x) = g\big(f(x)\big)$. En posant $y = f(x)$, cela démontre qu'il existe $y \in F$ tel que $z = g(y)$ donc que $z \in \mathrm{Im}\, g$. On a donc montré que $\mathrm{Im}(g \circ f) \subset \mathrm{Im}\, g$.

- -

设 $z \in \mathrm{Im}(g \circ f)$，则存在 $x \in E$ 满足 $z = (g \circ f)(x) = g\big(f(x)\big)$。设 $y = f(x)$，那么存在 $y \in F$ 满足 $z = g(y)$，因此有 $z \in \mathrm{Im}\, g$。从而证得 $\mathrm{Im}(g \circ f) \subset \mathrm{Im}\, g$。

Proposition 3.3 – propriétés de l'image directe 直接像的性质

Soit $f : E \to F$ une application et soient E' et E'' deux parties de E. Alors :

1. $f(\varnothing) = \varnothing$;
2. si $E' \subset E''$ alors $f(E') \subset f(E'')$;
3. $f(E' \cup E'') = f(E') \cup f(E'')$;
4. $f(E' \cap E'') \subset f(E') \cap f(E'')$.

Plus généralement, si $(E_i)_{i \in I}$ est une famille de parties de E alors

$$f\left(\bigcup_{i \in I} E_i\right) = \bigcup_{i \in I} f(E_i) \qquad \text{et} \qquad f\left(\bigcap_{i \in I} E_i\right) \subset \bigcap_{i \in I} f(E_i).$$

- -

设 $f : E \to F$ 是一个映射，集合 E' 和 E'' 是 E 的子集，则有

1. 空集的直接像还是空集：$f(\varnothing) = \varnothing$;
2. 如果 $E' \subset E''$，那么 $f(E') \subset f(E'')$;
3. 并集的直接像：$f(E' \cup E'') = f(E') \cup f(E'')$;
4. 交集的直接像：$f(E' \cap E'') \subset f(E') \cap f(E'')$。

两个集合的并集和交集的直接像，可以拓展到更一般的形式，即如果

$(E_i)_{i \in I}$ 中每个集合都是 E 的子集，则有

$$f\left(\bigcup_{i \in I} E_i\right) = \bigcup_{i \in I} f(E_i) \qquad 和 \qquad f\left(\bigcap_{i \in I} E_i\right) \subset \bigcap_{i \in I} f(E_i)$$

Démonstration

1. Par définition $f(\varnothing) = \{f(x) \mid x \in \varnothing\}$. Or $x \in \varnothing$ est toujours faux donc cet ensemble n'a pas d'élément : $f(\varnothing) = \varnothing$.

2. Soit $y \in f(E')$. Il existe donc $x \in E'$ tel que $y = f(x')$. Or $E' \subset E''$ donc il existe $x \in E''$ tel que $y = f(x)$, ce qui démontre que $y \in f(E'')$. On a donc $f(E') \subset f(E'')$.

3. Procédons par double inclusion.
   - Soit $y \in f(E' \cup E'')$. Il existe donc $x \in E' \cup E''$ tel que $y = f(x)$. On a $x \in E'$ et dans ce cas $y \in f(E')$ ou $x \in E''$ et dans ce cas $y \in f(E'')$ ce qui démontre que $y \in f(E') \cup f(E'')$. On a donc montré que $f(E' \cup E'') \subset f(E') \cup f(E'')$.
   - Soit $y \in f(E') \cup f(E'')$. On a donc $y \in f(E')$ et dans ce cas il existe $x' \in E'$ tel que $y = f(x')$ ou $y \in f(E'')$ et il existe $x'' \in E''$ tel que $y = f(x'')$. Puisque $E' \subset E' \cup E''$ et $E'' \subset E' \cup E''$, cela démontre qu'il existe $x \in E' \cup E''$ tel que $y = f(x)$ donc $y \in f(E' \cup E'')$. On a donc montré que $f(E') \cup f(E'') \subset f(E' \cup E'')$.

   Par double inclusion, $f(E' \cup E'') = f(E') \cup f(E'')$.

4. Soit $y \in f(E' \cap E'')$. Il existe donc $x \in E' \cap E''$ tel que $y = f(x)$. D'une part $x \in E'$ donc $y \in f(E')$ et d'autre part $x \in E''$ donc $y \in f(E'')$ ce qui démontre que $y \in f(E') \cap f(E'')$. On a donc $f(E' \cap E'') \subset f(E') \cap f(E'')$.

Le cas de la famille $(E_i)_{i \in I}$ est laissé en exercice (voir l'exercice 3.4 p.135).

- -

1. 由定义得 $f(\varnothing) = \{f(x) \mid x \in \varnothing\}$。因为 $x \in \varnothing$ 为假，因此，集合 $f(\varnothing)$ 不包含任何元素，即 $f(\varnothing) = \varnothing$。

2. 设 $y \in f(E')$，则存在 $x \in E'$ 满足 $y = f(x')$。又因为 $E' \subset E''$，即存在 $x \in E''$ 满足 $y = f(x)$。因此有 $y \in f(E'')$，从而证得 $f(E') \subset f(E'')$。

3. 应用双重包含关系，有
   - 设 $y \in f(E' \cup E'')$，则存在 $x \in E' \cup E''$ 满足 $y = f(x)$。当 $x \in E'$ 时，有 $y \in f(E')$；当 $x \in E''$ 时，有 $y \in f(E'')$。因此有 $y \in f(E') \cup f(E'')$，从而证得 $f(E' \cup E'') \subset f(E') \cup f(E'')$。
   - 设 $y \in f(E') \cup f(E'')$，当 $y \in f(E')$，存在 $x' \in E'$ 满足 $y = f(x')$；当 $y \in f(E'')$，存在 $x'' \in E''$ 满足 $y = f(x'')$。又因为 $E' \subset E' \cup E''$ 和 $E'' \subset E' \cup E''$。因此存在 $x \in E' \cup E''$ 满足 $y = f(x)$，即 $y \in f(E' \cup E'')$。从而证得 $f(E') \cup f(E'') \subset f(E' \cup E'')$。

   由双重包含关系得 $f(E' \cup E'') = f(E') \cup f(E'')$。

4. 设 $y \in f(E' \cap E'')$，则存在 $x \in E' \cap E''$ 满足 $y = f(x)$。一方面 $x \in E'$，因此有 $y \in f(E')$；另一方面 $x \in E''$，则有 $y \in f(E'')$。因此有 $y \in f(E') \cap f(E'')$。从而证得 $f(E' \cap E'') \subset f(E') \cap f(E'')$。

一般情况下的证明，留作练习，参看习题 3.4 p.135。

Attention, $\mathrm{Im}(g \circ f) \subset \mathrm{Im}\, g$ et $f(E' \cap E'') \subset f(E') \cap f(E'')$ sont des inclusions strictes en général, il peut ne pas y avoir égalité !

通常情况下，$\mathrm{Im}(g \circ f) \subset \mathrm{Im}\, g$ 和 $f(E' \cap E'') \subset f(E') \cap f(E'')$ 是严格的包含关系，并不相等。

Exemple 3.8

- Soit f la *fonction nulle* sur $\mathbb{R}$, c'est-à-dire la fonction $f : \mathbb{R} \to \mathbb{R}$ telle que $f(x) = 0$ pour tout $x \in \mathbb{R}$ et soit $g = \mathrm{id}_{\mathbb{R}}$. Alors $\mathrm{Im}\, g = \mathbb{R}$ mais $\mathrm{Im}(g \circ f) = \{0\}$. On a donc ici $\mathrm{Im}(g \circ f) \neq \mathrm{Im}\, g$.

- Considérons la fonction $f : \{1,2,3\} \to \{1,2,3\}$ telle que $f(1) = 1$, $f(2) = 2$ et $f(3) = 1$. Si $E' = \{1,2\}$ et $E'' = \{2,3\}$ alors d'une part $f(E' \cap E'') = f(\{2\}) = \{2\}$ et d'autre part $f(E') \cap f(E'') = \{1,2\} \cap \{1,2\} = \{1,2\}$. On est donc dans un cas où $f(E' \cap E'') \neq f(E') \cap f(E'')$.

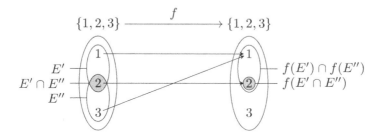

结合上图，我们有

- 假设 f 是实数集 $\mathbb{R}$ 上的零函数，即函数 $f : \mathbb{R} \to \mathbb{R}$ 对于所有的 $x \in \mathbb{R}$ 满足 $f(x) = 0$。设 g 为实数集 $\mathbb{R}$ 上的恒等函数。那么 g 的像集 $\mathrm{Im}\, g = \mathbb{R}$，但是 $g \circ f$ 的像集是 $\mathrm{Im}(g \circ f) = \{0\}$。因此，有 $\mathrm{Im}(g \circ f) \neq \mathrm{Im}\, g$。

- 考虑函数 $f : \{1,2,3\} \to \{1,2,3\}$，定义为 $f(1) = 1$，$f(2) = 2$，$f(3) = 1$。如果 $E' = \{1,2\}$ 和 $E'' = \{2,3\}$。那么一方面 $f(E' \cap E'') = f(\{2\}) = \{2\}$；另一方面 $f(E') \cap f(E'') = \{1,2\} \cap \{1,2\} = \{1,2\}$。因此，$f(E' \cap E'') \neq f(E') \cap f(E'')$。

3.2.2   Image réciproque 原像集

> **Définition 3.10** − image réciproque 原像集
>
> Soit $f : E \to F$ une application et soit F' une partie de F. L'ensemble des antécédents par f des éléments de F' est appelé *image réciproque de F' par f* et est notée $f^{-1}(F')$:
>
> $$f^{-1}(F') \stackrel{\text{déf}}{=} \{x \in E \mid f(x) \in F'\}.$$
>
> Autrement dit, pour tout $x \in E$,
>
> $$x \in f^{-1}(F') \iff f(x) \in F'$$
>
> -
>
> 设 $f : E \to F$ 是一个映射，F' 是 F 的一个子集，集合 F' 中每个元素在映射 f 下原像的集合被称作 F' 在 f 下的**原像集**，记作 $f^{-1}(F')$：
>
> $$f^{-1}(F') \stackrel{\text{déf}}{=} \{x \in E \mid f(x) \in F'\}$$
>
> 换言之，对于所有的 $x \in E$，
>
> $$x \in f^{-1}(F') \iff f(x) \in F'$$

Exemple 3.9

Reprenons la fonction f de l'exemple 3.1 p.90.

- si $F' = \{1, 2\}$, alors $f^{-1}(F') = \{1, 2, 3\}$;
- si $F'' = \{5\}$, alors $f^{-1}(F'') = \{4\}$;
- si $F''' = \{3, 4\}$, alors $f^{-1}(F''') = \varnothing$.

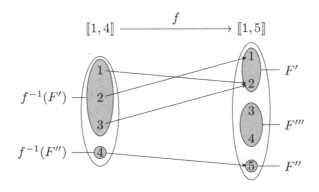

对于例题 3.1 p.90 中的函数 f：

- 如果集合 $F' = \{1, 2\}$，则 F' 的原像集 $f^{-1}(F') = \{1, 2, 3\}$；
- 如果集合 $F'' = \{5\}$，则 F'' 的原像集 $f^{-1}(F'') = \{4\}$；
- 如果集合 $F''' = \{3, 4\}$，则 F''' 的原像集 $f^{-1}(F''') = \varnothing$。

可以发现集合 F''' 的原像集为空集。

Remarque 3.7
Si $y \in F$, alors $f^{-1}(\{y\})$ est l'ensemble des antécédents de y par f, c'est-à-dire l'ensemble des $x \in E$ tels que $f(x) = y$.

如果 $y \in F$，那么 $f^{-1}(\{y\})$ 表示 y 在 f 下所有原像的集合。换言之，由所有满足 $f(x) = y$ 的 $x \in E$ 组成的集合，其中 $\{y\}$ 表示单元数集合。

Proposition 3.4 – propriétés de l'image réciproque 原像的性质

Soit $f : E \to F$ une application et soient F' et F'' deux parties de F. Alors :

1. $f^{-1}(\varnothing) = \varnothing$ et $f^{-1}(\operatorname{Im} f) = E$;
2. si $F' \subset F''$ alors $f^{-1}(F') \subset f^{-1}(F'')$;
3. $f^{-1}(F' \cup F'') = f^{-1}(F') \cup f^{-1}(F'')$;
4. $f^{-1}(F' \cap F'') = f^{-1}(F') \cap f^{-1}(F'')$.

Plus généralement, si $(F_i)_{i \in I}$ est une famille de parties de F alors

$$f^{-1}\left(\bigcup_{i \in I} F_i\right) = \bigcup_{i \in I} f^{-1}(F_i) \qquad \text{et} \qquad f^{-1}\left(\bigcap_{i \in I} F_i\right) = \bigcap_{i \in I} f^{-1}(F_i).$$

设 $f : E \to F$ 是一个映射，F' 和 F'' 是 F 的子集，则有

1. $f^{-1}(\varnothing) = \varnothing$ 和 $f^{-1}(\operatorname{Im} f) = E$;
2. 如果 $F' \subset F''$，那么 $f^{-1}(F') \subset f^{-1}(F'')$;
3. $f^{-1}(F' \cup F'') = f^{-1}(F') \cup f^{-1}(F'')$;
4. $f^{-1}(F' \cap F'') = f^{-1}(F') \cap f^{-1}(F'')$。

更一般地，如果 $(F_i)_{i \in I}$ 是 F 的集族，有

$$f^{-1}\left(\bigcup_{i \in I} F_i\right) = \bigcup_{i \in I} f^{-1}(F_i) \quad \text{和} \quad f^{-1}\left(\bigcap_{i \in I} F_i\right) = \bigcap_{i \in I} f^{-1}(F_i)$$

Démonstration

1. Par définition $f^{-1}(\varnothing) = \{x \in E \mid f(x) \in \varnothing\}$. Or $f(x) \in \varnothing$ est toujours faux donc cet ensemble n'a pas d'élément : $f^{-1}(\varnothing) = \varnothing$.
   On sait déjà que $f^{-1}(\operatorname{Im} f) \subset E$ par définition de l'image réciproque. Soit $x \in E$. On a $f(x) \in \operatorname{Im} f$ donc $x \in f^{-1}(\operatorname{Im} f)$. On a donc $E \subset f^{-1}(\operatorname{Im} f)$ donc $f^{-1}(\operatorname{Im} f) = E$.

2. Soit $x \in f^{-1}(F')$. On a donc $f(x) \in F'$. Or $F' \subset F''$ donc $f(x) \in F''$, ce qui démontre que $x \in f^{-1}(F'')$. On a donc montré que $f^{-1}(F') \subset f^{-1}(F'')$.

3. Soit $x \in E$. On a

$$
\begin{aligned}
x \in f^{-1}(F' \cup F'') &\iff f(x) \in F' \cup F'' \\
&\iff f(x) \in F' \text{ ou } f(x) \in F'' \\
&\iff x \in f^{-1}(F') \text{ ou } x \in f^{-1}(F'') \\
&\iff x \in f^{-1}(F') \cup f^{-1}(F'')
\end{aligned}
$$

   d'où $f^{-1}(F' \cup F'') = f^{-1}(F') \cup f^{-1}(F'')$.

4. Même démonstration que le point précédent, en remplaçant $\cup$ par $\cap$ et « ou » par « et ».

Le cas de la famille $(F_i)_{i \in I}$ est laissé en exercice (voir l'exercice 3.4 p.135).

- -

1. 由定义得 $f^{-1}(\varnothing) = \{x \in E \mid f(x) \in \varnothing\}$。又因为 $f(x) \in \varnothing$ 为假，因此 $f^{-1}(\varnothing)$ 不包含任何元素：即 $f^{-1}(\varnothing) = \varnothing$。
   由原像集定义，可知 $f^{-1}(\operatorname{Im} f) \subset E$。设 $x \in E$，有 $f(x) \in \operatorname{Im} f$，因此 $x \in f^{-1}(\operatorname{Im} f)$，从而有 $E \subset f^{-1}(\operatorname{Im} f)$。证得 $f^{-1}(\operatorname{Im} f) = E$。

2. 设 $x \in f^{-1}(F')$，有 $f(x) \in F'$。又因为 $F' \subset F''$，所以 $f(x) \in F''$，从而有 $x \in f^{-1}(F'')$。证得 $f^{-1}(F') \subset f^{-1}(F'')$。

3. 设 $x \in E$，有

$$
\begin{aligned}
x \in f^{-1}(F' \cup F'') &\iff f(x) \in F' \cup F'' \\
&\iff f(x) \in F' \text{ ou } f(x) \in F'' \\
&\iff x \in f^{-1}(F') \text{ ou } x \in f^{-1}(F'') \\
&\iff x \in f^{-1}(F') \cup f^{-1}(F'')
\end{aligned}
$$

   其中 $f^{-1}(F' \cup F'') = f^{-1}(F') \cup f^{-1}(F'')$。

4. 同样的证明方法，只需要把 $\cup$ 换成 $\cap$ 以及"或"换成"和"。

一般情况下的证明，留作练习，参看习题 3.4 p.135。

3.2.3 Restriction, corestriction et prolongement 限制，共限制与延拓

Définition 3.11 – restriction 限制

Soit $f : E \to F$ une application et soit A une partie de E. La *restriction de f à A* est l'application notée $f|_A$ et définie par

$$
f|_A : \begin{cases} A & \longrightarrow & F \\ x & \longmapsto & f(x). \end{cases}
$$

设 $f : E \to F$ 是一个映射，A 是 E 的一个子集，映射 f 在 A 上的限制映射定义为

$$f|_A : \begin{cases} A & \longrightarrow & F \\ x & \longmapsto & f(x) \end{cases}$$

记作映射 $f|_A$。

On a alors $f|_A(x) = f(x)$ pour tout $x \in A$ mais, attention, $f|_A$ n'est pas définie sur $E \setminus A$.

对于所有的 $x \in A$ 我们有 $f|_A(x) = f(x)$，同时注意映射 $f|_A$ 在集合 $E \setminus A$ 上没有定义。

Définition 3.12 – corestriction 共限制

Soit $f : E \to F$ une application et soit B une partie de F telle que $\operatorname{Im} f \subset B$. La *corestriction de f à B* est l'application notée $f|^B$ et donnée par

$$f|^B : \begin{cases} E & \longrightarrow & B \\ x & \longmapsto & f(x). \end{cases}$$

设 $f : E \to F$ 是一个映射，设 B 是 F 的一个子集，且满足 f 的像集 $\operatorname{Im} f$ 包含于 B 中，即 $\operatorname{Im} f \subset B$。映射 f 关于集合 B 的**共限制映射**定义为

$$f|^B : \begin{cases} E & \longrightarrow & B \\ x & \longmapsto & f(x) \end{cases}$$

记作映射 $f|^B$。

La condition $\operatorname{Im} f \subset B$ est indispensable pour que la corestriction $f|^B$ existe (sinon il existerait $x \in E$ tel que $f(x) \notin B$).

条件 $\operatorname{Im} f \subset B$ 是共限制映射 $f|^B$ 存在的必要条件，否则就会存在 $x \in E$ 使得 $f(x) \notin B$。

On peut à la fois restreindre et corestreindre. Si $f : E \to F$ est une application, A est une partie de E et B une partie de F tel que $f(A) \subset B$, alors on peut

considérer [a]

$$f|_A^B : \begin{cases} A & \longrightarrow & B \\ x & \longmapsto & f(x). \end{cases}$$

Un cas particulier fréquent en mathématiques est le cas où l'on dispose d'une application $f : E \to E$ et d'une partie A de E qui est *stable* par f, c'est-à-dire que $f(A) \subset A$. On peut alors considérer l'application $f|_A^A : A \to A$ vérifiant donc $f|_A^A(x) = f(x) \in A$ pour tout $x \in A$.

---

a. Les opérations de restriction et de corestriction commutent : $(f|_A)|^B = (f|^B)|_A$. On peut donc écrire $f|_A^B$ pour cette application sans ambiguïté.

我们可以对一个映射同时进行限制和共限制。例如设 $f : E \to F$ 是一个映射，A 是 E 的一个子集，B 是 F 的一个子集，且满足 $f(A) \subset B$，那么可以定义

$$f|_A^B : \begin{cases} A & \longrightarrow & B \\ x & \longmapsto & f(x) \end{cases}$$

在数学中一个常见的特殊情况是，映射 $f : E \to E$ 且 A 是 E 的一个子集，如果 $f(A) \subset A$，则称集合 A 在映射 f 下是**稳定的**。因此，对于映射 $f|_A^A : A \to A$，它满足对所有 $x \in A$，满足 $f|_A^A(x) = f(x) \in A$。

Définition 3.13 – prolongement 延拓

Soit $f : E \to F$ une application et soit E' un ensemble tel que $E \subset E'$. Un *prolongement de f* est une application $g : E' \to F$ telle que $g|_E = f$, c'est-à-dire que $f(x) = g(x)$ pour tout $x \in E$.

设 $f : E \to F$ 是一个映射，设 E' 是 E 的一个子集合。f 的**延拓映射**是所有定义在 E' 上的映射 $g : E' \to F$，满足 g 在 E 上的限制映射与 f 相同，即对于所有的 $x \in E$，有 $f(x) = g(x)$。

  En général, il n'y a pas unicité du prolongement !

通常情况下，映射的延拓映射并不唯一。

Exemple 3.10

Considérons la fonction

$$f : \begin{cases} \mathbb{R} & \longrightarrow & \mathbb{R} \\ x & \longmapsto & x^2 \end{cases}$$

déjà étudiée à l'exemple 3.2 p.92.

- La restriction $f|_{\mathbb{R}_+}$ de f à $\mathbb{R}_+$ est la fonction

$$f|_{\mathbb{R}_+} : \begin{cases} \mathbb{R}_+ & \longrightarrow & \mathbb{R} \\ x & \longmapsto & x^2. \end{cases}$$

- Puisque $f(x) = x^2 \geqslant 0$ pour tout $x \in \mathbb{R}$, on a $\operatorname{Im} f \subset \mathbb{R}_+$ (il y a même égalité). On peut donc considérer la corestriction de f à $\mathbb{R}_+$:

$$f|^{\mathbb{R}_+} : \begin{cases} \mathbb{R} & \longrightarrow & \mathbb{R}_+ \\ x & \longmapsto & x^2. \end{cases}$$

- On peut considérer en même temps la restriction à $\mathbb{R}_+$ et la corestriction à $\mathbb{R}_+$:

$$f|^{\mathbb{R}_+}_{\mathbb{R}_+} : \begin{cases} \mathbb{R}_+ & \longrightarrow & \mathbb{R}_+ \\ x & \longmapsto & x^2. \end{cases}$$

- Considérons la fonction nulle sur $\mathbb{R}_+$ donnée par

$$\begin{cases} \mathbb{R}_+ & \longrightarrow & \mathbb{R} \\ x & \longmapsto & 0. \end{cases}$$

Les deux fonctions suivantes sont des prolongements de cette fonction :

$$\begin{cases} \mathbb{R} & \longrightarrow & \mathbb{R} \\ x & \longmapsto & 0 \end{cases} \quad \text{et} \quad \begin{cases} \mathbb{R} & \longrightarrow & \mathbb{R} \\ x & \longmapsto & \begin{cases} 0 & \text{si } x \geqslant 0; \\ x & \text{si } x < 0. \end{cases} \end{cases}$$

- -

考虑映射

$$f : \begin{cases} \mathbb{R} & \longrightarrow & \mathbb{R} \\ x & \longmapsto & x^2 \end{cases}$$

- 映射 f 在 $\mathbb{R}_+$ 上的限制映射 $f|_{\mathbb{R}_+}$ 为

$$f|_{\mathbb{R}_+} : \begin{cases} \mathbb{R}_+ & \longrightarrow & \mathbb{R} \\ x & \longmapsto & x^2 \end{cases}$$

- 由于对于所有 $x \in \mathbb{R}$ 有 $f(x) = x^2 \geqslant 0$，从而有 $\operatorname{Im} f \subset \mathbb{R}_+$。因此 f 在 $\mathbb{R}_+$ 上的共限制映射为：

$$f|^{\mathbb{R}_+} : \begin{cases} \mathbb{R} & \longrightarrow & \mathbb{R}_+ \\ x & \longmapsto & x^2 \end{cases}$$

- 同时对 f 在 $\mathbb{R}_+$ 上限制和 $\mathbb{R}_+$ 上共限制，为

$$f|^{\mathbb{R}_+}_{\mathbb{R}_+} : \begin{cases} \mathbb{R}_+ & \longrightarrow & \mathbb{R}_+ \\ x & \longmapsto & x^2 \end{cases}$$

- 定义在 $\mathbb{R}_+$ 上零函数为

$$\begin{cases} \mathbb{R}_+ & \longrightarrow & \mathbb{R} \\ x & \longmapsto & 0 \end{cases}$$

下面两个函数都是定义在 $\mathbb{R}_+$ 上零函数的延拓

$$\begin{cases} \mathbb{R} & \longrightarrow & \mathbb{R} \\ x & \longmapsto & 0 \end{cases} \quad 和 \quad \begin{cases} \mathbb{R} & \longrightarrow & \mathbb{R} \\ x & \longmapsto & \begin{cases} 0 & 当\ x \geqslant 0 \\ x & 当\ x < 0 \end{cases} \end{cases}$$

3.3 Injection, surjection, bijection 单射，满射，双射

3.3.1 Injection 单射

> **Définition 3.14** – injection 单射
>
> Soit $f : E \to F$ une application. On dit qu'elle est *injective* (ou que c'est une *injection*) si tout élément de F a **au plus** un antécédent, c'est-à-dire
>
> $$\forall x, x' \in E, \quad f(x) = f(x') \implies x = x'.$$
>
> Voir la figure 3.2 p.119.
>
> -
>
> 设 $f : E \to F$ 是一个映射，若 F 中的每个元素最多只有一个原像，则称 f 是单射，即
>
> $$\forall x, x' \in E, \quad f(x) = f(x') \implies x = x'$$

Par contraposée, f est injective si et seulement si

$$\forall x, x' \in E, \quad x \neq x' \implies f(x) \neq f(x')$$

c'est-à-dire que deux éléments différents de E ont des images par f différentes. D'un point de vue calculatoire, une fonction f injective est une fonction que l'on peut « simplifier » dans les calculs : si l'on sait que $f(x) = f(x')$ alors on peut en déduire que $x = x'$.

- -

由逆反命题性质可知，f 是单射当且仅当

$$\forall x, x' \in E, \quad x \neq x' \implies f(x) \neq f(x')$$

换言之，集合中 E 中的两个不同元素在映射 f 下所得到的像是不同的。

> **Méthode 3.2** – démontrer l'injectivité 单射的证明
>
> Il s'agit d'appliquer la méthode 2.2 p.49 à la définition 3.14 p.112.
>
> 1. Pour démontrer qu'une application est injective, on considère deux éléments x et x' de E tels que $f(x) = f(x')$ et on démontre que $x = x'$.
>
> 2. Pour démontrer qu'une application n'est pas injective, on trouve deux éléments x et x' de E tels que $f(x) = f(x')$ mais tels que $x \neq x'$.
>
> -
>
> 应用方法 2.2 p.49 与定义 2.2 p.49 上，不难发现
>
> 1. 证明一个映射是单射，需要证明集合 E 中的任意两个元素 x 和 x' 满足 $f(x) = f(x')$ 时，总是有 $x = x'$。
>
> 2. 证明一个映射不是单射，只需要找出集合 E 中某两个元素 x 和 x' 满足 $f(x) = f(x')$ 时，$x \neq x'$。

Exemple 3.11

- La fonction

$$f : \begin{cases} \mathbb{R} & \longrightarrow & \mathbb{R} \\ x & \longmapsto & 2x - 3 \end{cases}$$

est injective : soient $x, x' \in \mathbb{R}$ tels que $f(x) = f(x')$. On a donc $2x - 3 = 2x' - 3$ d'où $2x = 2x'$ et donc $x = x'$.

- La fonction f de l'exemple 3.1 p.90 n'est pas injective : $f(1) = f(3)$ mais $1 \neq 3$.

- La fonction

$$f : \begin{cases} \mathbb{R} & \longrightarrow & \mathbb{R} \\ x & \longmapsto & x^2 \end{cases}$$

n'est pas injective car $f(-2) = f(2)$ mais $-2 \neq 2$. Par contre, sa restriction à $\mathbb{R}_+$ donnée par

$$\begin{cases} \mathbb{R}_+ & \longrightarrow & \mathbb{R} \\ x & \longmapsto & x^2 \end{cases}$$

est injective : soient $x, x' \in \mathbb{R}_+$ tels que $f(x) = f(x')$. On a donc $x^2 = (x')^2$ d'où $0 = x^2 - (x')^2 = (x + x')(x - x')$ et donc $x' = \pm x$. Or x et x' sont positifs donc nécessairement $x = x'$.

- L'application identité id_E (définition 3.4 p.96) et l'injection canonique $i_{E,F} : E \to F$ (définition 3.5 p.97) sont injectives.
  Par contre, la projection canonique $p_E : E \times F \to E$ (définition 3.7 p.98) n'est pas injective (sauf si F est vide ou est un singleton) car $p_E(x, y) = p_E(x, y') = x$ pour tout $x \in E$ et tous $y, y' \in F$ mais $(x, y) \neq (x, y')$ si $y \neq y'$.

- 映射

$$f : \begin{cases} \mathbb{R} & \longrightarrow & \mathbb{R} \\ x & \longmapsto & 2x - 3 \end{cases}$$

是单射：设 $x, x' \in \mathbb{R}$ 满足 $f(x) = f(x')$。因此有 $2x - 3 = 2x' - 3$，即 $2x = 2x'$，从而有 $x = x'$。

- 在例题 3.1 p.90 中映射 f 不是单射：因为满足 $f(1) = f(3)$，但是 $1 \neq 3$。

- 映射

$$f : \begin{cases} \mathbb{R} & \longrightarrow & \mathbb{R} \\ x & \longmapsto & x^2 \end{cases}$$

不是单射：因为 $f(-2) = f(2)$ 但是 $-2 \neq 2$。另一方面，它限制在 $\mathbb{R}_+$ 上的映射

$$\begin{cases} \mathbb{R}_+ & \longrightarrow & \mathbb{R} \\ x & \longmapsto & x^2 \end{cases}$$

是单射：对任意的 $x, x' \in \mathbb{R}_+$ 满足 $f(x) = f(x')$。因此有 $x^2 = (x')^2$ 即 $0 = x^2 - (x')^2 = (x + x')(x - x')$，得 $x' = \pm x$。又因为 x 和 x' 均为正，所以有 $x = x'$。

- 恒等映射 id_E（定义 3.4 p.96）和标准嵌入映射 $i_{E,F} : E \to F$（定义 3.5 p.97）是单射。

另一方面，标准投影映射 $p_E : E \times F \to E$（定义 3.7 p.98）并不是单射（F 是空集或单元素集合情况除外）。因为，对于所有的 $x \in E$ 有 $p_E(x, y) = p_E(x, y') = x$；另一方面，对于所有的 $y, y' \in F$，当 $y \neq y'$ 时，$(x, y) \neq (x, y')$。

Proposition 3.5 – composition et injectivité 复合与单射

Soient $f : E \to F$ et $g : F \to G$ deux applications.

1. Si f et g sont injectives, alors $g \circ f$ aussi.

2. Si $g \circ f$ est injective, alors f aussi.

设 $f : E \to F$, $g : F \to G$ 是两个映射，则有

1. 如果 f 和 g 是单射，则 $g \circ f$ 也是单射。

2. 如果 $g \circ f$ 是单射，则 f 也是单射。

Démonstration

1. Soient $x, x' \in E$ tels que $(g \circ f)(x) = (g \circ f)(x')$. On a donc $g(f(x)) = g(f(x'))$. Or g est injective donc $f(x) = f(x')$, et f est injective donc $x = x'$. On en déduit que $g \circ f$ est injective.

2. Soient $x, x' \in E$ tels que $f(x) = f(x')$. On a donc $g(f(x)) = g(f(x'))$ d'où $(g \circ f)(x) =$

$(g \circ f)(x')$. Or $g \circ f$ est injective donc $x = x'$. On en déduit que f est injective.

1. 设 $x, x' \in E$，且满足 $(g \circ f)(x) = (g \circ f)(x')$。因此，有 $g(f(x)) = g(f(x'))$。由于 g 是单射，所以 $f(x) = f(x')$；又由于 f 也是单射，所以有 $x = x'$。证得 $g \circ f$ 是单射。

2. 设 $x, x' \in E$，且满足 $f(x) = f(x')$。因此，有 $g(f(x)) = g(f(x'))$ 即 $(g \circ f)(x) = (g \circ f)(x')$。又因为 $g \circ f$ 是单射，所以 $x = x'$，证得 f 是单射。

Remarque 3.8

1. Les restrictions et les corestrictions d'une application injective sont encore injectives.
2. On a vu à la proposition 3.3 p.103 et à l'exemple 3.8 p.105 que l'inclusion $f(E' \cap E'') \subset f(E') \cap f(E'')$ n'est pas toujours une égalité. C'est par contre vrai pour les applications injectives. On peut même démontrer que cela les caractérise. Voir l'exercice 3.11 p.137.

1. 单射的限制映射和共限制映射仍然是单射。
2. 从命题 3.3 p.103 和例题 3.8 p.105 中我们注意到，包含关系 $f(E' \cap E'') \subset f(E') \cap f(E'')$ 并不能满足集合的相等。但对于单射来说，上述命题是正确的，参看习题 3.11 p.137。

3.3.2 Surjection 满射

Définition 3.15 – surjection 满射

Soit $f : E \to F$ une application. On dit qu'elle est *surjective* (ou que c'est une *surjection*) si tout élément de F a **au moins** un antécédent, c'est-à-dire

$$\forall y \in F, \ \exists x \in E, \quad y = f(x).$$

Voir la figure 3.2 p.119. Si c'est le cas, on dit que f est une surjection de E **sur** F.

设 $f : E \to F$ 是一个映射，如果 F 中的每个元素都至少有一个原像，则称 f 是**满射**。换言之

$$\forall y \in F, \ \exists x \in E, \quad y = f(x)$$

Méthode 3.3 – démontrer la surjectivité 满射的证明

Pour démontrer qu'une application $f : E \to F$ est surjective, on considère un élément $y \in F$ quelconque (avec un « soit $y \in F$ », méthode 2.2 p.49) et on démontre qu'il existe $x \in E$ tel que $y = f(x)$ (méthode 2.3 p.50).
Pour démontrer qu'elle n'est pas surjective, on trouve un élément $y \in F$ qui n'a pas d'antécédent par f.

证明映射 $f : E \to F$ 是满射：需要考虑 F 中的任意一个元素 y（参看方法 2.2 p.49），在 E 中总是存在 x 满足 $y = f(x)$（参看方法 2.3 p.50）。

若要证明映射不是满射，则只需要在 F 中找到一个的元素 y，在映射 f 下不存在原像。

Exemple 3.12

- La fonction

$$f : \begin{cases} \mathbb{R} & \longrightarrow & \mathbb{R} \\ x & \longmapsto & 2x - 3 \end{cases}$$

est surjective : soit $y \in \mathbb{R}$. Posons[a] $x = \frac{y+3}{2} \in \mathbb{R}$, on a alors $f(x) = y$. Cela démontre que f est surjective.

- La fonction f de l'exemple 3.1 p.90 n'est pas surjective : 3 n'a aucun antécédent par f.

- L'application identité id_E (définition 3.4 p.96) est surjective.
  L'injection canonique $i_{E,F} : E \to F$ (définition 3.5 p.97) n'est pas surjective sauf si $E = F$.
  La projection canonique $p_E : E \times F \to E$ (définition 3.7 p.98) est surjective (sauf dans le cas où $E \neq \varnothing$ et $F = \varnothing$) : pour tout $x \in E$, on a $x = p_F(x, y)$ avec $y \in F$ quelconque.

---

a. On peut trouver ce x par la méthode d'analyse-synthèse, voir la partie 4.2.3 p.152.

- -

- 映射

$$f : \begin{cases} \mathbb{R} & \longrightarrow & \mathbb{R} \\ x & \longmapsto & 2x - 3 \end{cases}$$

是满射：对任意 $y \in \mathbb{R}$。设 $x = \frac{y+3}{2} \in \mathbb{R}$，因此有 $f(x) = y$。根据定义，f 是满射。

- 例题 3.1 p.90 中 f 不是满射：因此元素 3 在映射 f 下没有原像。

- 恒等映射 id_E（参看定义 3.4 p.96）是满射。
  标准嵌入映射 $i_{E,F} : E \to F$ 不是满射，参看定义 3.5 p.97（$E = F$ 情况除外）。
  另一方面，标准投影映射 $p_E : E \times F \to E$ 是满射，参看定义 3.7 p.98（$E \neq \varnothing$ 且 $F = \varnothing$ 情况除外）。因为对于所有的 $x \in E$，对任意的 $y \in F$，总是有 $x = p_F(x, y)$。

Proposition 3.6 – caractérisation des surjections par leur image
满射像集的性质

Une application $f : E \to F$ est surjective si et seulement si $\mathrm{Im}\, f = F$.

- -

映射 $f : E \to F$ 为满射的充分必要条件是 $\mathrm{Im}\, f = F$。

Démonstration

- Supposons f surjective. On a toujours l'inclusion $\operatorname{Im} f \subset F$ par définition de l'image (définition 3.9 p.101), montrons l'inclusion réciproque. Soit $y \in F$. Par surjectivité de f, il existe $x \in E$ tel que $y = f(x)$. Cela démontre que $y \in \operatorname{Im} f$ donc $F \subset \operatorname{Im} f$ d'où $\operatorname{Im} f = F$.

- Supposons $\operatorname{Im} f = F$. Soit $y \in F$. On a donc $y \in \operatorname{Im} f$, il existe $x \in E$ tel que $y = f(x)$. On en déduit que f est surjective.

Par double implication, f est surjective si et seulement si $\operatorname{Im} f = F$.

- -

- 设 f 是满射。由映射像的定义（定义3.9 p.101），可知包含关系 $\operatorname{Im} f \subset F$。然后需要证明相反的包含关系：设 $y \in F$，因为 f 为满射，所以存在 $x \in E$ 使得 $y = f(x)$。这表明了 $y \in \operatorname{Im} f$，因此 $F \subset \operatorname{Im} f$。由双重包含关系得 $\operatorname{Im} f = F$。

- 设 $\operatorname{Im} f = F$。对任意的 $y \in F$，即 $y \in \operatorname{Im} f$，所以存在 $x \in E$ 满足 $y = f(x)$。因此，f 是满射。

由双重蕴含得 f 是满射的充分必要条件是 $\operatorname{Im} f = F$。

Proposition 3.7 − construction d'une surjection 满射的构建

La corestriction d'une application à son image est surjective : soit $f : E \to F$ une application, alors $f|^{\operatorname{Im} f} : E \to \operatorname{Im} f$ est surjective.

- -

一个映射的共限制映射是满射。设 $f : E \to F$ 是一个映射，则映射 $f|^{\operatorname{Im} f} : E \to \operatorname{Im} f$ 是满射。

Démonstration
On a
$$\operatorname{Im}(f|^{\operatorname{Im} f}) = \left\{ f|^{\operatorname{Im} f}(x) \mid x \in E \right\} = \{ f(x) \mid x \in E \} = \operatorname{Im} f.$$
Ainsi, l'image et l'ensemble de départ de $f|^{\operatorname{Im} f}$ sont égaux, c'est $\operatorname{Im} f$. La proposition 3.6 p.116 démontre alors que $f|^{\operatorname{Im} f}$ est surjective.

- -

首先，我们有
$$\operatorname{Im}(f|^{\operatorname{Im} f}) = \left\{ f|^{\operatorname{Im} f}(x) \mid x \in E \right\} = \{ f(x) \mid x \in E \} = \operatorname{Im} f$$
因此，$f|^{\operatorname{Im} f}$ 的值域和定义域是相同的，即 $\operatorname{Im} f$。由命题3.6 p.116 可知映射 $f|^{\operatorname{Im} f}$ 是满射。

Exemple 3.13
La fonction (voir l'exemple 3.2 p.92)

$$f : \begin{cases} \mathbb{R} & \longrightarrow & \mathbb{R} \\ x & \longmapsto & x^2 \end{cases}$$

n'est pas surjective car -1 n'a aucun antécédent par f (car $f(x) \geqslant 0$ pour tout

$x \in \mathbb{R}$). Par contre, sa corestriction à son image $\mathbb{R}_+$ donnée par

$$\begin{cases} \mathbb{R} & \longrightarrow & \mathbb{R}_+ \\ x & \longmapsto & x^2 \end{cases}$$

est surjective. On le vérifie directement : pour tout $y \in \mathbb{R}_+$, on a $f(\sqrt{y}) = (\sqrt{y})^2 = y$ ce qui démontre que $\sqrt{y}$ est un antécédent de y par f.

映射

$$f : \begin{cases} \mathbb{R} & \longrightarrow & \mathbb{R} \\ x & \longmapsto & x^2 \end{cases}$$

不是满射，因为 -1 在 f 下没有原像。它在 $\mathbb{R}_+$ 上的共限制映射

$$\begin{cases} \mathbb{R} & \longrightarrow & \mathbb{R}_+ \\ x & \longmapsto & x^2 \end{cases}$$

是满射。 因为对于任意的 $y \in \mathbb{R}_+$，有 $f(\sqrt{y}) = (\sqrt{y})^2 = y$，即 $\sqrt{y}$ 是 y 在 f 下的一个原像。

Proposition 3.8 – composition et surjectivité 复合与满射

Soient $f : E \to F$ et $g : F \to G$ deux applications.

1. Si f et g sont surjectives, alors $g \circ f$ aussi.
2. Si $g \circ f$ est surjective, alors g aussi.

- - - - - - - - - -

设 $f : E \to F$ 和 $g : F \to G$ 是两个映射，有

1. 如果 f 和 g 是满射，则 $g \circ f$ 也是满射。
2. 如果 $g \circ f$ 是满射，则 g 也是满射。

Démonstration

1. Soit $z \in G$. Puisque g est surjective, il existe $y \in F$ tel que $z = g(y)$. Or f est surjective donc il existe $x \in E$ tel que $y = f(y)$ d'où $z = g(y) = g(f(x)) = (g \circ f)(x)$. On en déduit que $g \circ f$ est surjective.

2. Soit $z \in G$. Puisque $g \circ f : E \to G$ est surjective, il existe $x \in E$ tel que $(g \circ f)(x) = z$ d'où $g(f(x)) = z$. Posons alors $y = f(x) \in F$. On a donc montré qu'il existe $y \in F$ tel que $g(y) = z$. On en déduit que g est surjective.

- - - - - - - - - -

1. 设 $z \in G$，由于 g 是满射，则存在 $y \in F$ 满足 $z = g(y)$。又因为 f 是满射，则存在 $x \in E$ 满足 $y = f(y)$。 因此 $z = g(y) = g(f(x)) = (g \circ f)(x)$，从而证得 $g \circ f$ 是满射。

2. 设 $z \in G$，由于 $g \circ f : E \to G$ 是满射，则存在 $x \in E$ 满足 $(g \circ f)(x) = z$，因此得 $g(f(x)) = z$。设 $y = f(x) \in F$，那么存在 $y \in F$ 满足 $g(y) = z$，即 g 是满射。

3.3.3 Bijection 双射

> **Définition 3.16** – bijection 双射
>
> Une application $f : E \to F$ est dite *bijective* (ou que c'est une *bijection*) si elle est à la fois injective et surjective.
> Voir la figure 3.2 p.119. Si c'est le cas, on dit que f est bijective de E **sur** F.
>
> - - - - - - - -
>
> 设 $f : E \to F$ 是一个映射，如果它既是单射又是满射，则称 f 是从 E 到 F 的**双射**，也称作**一一映射**。

> **Figure 3.2** – injection, surjection, bijection 单射，满射，双射
>
>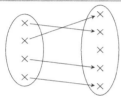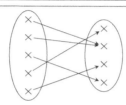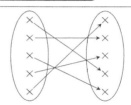
>
> Injection (tout élément de l'ensemble d'arrivée a au plus un antécédent)
>
> Surjection (tout élément de l'ensemble d'arrivée a au moins un antécédent)
>
> Bijection (tout élément de l'ensemble d'arrivée a exactement un antécédent)

Exemple 3.14

- La fonction $f : [\![1,5]\!] \to [\![1,5]\!]$ telle que $f(1) = 4$, $f(2) = 2$, $f(3) = 5$, $f(4) = 3$ et $f(5) = 1$ est bijective : tout élément de $[\![1,5]\!]$ admet un antécédent par f (donc f est surjective) et cet antécédent est unique (donc f est injective).

- Chacune des trois fonctions suivantes

$$\begin{cases} \mathbb{R}_+ \longrightarrow \mathbb{R} \\ x \longmapsto x^2 \end{cases}, \quad \begin{cases} \mathbb{R} \longrightarrow \mathbb{R}_+ \\ x \longmapsto x^2 \end{cases} \quad \text{et} \quad \begin{cases} \mathbb{R}_+ \longrightarrow \mathbb{R}_+ \\ x \longmapsto x^2 \end{cases}$$

  est, respectivement, pas bijective (car pas surjective), pas bijective (car pas injective) et bijective ; voir les exemples 3.11 p.113 et 3.13 p.117.

- - - - - - - -

- 映射 $f : [\![1,5]\!] \to [\![1,5]\!]$ 满足 $f(1) = 4$，$f(2) = 2$，$f(3) = 5$，$f(4) = 3$ 和 $f(5) = 1$，那么它是双射。因为，$[\![1,5]\!]$ 中所有元素在 f 下都存在原像，因此 f 是满射。同时每个原像都是唯一的，因此 f 也是单射。

- 映射

$$\begin{cases} \mathbb{R}_+ \longrightarrow \mathbb{R} \\ x \longmapsto x^2 \end{cases}, \quad \begin{cases} \mathbb{R} \longrightarrow \mathbb{R}_+ \\ x \longmapsto x^2 \end{cases} \text{和} \quad \begin{cases} \mathbb{R}_+ \longrightarrow \mathbb{R}_+ \\ x \longmapsto x^2 \end{cases}$$

其中前两个不是双射（参看例题 3.11 p.113 和 3.13 p.117），第三个是双射。

Proposition 3.9 − caractérisations de la bijectivité 双射的性质

Soit $f : E \to F$ une application. Les propositions suivantes sont équivalentes :

1. f est bijective ;

2. tout élément de F admet un unique antécédent par f, c'est-à-dire :

$$\forall y \in F, \exists! x \in E, \quad y = f(x).$$

3. il existe une application $g : F \to E$ telle que $g \circ f = \mathrm{id}_E$ et $f \circ g = \mathrm{id}_F$.
De plus, si c'est le cas, une telle application g est unique.

- - - - - - - -

设 $f : E \to F$ 是一个映射，下列命题是等价的：

1. f 是双射。

2. 集合 F 中所有元素在映射 f 下只有唯一的原像，换言之：

$$\forall y \in F, \exists! x \in E, \quad y = f(x)$$

3. 存在映射 $g : F \to E$ 满足 $g \circ f = \mathrm{id}_E$ 和 $f \circ g = \mathrm{id}_F$。
此时，映射 g 是唯一的。

Démonstration

$1 \Rightarrow 2$ Soit $y \in F$. Puisque f est bijective, elle est surjective donc il existe $x \in E$ tel que $y = f(x)$ (y admet un antécédent par f). Soit $x' \in E$ un autre antécédent de y par f c'est-à-dire $y = f(x')$. On a donc $f(x) = f(x')$ d'où $x = x'$ car f est injective (car elle est bijective). Ainsi y admet un unique antécédent par f.

$2 \Rightarrow 3$ L'existence d'une telle fonction g sera démontrée plus tard lors de la présentation de la méthode d'analyse-synthèse (exemple 4.13 p.159).

$3 \Rightarrow 1$ Les applications identités sont bijectives. En particulier $g \circ f = \mathrm{id}_E$ est injective donc f est injective (proposition 3.5 p.114) et $f \circ g = \mathrm{id}_F$ est surjective donc f est surjective (proposition 3.8 p.118). L'application f est donc bijective.

L'unicité de l'application g sera aussi démontrée lors de la présentation de la méthode d'analyse-synthèse (exemple 4.13 p.159).

$1 \Rightarrow 2$ 设 $y \in F$，由于 f 是双射，因此它也是满射。那么存在 $x \in E$ 满足 $y = f(x)$。设 $x' \in E$ 是 y 在 f 下的另外一个原像，即 $y = f(x')$，因此有 $f(x) = f(x')$。又因为 f 也是单射，因此有 $x = x'$。因此证得 y 在映射 f 下只有唯一的原像。

$2 \Rightarrow 3$ 在后续学习过程中，我们将用分析综合法来证明函数 g 的存在性，参看例题 4.13 p.159。

$3 \Rightarrow 1$ 由于恒等映射也是双射。特别地，一方面 $g \circ f = \mathrm{id}_E$ 是单射，因此 f 也是单射，参看命题 3.5 p.114；另一方面，$f \circ g = \mathrm{id}_F$ 是满射。因此 f 是满射，参看命题 3.8 p.118。从而证得 f 是双射。

分析综合法也将用来证明函数 g 的唯一性（参看例题 4.13 p.159）。

Définition 3.17 – bijection réciproque 逆映射

Soit $f : E \to F$ une bijection. L'unique application $g : F \to E$ telle que $g \circ f = \mathrm{id}_E$ et $f \circ g = \mathrm{id}_F$ donnée par la proposition 3.9 p.120 est appelée *bijection réciproque* [a] *de* f et est notée f^{-1}. On a alors, pour tout $x \in E$ et tout $y \in F$,

$$y = f(x) \iff x = f^{-1}(y).$$

---

a. On dit parfois simplement « réciproque » au lieu de « bijection réciproque ».

设 $f : E \to F$ 是一个双射，存在唯一的映射 $g : F \to E$，满足 $g \circ f = \mathrm{id}_E$ 和 $f \circ g = \mathrm{id}_F$，映射 g 称为 f 的**逆映射**，并记作 f^{-1}。换言之，对所有的 $x \in E$ 和 $y \in F$，有

$$y = f(x) \iff x = f^{-1}(y)$$

La notion de bijection entre deux ensembles E et F est fondamentale en mathématique. Elle modélise le fait qu'il y a une correspondance « 1 à 1 » [a] entre les éléments de E et les éléments de F : à chaque élément x de E correspond un unique élément $y = f(x)$ de F et réciproquement (à chaque élément y de F correspond un unique élément $x = f^{-1}(y)$ de E). Cela permet donc d'« identifier » chaque élément E avec l'unique élément de F qui lui correspond. Nous verrons des exemples dans la suite de ce livre (par exemple à l'exercice 3.14 p.137).

---

a. « Bijection » se traduit parfois par « one to one correspondance » en anglais.

在数学中，理解两个集合 E 和 F 之间的双射概念是非常重要的。它展现了 E 中的元素与 F 中的元素"一一对应"关系：E 中的每个元素 x 对应于 F 中唯一的元素 $y = f(x)$；反之亦然，F 中的每个元素 y 对应于 E 中唯一的元素 $x = f^{-1}(y)$。因此，我们可以将 E 中的每个元素与 F 中唯一对应的元素"等同"起来。我们将在本书的后续部分给出一些例子（习题 3.14 p.137）。

Méthode 3.4 – démontrer la bijectivité 双射的证明

Pour démontrer qu'une application $f : E \to F$ est bijective, il y a plusieurs méthodes.

- On peut « deviner » une fonction $g : F \to E$ telle que $g \circ f = \mathrm{id}_E$ et $f \circ g = \mathrm{id}_F$, dans ce cas f est bijective et $f^{-1} = g$.

- Pour tout $y \in F$, on démontre que l'équation $y = f(x)$ d'inconnue $x \in E$ admet une unique solution x. Cela démontre d'une part que f est bijective et $f^{-1}(y) = x$.

- On démontre séparément que f est injective (méthode 3.2 p.113) et que f est surjective (méthode 3.3 p.115).

Les deux premières méthodes donne également la réciproque f^{-1} de f, contrairement à la troisième.

- -

证明映射 $f : E \to F$ 是双射，有如下几种常见的方法：

- 设函数 $g : F \to E$，满足 $g \circ f = \mathrm{id}_E$ 且 $f \circ g = \mathrm{id}_F$，此时映射 f 是双射，并且有 $f^{-1} = g$。

- 对于 F 中的每一个元素 y，证明关于未知量 $x \in E$ 的方程 $y = f(x)$ 有唯一的解 x。此时证明了 f 是双射的，并且有 $f^{-1}(y) = x$。

- 先证明 f 是单射（参看方法 3.2 p.113），再证明 f 是满射（参看方法 3.3 p.115）。

前两种方法试图直接找出 f 的逆映射 f^{-1}，而第三种方法则是从定义的角度出发。

Exemple 3.15

- La fonction $f : \mathbb{Z} \to \mathbb{Z}$ définie par $f(n) = n + 1$ pour tout $n \in \mathbb{Z}$ est bijective : en effet en définissant $g : \mathbb{Z} \to \mathbb{Z}$ définie par $g(n) = n - 1$ pour tout $n \in \mathbb{Z}$, on a

$$(f \circ g)(n) = f(g(n)) = f(n - 1) = (n - 1) + 1 = n$$

et

$$(g \circ f)(n) = g(f(n)) = g(n + 1) = (n + 1) - 1 = n$$

pour tout $n \in \mathbb{N}$, ce qui démontre que $f \circ g = g \circ f = \mathrm{id}_{\mathbb{Z}}$ donc que f est bijective et de plus $f^{-1} = g$.

- Soit E un ensemble. On a $\mathrm{id}_E \circ \mathrm{id}_E = \mathrm{id}_E$ ce qui démontre que id_E est bijective et que $(\mathrm{id}_E)^{-1} = \mathrm{id}_E$.

- Montrons que la fonction suivante est bijective et trouvons sa réciproque :

$$f : \left\{ \begin{array}{ccc} \mathbb{R} \setminus \{-1\} & \longrightarrow & \mathbb{R} \setminus \{1\} \\ x & \longmapsto & \dfrac{x - 1}{x + 1}. \end{array} \right.$$

Soit $y \in \mathbb{R} \setminus \{1\}$. Pour tout $x \in \mathbb{R} \setminus \{-1\}$, on a

$$y = f(x) \iff y = \frac{x-1}{x+1} \iff (x+1)\,y = x - 1$$

$$\iff x\,(1-y) = 1+y \iff x = \frac{1+y}{1-y}$$

ce qui démontre que f est bijective, de réciproque

$$f^{-1} : \begin{cases} \mathbb{R} \setminus \{1\} & \longrightarrow & \mathbb{R} \setminus \{-1\} \\ y & \longmapsto & \dfrac{1+y}{1-y}. \end{cases}$$

- Pour démontrer que la fonction $f : \mathbb{R}_+ \to \mathbb{R}_+$ définie par $f(x) = x^2$ pour tout $x \in \mathbb{R}_+$ est bijective, on peut d'abord démontrer qu'elle est injective (même démonstration qu'à l'exemple 3.11 p.113) puis qu'elle est surjective. Pour cela, on a besoin du *théorème des valeurs intermédiaires*. Pour plus de détails, voir le livre « Mathématiques I Fonctions réelles et géométrie ».

- -

- 函数 $f : \mathbb{Z} \to \mathbb{Z}$ 定义为，对于所有的 $n \in \mathbb{Z}$，$f(n) = n + 1$。函数 f 是双射。实际上，只需构造函数 $g : \mathbb{Z} \to \mathbb{Z}$ 为对于所有的 $n \in \mathbb{Z}$，$g(n) = n - 1$。那么对于所有的 $n \in \mathbb{Z}$，有

$$(f \circ g)(n) = f(g(n)) = f(n-1) = (n-1) + 1 = n$$

和

$$(g \circ f)(n) = g(f(n)) = g(n+1) = (n+1) - 1 = n$$

证得 $f \circ g = g \circ f = \mathrm{id}_\mathbb{Z}$。因此 f 为双射且其逆函数为 $f^{-1} = g$。

- 设 E 是一个集合，由 $\mathrm{id}_E \circ \mathrm{id}_E = \mathrm{id}_E$，可知 id_E 是双射且其逆映射为 $(\mathrm{id}_E)^{-1} = \mathrm{id}_E$。

- 证明如下函数为双射，并找出其逆映射：

$$f : \begin{cases} \mathbb{R} \setminus \{-1\} & \longrightarrow & \mathbb{R} \setminus \{1\} \\ x & \longmapsto & \dfrac{x-1}{x+1} \end{cases}$$

设 $y \in \mathbb{R} \setminus \{1\}$，对于所有 $x \in \mathbb{R} \setminus \{-1\}$，有

$$y = f(x) \iff y = \frac{x-1}{x+1} \iff (x+1)\,y = x - 1$$

$$\iff x\,(1-y) = 1+y \iff x = \frac{1+y}{1-y}$$

从而证得 f 是双射，其逆映射为

$$f^{-1} : \begin{cases} \mathbb{R} \setminus \{1\} & \longrightarrow & \mathbb{R} \setminus \{-1\} \\ y & \longmapsto & \dfrac{1+y}{1-y} \end{cases}$$

- 函数 $f : \mathbb{R}_+ \to \mathbb{R}_+$，定义为 $f(x) = x^2$，证明它是双射。首先可以证明它是单射（与例题 3.11 p.113 证明相同），然后证明它是满射。证明过程中需要应用**介值定理**，参看系列教材《高等数学I 法文版》。

本例题中给出了证明双射和求逆映射的方法。

 Cela ne suffit pas d'avoir seulement $g \circ f = \mathrm{id}_E$ ou seulement $f \circ g = \mathrm{id}_F$ pour obtenir la bijectivité, il faut avoir les deux égalités.

若只证明 $g \circ f = \mathrm{id}_E$ 或 $f \circ g = \mathrm{id}_F$ 其中之一并不能证得双射，因此必须同时证得两个等式从而得到双射。

Exemple 3.16
Soit $f : \{1,2,3,4\} \to \{1,2,3\}$ donnée par $f(1) = 1$, $f(2) = 3$, $f(3) = 2$ et $f(4) = 2$. Cette fonction n'est pas injective car $f(3) = f(4)$ mais $3 \neq 4$ donc n'est pas bijective. En posant $g : \{1,2,3\} \to \{1,2,3,4\}$ telle que $g(1) = 1$, $g(2) = 3$ et $g(3) = 2$, on vérifie que $(f \circ g)(n) = n$ pour tout $n \in \{1,2,3\}$ donc $f \circ g = \mathrm{id}_{\{1,2,3\}}$, pourtant f n'est pas bijective.

- -

设 $f : \{1,2,3,4\} \to \{1,2,3\}$，并定义 $f(1) = 1$, $f(2) = 3$, $f(3) = 2$ 和 $f(4) = 2$。函数 f 不是单射，因为有 $f(3) = f(4)$ 但 $3 \neq 4$，因此它也不是双射。
设 $g : \{1,2,3\} \to \{1,2,3,4\}$，并定义 $g(1) = 1$, $g(2) = 3$ 以及 $g(3) = 2$。对于所有 $n \in \{1,2,3\}$，有 $(f \circ g)(n) = n$，即 $f \circ g = \mathrm{id}_{\{1,2,3\}}$，但 f 不是双射。

Remarque 3.9
Pour deux applications $f : E \to F$ et $g : F \to E$, l'égalité $f \circ g = \mathrm{id}_F$ démontre que f est surjective (c'est le cas à l'exemple 3.16 p.124) et l'égalité $g \circ f = \mathrm{id}_E$ démontre que f est injective. Voir l'exercice 3.17 p.138 pour plus de détails.

- -

设 $f : E \to F$ 和 $g : F \to E$ 是两个映射，证明 $f \circ g = \mathrm{id}_F$ 成立，需要证明映射 f 是满射（参看例题 3.16 p.124）；同样地，要证明 $g \circ f = \mathrm{id}_E$，需要证明映射 f 是单射。更多练习，参看习题 3.17 p.138。

À ce stade, pour une application $f : E \to F$, la notation f^{-1} sert à noter deux choses :

1. l'image réciproque $f^{-1}(F') = \{x \in E \mid f(x) \in F'\}$ par f d'une partie F' de F (définition 3.10 p.106) ;

2. la réciproque $f^{-1} : F \to E$ de f dans le cas où f est bijective (définition 3.17 p.121).

Ainsi, dans le cas où f est bijective, écrire $f^{-1}(F')$ est ambigu : parle-t-on de l'image réciproque de F' par f ou bien de l'image directe de F' par f^{-1} ? La proposition suivante démontre que ce sont le même ensemble et donc qu'écrire $f^{-1}(F')$ ne présente aucune ambiguïté.

- -

在本书中，关于映射 $f : E \to F$，写法 f^{-1} 表示如下两种意思：

1. 原像集 $f^{-1}(F') = \{x \in E \mid f(x) \in F'\}$ 表示 F 的子集 F' 在映射 f 下原像的集合（参看定义 3.10 p.106, 这里并不要求 f 是双射）；

2. 当 f 是双射，$f^{-1} : F \to E$ 表示 f 的逆映射（参看定义 3.17 p.121）。

因此，在 f 是双射的情况下，写 $f^{-1}(F')$ 时：我们是在讨论集合 F' 在映射 f 下的原像集，还是映射 f^{-1} 对 F' 的直接像集？下面给出一个新命题，并证明它们是同一个集合，因此在双射情况下，写法 $f^{-1}(F')$ 不会有任何歧义。

Proposition 3.10 – cohérence de la notation f^{-1} 记法的一致性

Soit $f : E \to F$ une bijection et soit F' un sous-ensemble de F. Posons A l'image réciproque de F' par f et B l'image directe de F' par f^{-1}. Alors $A = B$.

- -

设 $f : E \to F$ 是一个双射，F' 是 F 的子集。设集合 A 是 F' 在 f 下的原像集，B 是 F' 在逆映射 f^{-1} 下的像集，则有 $A = B$。

Démonstration
Soit $x \in E$. On a

$$x \in B \iff \exists y \in F', \ x = f^{-1}(y) \iff \exists y \in F', \ y = f(x) \iff f(x) \in F' \iff x \in A$$

donc $A = B$.

- -

证明过程应用集合相等的方法，即证双重包含关系。

 Pour écrire $f^{-1}(y)$ avec $f : E \to F$ et $y \in F$, il est absolument nécessaire que f soit bijective ! Par contre, on peut toujours considérer une image réciproque $f^{-1}(F')$ avec $F' \subset F$ même si f n'est pas bijective.

注意不同写法的含义，在写 $f^{-1}(y)$ 时候，已经隐含了映射 $f : E \to F$ 是双射且 $y \in F$！然而，在写 $F' \subset F$ 在 f 下的原像集 $f^{-1}(F')$ 时，我们对映射 f 本身没有任何要求。

Remarque 3.10
Si $f : E \to F$ est bijective et si y est l'image d'un élément $x \in E$, ne pas confondre l'égalité $x = f^{-1}(y)$ qui est une égalité d'éléments de E avec $\{x\} = f^{-1}(\{y\})$ qui est une égalité de sous-ensembles de E.

如果 $f : E \to F$ 是双射，y 是元素 $x \in E$ 的像，那么 $x = f^{-1}(y)$ 表示元素的相等，而 $\{x\} = f^{-1}(\{y\})$ 表示集合的相等。

Proposition 3.11 – construction d'une bijection 双射的构建

La corestriction d'une injection à son image est bijective : si $f : E \to F$ est injective alors $f|^{\mathrm{Im}\, f} : E \to \mathrm{Im}\, f$ est bijective.

单射像集上的共限制映射是双射：即如果 $f : E \to F$ 是单射，则 $f|^{\mathrm{Im}\, f} : E \to \mathrm{Im}\, f$ 是双射。

Démonstration
L'application $f|^{\mathrm{Im}\, f}$ est à la fois injective (corestriction de l'injection f) et surjective (proposition 3.7 p.117), elle est donc bijective.

映射 $f|^{\mathrm{Im}\, f}$ 即是单射也是满射 （参看命题 3.7 p.117），因此是双射。

Proposition 3.12 – bijectivité de la réciproque 逆映射的双射性

Soit $f : E \to F$ une bijection. Alors $f^{-1} : F \to E$ est une bijection et

$$(f^{-1})^{-1} = f.$$

设 $f : E \to F$ 是一个双射，那么 $f^{-1} : F \to E$ 也是双射，且有

$$(f^{-1})^{-1} = f$$

Démonstration
Par définition de la réciproque, on a $f \circ f^{-1} = \mathrm{id}_F$ et $f^{-1} \circ f = \mathrm{id}_E$. La caractérisation de la bijectivité donnée par le point 3 de la proposition 3.9 p.120 démontre alors que f^{-1} est bijective de réciproque f, d'où le résultat.

因为 $f : E \to F$ 是双射，根据定义有 $f \circ f^{-1} = \mathrm{id}_F$ 和 $f^{-1} \circ f = \mathrm{id}_E$。由命题 3.9 p.120 的第3点结论可知 f^{-1} 是双射且有 $(f^{-1})^{-1} = f$。

Proposition 3.13 – composition de bijection 双射的复合

Soient $f : E \to F$ et $g : F \to G$ deux bijections. Alors $g \circ f : E \to G$ est bijective et
$$(g \circ f)^{-1} = f^{-1} \circ g^{-1}.$$

设 $f : E \to F$ 和 $g : F \to G$ 是双射，则 $g \circ f : E \to G$ 也是双射且有
$$(g \circ f)^{-1} = f^{-1} \circ g^{-1}$$

Démonstration
On a par associativité de la composition (proposition 3.1 p.99) :
$$(f^{-1} \circ g^{-1}) \circ (g \circ f) = f^{-1} \circ (g^{-1} \circ g) \circ f = f^{-1} \circ \mathrm{id}_F \circ f = f^{-1} \circ f = \mathrm{id}_E$$
et on démontre de même que $(g \circ f) \circ (f^{-1} \circ g^{-1}) = \mathrm{id}_F$. Cela démontre que $g \circ f$ est bijective de réciproque $f^{-1} \circ g^{-1}$.
Les propositions 3.5 p.114 et 3.8 p.118 démontrent directement que $g \circ f$ est à la fois injective et surjective donc bijective, mais cela ne nous donne pas la réciproque !

根据复合映射的结合律（参看命题 3.1 p.99），有
$$(f^{-1} \circ g^{-1}) \circ (g \circ f) = f^{-1} \circ (g^{-1} \circ g) \circ f = f^{-1} \circ \mathrm{id}_F \circ f = f^{-1} \circ f = \mathrm{id}_E$$
同样地，有 $(g \circ f) \circ (f^{-1} \circ g^{-1}) = \mathrm{id}_F$。因此证得 $g \circ f$ 是双射且它的逆映射为 $f^{-1} \circ g^{-1}$。

Attention à l'ordre des applications dans la réciproque d'une composée, il est inversé !

注意复合映射的逆映射中的顺序，它们是相反的！

3.4 Compléments 补充

3.4.1 Famille d'éléments et produit cartésien 元素族与笛卡尔积

> **Définition 3.18** – famille d'éléments 元素族
>
> Soient E et I deux ensembles. Une *famille d'éléments de E indexée par I* est une application $x : I \to E$. En posant $x_i = x(i)$ pour tout $i \in I$, on note cette famille $(x_i)_{i \in I}$ au lieu de x. Les x_i sont appelés *éléments* de la famille $(x_i)_{i \in I}$.
>
> -
>
> 设 E 和 I 是两个集合。一个以 I 为索引 E 的**元素族**是一个映射 $x : I \to E$。设对于所有 $i \in I$, $x_i = x(i)$，并记元素族为 $(x_i)_{i \in I}$，其中 x_i 称为 E 的元素族 $(x_i)_{i \in I}$ 一个元素。

Avec cette définition, application et famille désignent le même concept. Cependant, le point de vue « application » se concentre davantage sur l'aspect d'*association* d'un élément avec un autre alors que le point de vue « famille » se concentre davatange sur les images que l'on a indicé par I.

Par exemple, une *suite réelle* est une famille $(u_n)_{n \in \mathbb{N}}$ de nombres réels donc une application $\mathbb{N} \to \mathbb{R}$. Il est plus fructueux de la considérer comme un ensemble de nombres réels $u_0, u_1, u_2, \ldots$ indicés par les entiers naturels, donc une famille plutôt que comme une application même si formellement il s'agit du même objet.

- -

通过族的定义，我们发现映射和族表示的是同一个概念。然而，"映射"更侧重于一个元素与另一个元素的关联的角度。而"族"更侧重于通过索引集 I 索引的像的角度。例如：一个实数列是一个实数的族 $(u_n)_{n \in \mathbb{N}}$，简称实数族，可以看成是一个从自然数到实数的映射 $\mathbb{N} \to \mathbb{R}$。我们也可以将其看成是由自然数集索引的实数集，其元素为 $u_0, u_1, u_2, \ldots$。此时它是一个族，虽然从形式上看它们表示同一个对象。

Remarque 3.11

1. L'indice i dans une famille $(x_i)_{i \in I}$ est une variable muette (voir la partie 2.2.3 p.45).
2. La définition 3.18 p.128 généralise la définition 2.22 p.74 de famille d'ensembles $(A_i)_{i \in I}$. En effet, il suffit de prendre pour E l'ensemble des parties de $\bigcup_{i \in I} A_i$. Ainsi, chaque A_i est un élément de l'ensemble E et la famille $(A_i)_{i \in I}$ est définie comme l'application $I \to E$ qui a tout $i \in I$ associe l'ensemble A_i.

- -

1. 集族 $(x_i)_{i \in I}$ 中索引变量 i 是哑变量。
2. 定义 3.18 p.128 是定义 2.22 p.74 更一般化的形式。实际上，只需要取 E 为 $\bigcup_{i \in I} A_i$ 的所有子集构成的集合。这样，每个 A_i 都是集合 E 的一个元素，而族 $(A_i)_{i \in I}$ 被定义为从

I 到 E 的映射，它将 I 中的每个 i 与集合 A_i 关联起来。

Dans le cas où $I = [\![1, n]\!]$, une famille $(x_i)_{i \in [\![1, n]\!]}$ d'un ensemble E est donc une application $x : I \to E$. Le fait que l'ensemble des indices I soit égal à $[\![1, n]\!]$ donne naturellement une notion d'ordre sur les éléments : x_1, puis x_2, puis x_2, etc. jusqu'à x_n. Cela correspond donc au n-uplet $(x_1, \ldots, x_n)$.

Ainsi, un n-uplet $(x_1, \ldots, x_n)$ de $E_1 \times \cdots \times E_n$ peut-être vu comme une application x définie sur $[\![1, n]\!]$ telle que $x(i) \in E_i$ pour tout $i \in [\![1, n]\!]$ et réciproquement. La proposition suivante formalise cette observation.

- -

在 $I = [\![1, n]\!]$ 的情况下，E 的集族 $(x_i)_{i \in [\![1, n]\!]}$ 可以表示成映射 $x : I \to E$。索引集 I 等于 $[\![1, n]\!]$ 的事实自然地赋予了元素们一个顺序的概念：首先是 x_1，然后是 x_2，接着是 x_3，一直到 x_n。因此，这对应于 n-元组 $(x_1, \ldots, x_n)$。因此，笛卡尔积 $E_1 \times \cdots \times E_n$ 的一个元素 n-元组 $(x_1, \ldots, x_n)$ 可以理解成一个映射 x 定义在出发域 $[\![1, n]\!]$ 上满足对于所有 $i \in [\![1, n]\!]$ 有 $x(i) \in E_i$。

Proposition 3.14 – les n-uplets sont des applications n-元组与映射

Soient $E_1, \ldots, E_n$ des ensembles. Posons $E = E_1 \cup \cdots \cup E_n$ et F l'ensemble des applications $x : [\![1, n]\!] \to E$ telles que $x(i) \in E_i$ pour tout $i \in [\![1, n]\!]$. Alors l'application ϕ suivante est bijective :

$$\phi : \begin{cases} F & \longrightarrow & E_1 \times \cdots \times E_n \\ x & \longmapsto & \big(x(1), \ldots, x(n)\big). \end{cases}$$

- -

设 $E_1, \ldots, E_n$ 为集合，设 $E = E_1 \cup \cdots \cup E_n$，设 F 是对于所有 $i \in [\![1, n]\!]$ 满足 $x(i) \in E_i$ 的映射 $x : [\![1, n]\!] \to E$ 的集合，则如上定义的映射 ϕ 是双射。

Démonstration
Soit

$$\psi : \begin{cases} E_1 \times \cdots \times E_n & \longrightarrow & F \\ \big(x(1), \ldots, x(n)\big) & \longmapsto & \begin{cases} [\![1, n]\!] & \longrightarrow & E \\ i & \longmapsto & x_i. \end{cases} \end{cases}$$

On vérifie alors que $\phi \circ \psi = \mathrm{id}_{E_1 \times \cdots \times E_n}$ et $\psi \circ \phi = \mathrm{id}_F$, ce qui démontre en particulier que ϕ est bijective.

- -

设

$$\psi : \begin{cases} E_1 \times \cdots \times E_n & \longrightarrow & F \\ \big(x(1), \ldots, x(n)\big) & \longmapsto & \begin{cases} [\![1, n]\!] & \longrightarrow & E \\ i & \longmapsto & x_i \end{cases} \end{cases}$$

我们有 $\phi \circ \psi = \mathrm{id}_{E_1 \times \cdots \times E_n}$ 和 $\psi \circ \phi = \mathrm{id}_F$，从而证得 ϕ 是双射。

Cette bijection ϕ nous donne donc une « correspondance 1 à 1 » entre $E_1 \times \cdots \times E_n$ et l'ensemble des applications $x : I \to E_1 \cup \cdots \cup E_n$ tel que $x(i) \in E_i$ pour tout $i \in [\![1, n]\!]$ ce qui nous permet d'identifier ces deux types d'objets via la bijection ϕ de la proposition 3.14 p.129. On peut donc utiliser l'un ou l'autre des deux points de vue selon la situation.

L'avantage de ce nouveau point de vue est qu'il se généralise à des ensembles d'indices I quelconque. En particulier, cela nous permet de généraliser la notion de produit cartésien.

双射 ϕ 体现了集合 $E_1 \times \cdots \times E_n$ 与从 I 到 $E_1 \cup \cdots \cup E_n$ 的全体映射集合之间的"一对一对应"关系，其中对于所有 $i \in [\![1, n]\!]$，有 $x(i) \in E_i$。我们通过命题 3.14 p.129 中的双射 ϕ 来连接两种不同类型的对象。因此，可以根据实际情况，选择使用其中任意一种数学对象。新的角度可以把任意索引集 I 做一般化的推广，特别是笛卡尔积概念的推广。

Définition 3.19 – produit cartésien d'une famille d'ensembles
集族的笛卡尔积

Le *produit cartésien* d'une famille d'ensembles $(A_i)_{i \in I}$ est noté et défini par

$$\prod_{i \in I} A_i \overset{\text{déf}}{=} \left\{ f : I \to \bigcup_{i \in I} A_i \ \middle|\ \forall i \in I, \ f(i) \in A_i \right\}.$$

集族 $(A_i)_{i \in I}$ 的**笛卡尔积**定义如上。

Remarque 3.12

1. Dans la situation d'un produit cartésien de la forme $E^n = E \times \cdots \times E$, la proposition précédente identifie E^n avec l'ensemble des applications de $[\![1, n]\!]$ dans E. On note ainsi $E^{[\![1,n]\!]}$ l'ensemble des applications de $[\![1, n]\!]$ dans E, en référence au produit cartésien E^n. C'est pour cela que, plus généralement, on note F^E l'ensemble des applications de E dans F par analogie.

2. Si l'un des A_i est vide alors $\prod_{i \in I} A_i$ est vide aussi. Si les A_i sont tous non vides, le fait que ce produit cartésien soit non vide, c'est-à-dire qu'il existe une fonction $f : I \to \bigcup_{i \in I} A_i$ telle que $f(i) \in A_i$ pour tout $i \in I$ est un résultat qui ne peut pas être démontré à partir des axiomes de la théorie des ensembles de Zermelo-Fraenkel (celle qu'on utilise en général en mathématiques). On est donc contraint de considérer ce résultat comme un axiome, appelé *axiome du choix*. Cet axiome a beaucoup de conséquences étonnantes mais qui dépasse le cadre de cet ouvrage.

---

1. 在形如 $E^n = E \times \cdots \times E$ 的笛卡尔积的情况下，上述命题将 E^n 与从 $[\![1, n]\!]$ 到 E 的映射集合等同起来。因此，我们记 $E^{[\![1,n]\!]}$ 为从 $[\![1, n]\!]$ 到 E 映射的集合，详见笛卡尔积 E^n。正因如此，通过类比我们记 F^E 为从 E 到 F 映射的集合。

2. 如果 A_i 中的某集合是空集，那么 $\prod_{i \in I} A_i$ 也是空集。如果所有的集合 A_i 都不为空，那么这个笛卡尔积不为空。也就是说，存在一个映射 $f : I \to \bigcup_{i \in I} A_i$ 使得对于所有的

$i \in I$, $f(i) \in A_i$。这个事实不能从数学中常用的 Zermelo-Fraenkel 集合论公理中来证明。因此，我们被迫将这个结果视为一个公理，称作**选择公理**。

3.4.2 Le théorème de Cantor 康托尔定理

> **Théorème 3.1** – de Cantor 康托尔定理
>
> Soit E un ensemble. Il n'existe pas de surjection de E sur $\mathscr{P}(E)$.
>
> -
>
> 设 E 是一个集合，则不存在从 E 到 $\mathscr{P}(E)$（即 E 的幂集）的满射。

Démonstration

On fait un raisonnement par l'absurde (voir la partie 4.2.1 p.142) en supposant qu'il existe une surjection $f : E \to \mathscr{P}(E)$. Considérons

$$D = \{x \in E \mid x \notin f(x)\}$$

qui est un sous-ensemble de E donc un élément de $\mathscr{P}(E)$. Puisque f est surjective, il existe $x \in E$ tel que $f(x) = D$. Il y a alors deux cas possibles :

- si $x \in D$, alors $x \notin f(x) = D$, c'est absurde ;
- si $x \notin D$ alors $x \in f(x) = D$, absurde également.

Il n'existe donc pas une telle surjection $f : E \to \mathscr{P}(E)$.

- -

反证法（参见方法 4.2.1 p.142）证明。假设存在这样的一个满射 $f : E \to \mathscr{P}(E)$。设

$$D = \{x \in E \mid x \notin f(x)\}$$

它是 E 的一个子集，也是 $\mathscr{P}(E)$ 的一个元素。由于 f 是满射，因此存在 $x \in E$ 满足 $f(x) = D$，则存在如下两种情况：

- 如果 $x \in D$，则 $x \notin f(x) = D$，矛盾；
- 如果 $x \notin D$，则 $x \in f(x) = D$，矛盾。

因此，不存在 $f : E \to \mathscr{P}(E)$ 这样的满射。

Ce théorème exprime l'idée que l'ensemble des parties $\mathscr{P}(E)$ d'un ensemble E est toujours strictement plus « gros » que E.

Cela se comprend bien dans le cas où E est fini de cardinal n. Dans ce cas, $\mathscr{P}(E)$ est aussi fini, de cardinal 2^n (proposition 6.14 p.228). Or, $2^n > n$ pour tout entier naturel n (exercice 4.3 p.165) ce qui d'une part illustre que $\mathscr{P}(E)$ est strictement plus « gros » que E et d'autre part qu'il ne peut exister une surjection de E sur $\mathscr{P}(E)$ (toujours par la proposition 6.14 p.228).

Nous discuterons de cette idée plus en détails au chapitre 6.

- -

这个定理表达了集合 E 的所有子集构成的集合 $\mathscr{P}(E)$ 总是严格大于 E 的"大小"。

当 E 是基数为 n 有限集，此时 $\mathscr{P}(E)$ 也是有限集，其基数为 2^n（参看命题 6.14 p.228）。又因为，对所有得自然数 n，总是有 $2^n > n$（参看习题 4.3

p.165），可以看出 $\mathscr{P}(E)$ 严格大于 E 的"大小"，这说明了不存在从 E 到 $\mathscr{P}(E)$ 的满射。

在第六章节中，我们将进一步展开讨论。

Remarque 3.13

1. Il existe toujours des injections de E dans $\mathscr{P}(E)$, par exemple $x \mapsto \{x\}$.
2. La démonstration est très proche de l'idée du paradoxe de Russel (voir la remarque 2.5 p.37).

- -

1. 从 E 到 $\mathscr{P}(E)$ 的单射总是存在的，如 $x \mapsto \{x\}$。
2. 证明过程与罗素悖论（或著名的理发师悖论）的叙述有着异曲同工之处，参看注释 2.5 p.37。

3.4.3 Le théorème de Cantor-Bernstein 康托尔-伯恩施坦定理

Théorème 3.2 – de Cantor-Bernstein 康托尔-伯恩施坦定理

Soient E et F deux ensembles tels qu'il existe une injection $E \to F$ et une injection $F \to E$. Alors il existe une bijection de E sur F.

- -

设 E 和 F 是两个集合，且集合 E 和 F 之间存在 $E \to F$ 和 $F \to E$ 两个单射，那么存在一个从 E 到 F 双射。

La démonstration de ce théorème est un peu délicate. Nous en donnons une ici, voir l'exercice 3.18 p.138 pour une autre démonstration.

- -

本定理的证明相对复杂。这里，我们给出了一种证明方法；同时，在习题 3.18 p.138 中也给出了另一种证明方法的思路。

Remarque 3.14

Si E et F sont finis, le théorème de Cantor-Bernstein est facile à démontrer : les deux injections $E \to F$ et $F \to E$ nous donnent les inégalités $\operatorname{card} E \leqslant \operatorname{card} F$ et $\operatorname{card} F \leqslant \operatorname{card} E$ (voir la proposition 6.8 p.217) donc $\operatorname{card} E = \operatorname{card} F$. Les ensembles E et F sont alors en bijection puisque tous deux en bijection avec $[\![1, \operatorname{card} E]\!]$ (voir le chapitre 6 pour les détails).

如果集合 E 和 F 是有限集，则定理非常容易证明：从 $E \to F$ 和 $F \to E$ 是单射中，可知 $\operatorname{card} E \leqslant \operatorname{card} F$ 和 $\operatorname{card} F \leqslant \operatorname{card} E$，从而有 $\operatorname{card} E = \operatorname{card} F$。由命题 6.8 p.217 可知集合 E 和 F 之间存在双射。

Commençons la démonstration du théorème de Cantor-Bernstein par un lemme.

- -

为证明康托尔-伯恩施坦定理，我们首先介绍如下引理。

Lemme 3.1

Soit E un ensemble. S'il existe une partie A de E et une application $f : E \to A$ injective, alors il existe une application $g : E \to A$ bijective.

设 E 是一个集合，如果存在 E 的子集 A 满足映射 $f : E \to A$ 为单射，则存在映射 $g : E \to A$ 为双射。

Démonstration (du lemme 3.1 p.133)
On va définir une famille $(C_n)_{n \in \mathbb{N}}$ de parties de E en posant

$$C_0 \overset{\text{déf}}{=} E \setminus A \quad \text{et,} \quad \text{pour tout } n \in \mathbb{N}, \quad C_{n+1} \overset{\text{déf}}{=} f(C_{n-1}).$$

On pose

$$C \overset{\text{déf}}{=} \bigcup_{n \in \mathbb{N}} C_n$$

et on considère l'application

$$g : \begin{cases} E & \longrightarrow & A \\ x & \longmapsto & \begin{cases} f(x) & \text{si } x \in C ; \\ x & \text{si } x \notin C. \end{cases} \end{cases}$$

Remarquons tout d'abord que g est bien définie : si $x \in E$ alors ou bien $x \in C$ et alors $g(x) = f(x) \in A$, ou bien $x \notin C$ donc en particulier $x \notin C_0 = E \setminus A$ donc $g(x) = x \in A$.

- Montrons que g est injective. Soient x et x' dans E tels que $g(x) = g(x')$. Distinguons trois cas :
  1. Si $x \notin C$ et $x' \notin C$, alors $g(x) = x$ et $g(x') = x'$ donc $x = x'$.
  2. Supposons maintenant que $x \in C$ et $x' \notin C$. Il existe $n \in \mathbb{N}$ tel que $x \in C_n$ et $g(x') = x'$. On a donc $x' = g(x') = g(x) \in f(C_n) = C_{n+1}$ ce qui contredit $x' \notin C$. Il n'est donc pas possible que $x \in C$ et $x' \notin C$. De même, $x \notin C$ et $x' \in C$ est impossible.
  3. Supposons enfin que $x \in C$ et $x' \in C$. On a alors $g(x) = f(x)$ et $g(x') = f(x')$. L'injectivité de f donne alors $x = x'$.

  On a donc montré dans tous les cas que $x = x'$ donc g est injective.

- Montrons que g est surjective. Soit $y \in A$. Distinguons deux cas.
  1. Si $y \in C$, alors il existe $n \in \mathbb{N}$ tel que $y \in C_n$. On ne peut pas avoir $n = 0$ car $C_0 = E \setminus A$ et on a $y \in A$. On a donc $y \in C_n = f(C_{n-1})$. Il existe donc $x \in C_{n-1} \subset C \subset E$ tel que $y = f(x) = g(x)$.
  2. Si $y \notin C$, on a $g(y) = y$. On pose alors $x = y \in E$.

  On a donc montré dans tous les cas qu'il existe $x \in E$ tel que $y = g(x)$, ce qui démontre que g est surjective.

首先构建 E 的集族 $(C_n)_{n \in \mathbb{N}}$：

$$C_0 \overset{\text{déf}}{=} E \setminus A \quad \text{和} \quad \text{对于所有 } n \in \mathbb{N}, \quad C_{n+1} \overset{\text{déf}}{=} f(C_{n-1}).$$

记

$$C \overset{\text{déf}}{=} \bigcup_{n \in \mathbb{N}} C_n$$

考虑映射

$$g : \begin{cases} E & \longrightarrow & A \\ x & \longmapsto & \begin{cases} f(x) & \text{当 } x \in C \\ x & \text{当 } x \notin C \end{cases} \end{cases}$$

首先映射 g 是良定义的：若 $x \in E$，要么 $x \in C$ 得 $g(x) = f(x) \in A$；要么 $x \notin C$，有 $x \notin C_0 = E \setminus A$。因此 $g(x) = x \in A$。

- 证明 g 是单射。设 E 中元素 x 和 x' 满足 $g(x) = g(x')$，分三种情况讨论：
  1. 若 $x \notin C$ 和 $x' \notin C$，则 $g(x) = x$ 和 $g(x') = x'$，因此有 $x = x'$。
  2. 若 $x \in C$ 和 $x' \notin C$，则 $n \in \mathbb{N}$ 满足 $x \in C_n$ 和 $g(x') = x'$。从而有 $x' = g(x') = g(x) \in f(C_n) = C_{n+1}$ 这和 $x' \notin C$ 矛盾。因此，不会出现 $x \in C$ 和 $x' \notin C$ 的情况。同样，$x \notin C$ 和 $x' \in C$ 也不可能。
  3. 若 $x \in C$ 和 $x' \in C$，则有 $g(x) = f(x)$ 和 $g(x') = f(x')$，由 f 是单射的性质得 $x = x'$。

  在三种情况下，我们都有 $x = x'$，因此 g 是单射。

- 证明 g 是满射。设 $y \in A$，分两种情况讨论：
  1. 若 $y \in C$，则存在 $n \in \mathbb{N}$ 满足 $y \in C_n$；不存在 $n = 0$，因为 $C_0 = E \setminus A$。另一方面，因为 $y \in A$，从而得 $y \in C_n = f(C_{n-1})$。因此存在 $x \in C_{n-1} \subset C \subset E$ 满足 $y = f(x) = g(x)$（逆否命题）。
  2. 若 $y \notin C$，则 $g(y) = y$，此时设 $x = y \in E$。

  我们证明了在不同情况下，总是存在 $x \in E$ 满足 $y = g(x)$，从而证得 g 是满射。

Démonstration (du théorème 3.2 p.132)

Posons $u = g \circ f$ qui est injective par composition (proposition 3.5 p.114) et $A = \operatorname{Im} g \subset E$. Alors $u|^A : E \to A$ est injective par corestriction. Le lemme 3.1 p.133 démontre alors qu'il existe une bijection $u : E \to A$. Puisque g est injective alors $g|^A$ est une bijection de F sur A (proposition 3.11 p.126). Par composition, $(g|^A)^{-1} \circ u$ est une bijection de E sur F (proposition 3.13 p.127).

设 $u = g \circ f$，由命题 3.5 p.114 可知 u 为单射；设 $A = g(E) \subset E$，由共限制映射可知 $u|^A : E \to A$ 单射；由引理 3.1 p.133 可知存在一个双射 $u : E \to A$。因为 g 是单射，所以 $g|^A$ 是从 F 到 A 的双射（参看命题 3.11 p.126）。由映射的复合可知 $(g|^A)^{-1} \circ u$ 是从 E 到 F 的双射（参看命题3.13 p.127）。

3.5   Exercices 习题

Les questions et exercices ayant le symbole ♠ sont plus difficiles.

带有 ♠ 符号的习题有一定难度。

Exercice 3.1. Les fonctions suivantes sont-elles injectives ? Surjectives ? Bijectives ?

1. $f : \mathbb{N} \to \mathbb{N}$ donnée par $n \mapsto n + 1$
2. $g : \mathbb{Z} \to \mathbb{N}$ donnée par $n \mapsto n + 1$

3. $h : \mathbb{N} \to \mathbb{N}$ définie par :

$$\forall n \in \mathbb{N}, \quad h(n) = \begin{cases} 2p & \text{s'il existe } p \in \mathbb{N} \text{ tel que } n = 3p\,; \\ 4p + 1 & \text{s'il existe } p \in \mathbb{N} \text{ tel que } n = 3p + 1\,; \\ 4p + 3 & \text{s'il existe } p \in \mathbb{N} \text{ tel que } n = 3p + 2. \end{cases}$$

À noter que, pour tout $n \in \mathbb{N}$, l'entier p associé existe et est unique (division euclidienne de n par 3, voir la définition 4.5 p.164. Cela montre que h est bien définie.

4. (♠) $\phi : \begin{cases} \mathbb{Z} \times \mathbb{N}^* & \longrightarrow & \mathbb{Q} \\ (p, q) & \longmapsto & p + \frac{1}{q}. \end{cases}$

Exercice 3.2. Les fonctions suivantes sont-elles injectives ? Surjectives ? Bijectives ?

1. $f : \mathbb{R}^2 \to \mathbb{R}$ donnée par $(x, y) \mapsto 2y$;
2. $g : \mathbb{R}^2 \to \mathbb{R}^3$ donnée par $(x, y) \mapsto (1, x - y, y)$;
3. $h : \mathbb{R}^2 \to \mathbb{R}^2$ donnée par $(x, y) \mapsto (2x + y, 3x - 2y)$;
4. $i : \mathbb{R}^3 \to \mathbb{R}^3$ donnée par $(x, y, z) \mapsto (x + y + z, x - y - z, x)$.

Exercice 3.3.

1. Soit $f : \left(\mathbb{R}_+^*\right)^2 \to \mathbb{R}_+^*$ donnée par $(x, y) \mapsto \frac{2x + 3y}{x + y}$.
   (a) Démontrer que f est bien définie.
   (b) La fonction f est-elle injective ?
   (c) Déterminer l'image de la fonction f. Est-elle surjective ?

2. Soit $g : \left(\mathbb{R}_+^*\right)^2 \to \left(\mathbb{R}_+^*\right)^2$ donnée par $(x, y) \mapsto \left(\frac{x + y}{2}, \frac{2xy}{x + y}\right)$.
   (a) Démontrer que g est bien définie.
   (b) La fonction g est-elle injective ?
   (c) Déterminer son image. Est-elle surjective ?
   (d) Déterminer $g^{-1}\left(\{(3, 2)\}\right)$.

3. Soit $h : \mathbb{R}^2$ dans $\mathbb{R}^2$ donnée par $(x, y) \mapsto \left(2x + y, x^2 + y\right)$.
   (a) L'application f est-elle injective ?
   (b) Démontrer que $f|_{[1, +\infty[\times \mathbb{R}}$ est bijective de $[1, +\infty[\times \mathbb{R}$ sur son image (à préciser).

Exercice 3.4. Démontrer les résultats sur les familles des points 4 des propositions 3.3 p.103 et 3.4 p.107.

Exercice 3.5. Soient $f : E \to E$ et $g : E \to E$ deux applications. Démontrer que si $f \circ g \circ f$ est bijective, alors f et g sont aussi bijectives.

Exercice 3.6. Soit E un ensemble. On rappelle que $\mathbb{1}_A$, où A est une partie de E, est la *fonction indicatrice* de A (définition 3.6 p.97).

1. Déterminer $\mathbb{1}_\varnothing$ et $\mathbb{1}_E$.

2. Soient A et B deux parties de E. Démontrer que :

    (a) pour tout $x \in E$, $\mathbb{1}_{\overline{A}}(x) = 1 - \mathbb{1}_A(x)$;

    (b) $A \subset B$ si et seulement si, pour tout $x \in E$, $\mathbb{1}_A(x) \leqslant \mathbb{1}_B(x)$;

    (c) pour tout $x \in E$, $\mathbb{1}_{A \cap B}(x) = \mathbb{1}_A(x)\,\mathbb{1}_B(x)$; en déduire que A et B sont disjoints (c'est-à-dire $A \cap B = \varnothing$) si et seulement si, pour tout $x \in E$, $\mathbb{1}_A(x)\,\mathbb{1}_B(x) = 0$;

    (d) pour tout $x \in E$, $\mathbb{1}_{A \cup B}(x) = \mathbb{1}_A(x) + \mathbb{1}_B(x) - \mathbb{1}_A(x)\,\mathbb{1}_B(x)$.

3. Soient $A_1, \ldots, A_n$ des parties de E. Démontrer qu'elles forment une partition de E si et seulement si, pour tout $x \in E$, $\mathbb{1}_{A_1}(x) + \cdots + \mathbb{1}_{A_n}(x) = 1$.

4. On rappelle (voir l'exercice 2.13 p.84) que la *différence symétrique* de A et de B, notée $A \,\Delta\, B$, est définie par

$$A \,\Delta\, B \stackrel{\text{déf}}{=} (A \cup B) \setminus (A \cap B).$$

    (a) Démontrer que, pour tout $x \in E$, $\mathbb{1}_{A \,\Delta\, B}(x) = \mathbb{1}_A(x) + \mathbb{1}_B(x) - 2\,\mathbb{1}_A(x)\,\mathbb{1}_B(x)$.

    (b) Retrouver alors les résultats des questions 2, 3 et 4 de l'exercice 2.13 p.84 à l'aide des fonctions indicatrices.

Exercice 3.7. Soit $f : E \to E$ une bijection et soit

$$\Phi_f : \begin{cases} E^E & \longrightarrow & E^E \\ \phi & \longmapsto & f \circ \phi \circ f^{-1}. \end{cases}$$

1. Montrer que Φ_f est bijective.

2. Soit $g : E \to E$ une bijection. Calculer $\Phi_f \circ \Phi_g$.

3. Soient $\phi : E \to E$ et $\psi : E \to E$ deux applications.

    (a) Calculer $\Phi_f(\phi) \circ \Phi_f(\psi)$.

    (b) Montrer que si ϕ est injective alors $\Phi_f(\phi)$ l'est aussi.

    (c) Montrer que si ψ est surjective alors $\Phi_f(\psi)$ l'est aussi.

    (d) On suppose que ϕ est bijective. Calculer $(\Phi_f(\phi))^{-1}$.

Exercice 3.8. Soit $f : E \to F$ une application.

1. Démontrer que, pour toute partie B de F, $f\big(f^{-1}(B)\big) = B \cap f(E)$. Que

se passe-t-il si f est surjective ?

2. Démontrer que, pour toute partie A de E, $A \subset f^{-1}\big(f(A)\big)$.

3. Démontrer que f est injective si et seulement si, pour toute partie A de E, $A = f^{-1}\big(f(A)\big)$.

Exercice 3.9. Soit $f : E \to F$ une application. Démontrer que la famille $(f^{-1}(\{y\}))_{y \in F}$ est une partition de E si et seulement si f est surjective.

Exercice 3.10. Soit E un ensemble et soit $A \subset E$ une partie de E. Démontrer que l'application ϕ suivante est bijective :

$$\phi : \begin{cases} \mathscr{P}(E) & \longrightarrow & \mathscr{P}(E) \\ A & \longmapsto & \overline{A}. \end{cases}$$

Exercice 3.11. Soit $f : E \to F$ une application. Démontrer que f est injective si et seulement si, pour toutes parties A et B de E, on a $f(A \cap B) = f(A) \cap f(B)$.

Exercice 3.12. Soit $f : E \to E$ une application.

1. On suppose que $f \circ f \circ f = f$. Démontrer que f est injective si et seulement si elle est surjective.

2. On suppose que $f \circ f = f$. Démontrer que si f est injective ou est surjective, alors $f = \mathrm{id}_E$.

Exercice 3.13. Soit $f : E \to F$ une application. Démontrer que f est bijective si et seulement si, pour toute partie A de E, on a $f\big(\overline{A}\big) = \overline{f(A)}$.

Exercice 3.14. Soient A, B et C trois ensembles. Démontrer qu'il existe une bijection entre chacun des trois ensembles $A \times (B \times C)$, $(A \times B) \times C$ et $A \times B \times C$. *Cela justifie donc les observations faites à la remarque 2.14 p.73 où l'on « identifie » $((a,b),c)$, $(a,(b,c))$ et (a,b,c). Voir également la discussion après la définition 3.17 p.121.*

Exercice 3.15. Soit $f : E \to F$ une application et soient

$$\phi : \begin{cases} \mathscr{P}(E) & \longrightarrow & \mathscr{P}(F) \\ A & \longmapsto & f(A) \end{cases} \qquad \text{et} \qquad \psi : \begin{cases} \mathscr{P}(F) & \longrightarrow & \mathscr{P}(E) \\ B & \longmapsto & f^{-1}(B). \end{cases}$$

1. Démontrer que f est injective si et seulement si ϕ est injective si et seulement si ψ est surjective.

2. Démontrer que f est surjective si et seulement si ϕ est surjective si et

seulement si ψ est injective.

Exercice 3.16 (♠). Soit $f : E \to F$ une application.

1. Démontrer que f est surjective si et seulement si f est *inversible à droite* c'est-à-dire qu'il existe une application $g : F \to E$ tel que $f \circ g = \mathrm{id}_F$ et que, si c'est le cas, g est injective.

2. Démontrer que f est injective si et seulement si $E = \varnothing$ ou f est *inversible à gauche* c'est-à-dire qu'il existe une application $g : F \to E$ tel que $g \circ f = \mathrm{id}_E$ et que, si c'est le cas, g est surjective.

Exercice 3.17 (♠).

1. Soient $f : F \to E$ et $g : G \to E$ deux applications. Donner une condition nécessaire et suffisante pour qu'il existe $h : G \to F$ tel que $g = f \circ h$. À quelle condition h est-elle unique ?

2. Soient $f : E \to F$ et $g : E \to G$ deux applications. Donner une condition nécessaire et suffisante pour qu'il existe $h : F \to G$ tel que $f = h \circ f$. À quelle condition h est-elle unique ?

Exercice 3.18 (♠). Le but de cet exercice est de proposer une autre démonstration du théorème de Cantor-Bernstein (théorème 3.2 p.132).
Soient deux injections $f : E \to F$ et $g : F \to E$.

1. Soit $\phi : \mathscr{P}(E) \to \mathscr{P}(E)$ une application *croissante*, c'est-à-dire que pour toutes parties A et B de E telles que $A \subset B$, alors $\phi(A) \subset \phi(B)$. On définit

$$S \overset{\text{déf}}{=} \{A \in \mathscr{P}(E) \mid \phi(A) \subset A\} \qquad \text{et} \qquad I \overset{\text{déf}}{=} \bigcap_{A \in S} A.$$

   (a) Démontrer que S est non vide.
   (b) Démontrer que $\phi(I) \subset I$.
   (c) Démontrer que $\phi(E) \in I$.
   (d) En déduire que $\phi(I) = I$.

2. Soit

$$\phi : \left\{ \begin{array}{ccc} \mathscr{P}(E) & \longrightarrow & \mathscr{P}(E) \\ A & \longmapsto & E \setminus \big(g\big(F \setminus f(A)\big)\big). \end{array} \right.$$

   Il est vivement conseillé de faire un schéma pour comprendre l'ensemble $E \setminus \big(g(F \setminus f(A))\big)$.
   Montrer qu'il existe $I \in \mathscr{P}(E)$ tel que $\psi(I) = I$.

3. Montrer que $f|_I^{f(I)} : I \to f(I)$ est bien définie et bijective.

4. Soit $J = F \setminus f(I)$.

(a) Quel est l'ensemble $g(J)$?

(b) Montrer que $g|_J^{E\setminus I} : J \to E \setminus I$ est bien définie et bijective.

5. Construire à l'aide de $f|_I^{f(I)}$ et de $g|_J^{E\setminus I}$ une bijection de E sur F.

Chapitre 4

Méthodes de démonstration
数学证明方法

Nous avons déjà vu lors des trois premiers chapitres de nombreuses méthodes de démonstrations. Ce court chapitre en présente trois autres : le raisonnement par l'absurde, par récurrence et par analyse-synthèse.
Beaucoup d'exemples de ce chapitre et d'exercices utilisent quelques définitions d'arithmétique. Elles sont données en fin de chapitre.

在前三章中，我们探讨了一些基础的数学证明技巧。本章，我们将深入介绍另外三种常用的数学证明方法：反证法、归纳法和综合分析法。由于本章中的许多例题和练习都涉及到算术的基本概念，我们也会简要回顾算术的定义及其性质。

4.1 Récapitulatif des méthodes déjà vues 已学方法的概述

Chapitre 1 : calcul des propositions 第一章节：命题逻辑

- Démontrer une conjonction P et Q : méthode 1.1 p.21
  证明合取命题 P et Q：方法 1.1 p.21

- Démontrer une implication $P \implies Q$: méthode 1.2 p.21
  证明蕴含式 $P \implies Q$：方法 1.2 p.21

- Démontrer une équivalence $P \iff Q$: méthode 1.3 p.22
  证明等价命题 $P \iff Q$：方法 1.3 p.22

- Distinction de cas : méthode 1.4 p.25
  分类讨论：方法 1.4 p.25

Chapitre 2 : théorie des ensembles 第二章节：集合论

- Obtenir la négation d'une proposition avec des quantificateurs : méthode 2.1 p.48
  命题中量词的否定方法：方法 2.1 p.48
- Démontrer une proposition universelle « pour tout ∀... » : méthode 2.2 p.49
  证明全称命题" pour tout ∀... "：方法 2.2 p.49
- Démontrer une proposition existentielle « il existe ∃... » : méthode 2.3 p.50
  证明存在量词命题" il existe ∃... "：方法 2.3 p.50
- Démontrer l'unicité d'un objet vérifiant une proposition : méthode 2.4 p.50
  证明唯一性方法：方法 2.4 p.50
- Démontrer une inclusion d'ensembles $A \subset B$: méthode 2.5 p.53
  证明集合的包含关系 $A \subset B$：方法 2.5 p.53
- Démontrer une égalité d'ensembles $A = B$: méthode 2.6 p.55
  证明集合的相等 $A = B$：方法 2.6 p.55

Chapitre 3 : applications et fonctions 第三章节：映射与函数

- Démontrer que deux applications/fonctions sont égales : méthode 3.1 p.94
  证明映射或函数的相等：方法 3.1 p.94
- Démontrer qu'une application/fonction est injective : méthode 3.2 p.113
  证明单射方法：方法 3.2 p.113
- Démontrer qu'une application/fonction est surjective : méthode 3.3 p.115
  证明满射方法：方法 3.3 p.115
- Démontrer qu'une application/fonction est bijective : méthode 3.4 p.122
  证明双射方法：方法 3.4 p.122

4.2 Trois autres méthodes de raisonnement 其他常用证明方法

4.2.1 Le raisonnement par l'absurde 反证法

Soit P une proposition. Pour la démontrer, le *raisonnement par l'absurde* consiste à supposer non P puis démontrer une proposition fausse appelée *contradiction*. On en déduit alors que P est vraie.

- -

设 P 是一个命题，反证法证明步骤主要为先假设 non P，然后证明出一个"矛盾"的结果，由此可推出 P 为真。

On rédige un raisonnement par l'absurde de la façon suivante :
1. on commence par : « Par l'absurde, supposons non P » ;

2. en utilisant non P, on démontre une proposition qui est fausse et on dit que c'est une *contradiction* ou que c'est *absurde* ;

3. on conclut que P est vraie.

- -

反证法的步骤为：

1. 从"声明使用反证法证明，假设 non P "开始；

2. 在 non P 的条件下，我们得出一个假命题或矛盾的结果，并称其为**矛盾**或**荒谬**；

3. 总结：命题 P 为真。

Exemple 4.1

Soit x un nombre réel tel que $x^2 = 0$. Démontrons que $x = 0$. Par l'absurde, supposons que $x \neq 0$. On a alors d'une part

$$\frac{1}{x} \times x^2 = \frac{1}{x} \times 0 = 0$$

et d'autre part

$$\frac{1}{x} \times x^2 = x$$

d'où $x = 0$. On a donc démontré la conjonction $x \neq 0$ et $x = 0$, contradiction. Conclusion : $x = 0$.

- -

设 x 是一个实数满足 $x^2 = 0$，证明 $x = 0$。
使用反证法证明。假设 $x \neq 0$，一方面

$$\frac{1}{x} \times x^2 = \frac{1}{x} \times 0 = 0$$

另一方面

$$\frac{1}{x} \times x^2 = x$$

综合两方面，有 $x = 0$。
因此得到合取命题 $x \neq 0$ 和 $x = 0$，矛盾。从而证得 $x = 0$。

Exemple 4.2

Soit $f : \mathbb{R} \to \mathbb{R}$ une fonction bijective et *strictement croissante*, c'est-à-dire

$$\forall x, x' \in \mathbb{R}, \quad x < x' \implies f(x) < f(x').$$

Démontrons que la bijection réciproque $f^{-1} : \mathbb{R} \to \mathbb{R}$ de f est aussi strictement croissante, c'est-à-dire

$$\forall y, y' \in \mathbb{R}, \quad y < y' \implies f^{-1}(y) < f^{-1}(y').$$

Soient deux nombres réels y et y' tels que $y < y'$. Pour conclure, on doit démontrer que $f^{-1}(y) < f^{-1}(y')$.

Par l'absurde, supposons $f^{-1}(y) \geqslant f^{-1}(y')$. Distinguons deux cas :

- si $f^{-1}(y) = f^{-1}(y')$, alors par bijectivité de f^{-1}, $y = y'$ ce qui est une contradiction avec $y < y'$;
- si $f^{-1}(y) > f^{-1}(y')$, par stricte croissance de f on a $f(f^{-1}(y)) > f(f^{-1}(y'))$ donc $y > y'$, ce qui est une contradiction avec $y < y'$.

Dans les deux cas, on a une contradiction. On conclut donc que $f^{-1}(y) < f^{-1}(y')$ et donc que f^{-1} est strictement croissante.

- -

设 $f : \mathbb{R} \to \mathbb{R}$ 是一个**严格单调递增**的双射，即

$$\forall x, x' \in \mathbb{R}, \quad x < x' \implies f(x) < f(x')$$

证明 f 的逆映射 $f^{-1} : \mathbb{R} \to \mathbb{R}$ 也是严格单调递增的，即

$$\forall y, y' \in \mathbb{R}, \quad y < y' \implies f^{-1}(y) < f^{-1}(y')$$

设 y 和 y' 是任意两个实数且满足 $y < y'$，我们需要证明 $f^{-1}(y) < f^{-1}(y')$。使用反证法，假设 $f^{-1}(y) \geqslant f^{-1}(y')$，分两种情况讨论：

- 如果 $f^{-1}(y) = f^{-1}(y')$，则根据 f^{-1} 的双射性质，有 $y = y'$，它与 $y < y'$ 是矛盾的；
- 如果 $f^{-1}(y) > f^{-1}(y')$，因为 f 是严格单调递增的，所以有 $f(f^{-1}(y)) > f(f^{-1}(y'))$，得 $y > y'$，它与 $y < y'$ 是矛盾的。

在两种情况下都是矛盾的。因此有 $f^{-1}(y) < f^{-1}(y')$，从而证得 f^{-1} 是严格单调递增的。

Exemple 4.3

Démontrons que $\sqrt{2}$ n'est pas un nombre rationnel, c'est-à-dire $\sqrt{2} \notin \mathbb{Q}$. Par l'absurde, supposons que $\sqrt{2} \in \mathbb{Q}$. Il existe donc un entier a et un entier naturel non nul b premiers entre eux tels que

$$\sqrt{2} = \frac{a}{b}.$$

On a alors, en élevant au carré, $a^2 = 2b^2$ ce qui démontre que a^2 est pair. D'après l'exemple 1.11 p.21, cela démontre que a est aussi pair. Il existe donc un entier c tel que $a = 2c$. On a donc $2b^2 = a^2 = (2c)^2 = 4c^2$ d'où $b^2 = 2c^2$. Ainsi, b^2 est pair et on en déduit aussi que b est pair. Ainsi, a et b sont tous les deux pairs, ils ne sont pas premiers entre eux, contradiction.

Conclusion : $\sqrt{2}$ n'est pas un nombre rationnel.

证明 $\sqrt{2}$ 不是有理数，即 $\sqrt{2} \notin \mathbb{Q}$。使用反证法，假设 $\sqrt{2} \in \mathbb{Q}$，则存在整数 a 和一个与它互质的非零自然数 b 满足

$$\sqrt{2} = \frac{a}{b}$$

计算得 $a^2 = 2b^2$，因此 a^2 是偶数。由例题 1.11 p.21 可知 a 也是偶数，那么存在一个整数 c 满足 $a = 2c$。因此有 $2b^2 = a^2 = (2c)^2 = 4c^2$，即 $b^2 = 2c^2$。所以 b^2 是偶数，从而得出 b 也是偶数。因此有 a 和 b 都是偶数，它们不是互质的。我们得到与假设条件相矛盾的情况，因此证得 $\sqrt{2}$ 不是有理数。

Remarque 4.1

1. Notre démonstration du théorème de Cantor (théorème 3.1 p.131) utilise un raisonnement par l'absurde.

2. Formellement, raisonner par l'absurde revient à démontrer l'implication

$$\text{non}\, P \implies F$$

où F est une proposition fausse. Par contraposée, on a donc $(\text{non}\, F) \implies \text{non}(\text{non}\, P)$ d'où, par double négation, $V \implies P$ où $V = \text{non}\, P$ est vraie. Cela démontre donc P.

1. 在证明康托尔定理（定理 3.1 p.131）的过程中使用了反证法。

2. 事实上，使用反证法等价于证明蕴含式

$$\text{non}\, P \implies F$$

其中 F 为假命题。由逆否命题，得 $(\text{non}\, F) \implies \text{non}(\text{non}\, P)$，根据双重否定，有 $V \implies P$ 为真，其中 $V = \text{non}\, P$。根据命题逻辑章节中所学的 V 和 $V \implies P$，证得 P。

4.2.2 Le raisonnement par récurrence 归纳法

Le *raisonnement par récurrence* sert à démontrer une proposition $\mathscr{P}(n)$ pour tout entier n supérieur ou égal à un entier naturel n_0 (le plus souvent $n_0 = 0$ ou $n_0 = 1$).

归纳法通常用来证明对于所有大于等于 n_0 的自然数 n，命题 $\mathscr{P}(n)$ 成立（通常 $n_0 = 0$ 或 $n_0 = 1$）。

On rédige un raisonnement par récurrence en deux étapes.

1. *Initialisation.* On démontre la proposition $\mathscr{P}(n_0)$.

2. *Hérédité.* On démontre la proposition [a] « $\forall n \geqslant n_0$, $\mathscr{P}(n) \implies \mathscr{P}(n+1)$ » en commençant par « Soit $n \geqslant n_0$ un entier tel que $\mathscr{P}(n)$ » puis en démontrant $\mathscr{P}(n+1)$.

On conclut alors que $\mathscr{P}(n)$ est vraie pour tout entier $n \geqslant n_0$.

Lors de l'étape d'hérédité, $\mathscr{P}(n)$ est appelée l'*hypothèse de récurrence*.

---
a. « $\forall n \geqslant n_0$ » doit se comprendre comme « pour tout entier n supérieur ou égal à n_0 ».

- -

归纳法通常分为如下两个步骤：

1. **归纳奠基**：证明命题 $\mathscr{P}(n_0)$。
2. **归纳递推**：证明命题 *a* " $\forall n \geqslant n_0$, $\mathscr{P}(n) \implies \mathscr{P}(n+1)$ "。首先我们假设对于一个 $n \geqslant n_0$, $\mathscr{P}(n)$ 为真，然后证明 $\mathscr{P}(n+1)$ 也为真。

从而证得对于所有的 $n \geqslant n_0$, $\mathscr{P}(n)$ 为真。在归纳递推步骤中，$\mathscr{P}(n)$ 被称为**归纳假设**。

---
a. "对于所有 $n \geqslant n_0$"表示为"对于所有大于或等于 n_0 的整数 n"。

Exemple 4.4

Démontrons par récurrence que 6 divise $7^n - 1$ pour tout entier naturel n non nul.

- *Initialisation.* On a $7^1 - 1 = 6$ donc 6 divise $7^1 - 1$.
- *Hérédité.* Soit $n \geqslant 1$ un entier tel que 6 divise $7^n - 1$. Il existe donc un entier k tel que $7^n - 1 = 6k$. On a alors

$$7^{n+1} - 1 = 7 \times 7^n - 1 = 7 \times (6k+1) - 1 = 42k + 7 - 1 = 6 \times (7k+1)$$

ce qui démontre que 6 divise $7^{n+1} - 1$.

Conclusion : 6 divise $7^n - 1$ pour tout entier naturel n non nul.

- -

通过归纳法证明，对于所有非零自然数 n, 6 整除 $7^n - 1$。

- **归纳奠基**：当 $n = 1$, 有 $7^1 - 1 = 6$ 因此 6 整除 $7^1 - 1$。
- **归纳递推**：设 $n \geqslant 1$ 满足 6 整除 $7^n - 1$, 则存在 k 满足 $7^n - 1 = 6k$。因此有

$$7^{n+1} - 1 = 7 \times 7^n - 1 = 7 \times (6k+1) - 1 = 42k + 7 - 1 = 6 \times (7k+1)$$

从而证得 6 整除 $7^{n+1} - 1$。

总结：对于所有非零自然数 n, 6 整除 $7^n - 1$。

Exemple 4.5

On définit une suite de nombres réels $(u_n)_{n \in \mathbb{N}}$ en posant

$$u_0 = 1 \quad \text{et} \quad u_{n+1} = 1 + \frac{u_n}{n+1} \quad \text{pour tout } n \in \mathbb{N}.$$

Démontrons par récurrence que $u_n \leqslant 2$ pour tout $n \in \mathbb{N}$.

- *Initialisation.* On a $u_0 = 1 \leqslant 2$.

- *Hérédité.* Soit $n \in \mathbb{N}$ tel que $u_n \leqslant 2$. Distinguons deux cas :
  - Si $n = 0$, alors
    $$u_0 = 1 + \frac{u_0}{0+1} = 2 \leqslant 2.$$
  - Si $n \geqslant 1$, alors
    $$u_{n+1} = 1 + \frac{u_n}{n+1} \leqslant 1 + \frac{2}{n+1} \leqslant 1 + \frac{2}{2} = 2 \leqslant 2$$
    où la première égalité vient de l'hypothèse de récurrence et la deuxième est obtenue en utilisant $n \geqslant 1$.

    On a donc démontré que $u_{n+1} \leqslant 2$.

Conclusion : $u_n \leqslant 2$ pour tout $n \in \mathbb{N}$.

- -

定义实数列 $(u_n)_{n \in \mathbb{N}}$ 为

$$\text{对所有的 } n \in \mathbb{N}, \quad u_0 = 1 \quad \text{和} \quad u_{n+1} = 1 + \frac{u_n}{n+1}$$

通过归纳法证明：对于所有自然数 n，有 $u_n \leqslant 2$。

- 归纳奠基：首先 $u_0 = 1 \leqslant 2$。
- 归纳递推：设 $n \in \mathbb{N}$ 满足 $u_n \leqslant 2$，分两种情况：
  - 如果 $n = 0$，则
    $$u_0 = 1 + \frac{u_0}{0+1} = 2 \leqslant 2$$
  - 如果 $n \geqslant 1$，则
    $$u_{n+1} = 1 + \frac{u_n}{n+1} \leqslant 1 + \frac{2}{n+1} \leqslant 1 + \frac{2}{2} = 2 \leqslant 2$$
    其中第一个等式来自于归纳假设，第二个等式是由于 $n \geqslant 1$。

    因此证得 $u_{n+1} \leqslant 2$。

总结：对于所有自然数 n，$u_n \leqslant 2$。

 Ne pas oublier l'étape d'initialisation qui est indispensable.

- -

归纳法的第一步归纳奠基是必不可少的，参看如下例题。

Exemple 4.6

Notons $\mathscr{P}(n)$ la proposition « 11 divise $10^n + (-1)^n$ » avec $n \in \mathbb{N}^*$.

On peut démontrer l'hérédité : soit $n \in \mathbb{N}^*$ tel que 11 divise $10^n + (-1)^n$. Il existe donc un entier k tel que $10^n + (-1)^n = 11k$. Distinguons deux cas.

- Si n est pair alors $(-1)^n = 1$ et $(-1)^{n+1} = -1$ d'où $10^n = 11k - 1$ et donc

$$
\begin{aligned}
10^{n+1} + (-1)^{n+1} &= 10 \times 10^n - 1 = 10 \times (11k - 1) - 1 \\
&= 11 \times 10k - 10 - 1 = 11 \times 10k - 11 \\
&= 11 \times (10k - 1).
\end{aligned}
$$

- Si n est impair alors $(-1)^n = -1$ et $(-1)^{n+1} = 1$ d'où $10^n = 11k + 1$ et donc

$$
\begin{aligned}
10^{n+1} + (-1)^{n+1} &= 10 \times 10^n + 1 = 10 \times (11k + 1) + 1 \\
&= 11 \times 10k + 10 + 1 = 11 \times 10k + 11 \\
&= 11 \times (10k + 1).
\end{aligned}
$$

Dans tous les cas, 11 divise $10^{n+1} + (-1)^n$.

On a donc démontré l'hérédité mais l'initialisation est fausse : $10^1 + (-1)^1 = 10 - 1 = 9$ n'est pas divisible par 11.

Par exemple $\mathscr{P}(2)$ est fausse : $10^2 + (-1)^2 = 101$ n'est pas divisible par 11.

- -

记命题 $\mathscr{P}(n)$ 为 " 11 整除 $10^n + (-1)^n$ ",其中 $n \in \mathbb{N}^*$。

归纳递推证明步骤中：设 n 是正自然数,满足 11 能整除 $10^n + (-1)^n$。因此,存在一个整数 k 满足 $10^n + (-1)^n = 11k$。我们区分两种情况。

- 如果 n 是偶数,则有 $(-1)^n = 1$ et $(-1)^{n+1} = -1$ 得 $10^n = 11k - 1$,因此有

$$
\begin{aligned}
10^{n+1} + (-1)^{n+1} &= 10 \times 10^n - 1 = 10 \times (11k - 1) - 1 \\
&= 11 \times 10k - 10 - 1 = 11 \times 10k - 11 \\
&= 11 \times (10k - 1)
\end{aligned}
$$

- 如果 n 是奇数,则有 $(-1)^n = -1$ et $(-1)^{n+1} = 1$ 得 $10^n = 11k + 1$,因此有

$$
\begin{aligned}
10^{n+1} + (-1)^{n+1} &= 10 \times 10^n + 1 = 10 \times (11k + 1) + 1 \\
&= 11 \times 10k + 10 + 1 = 11 \times 10k + 11 \\
&= 11 \times (10k + 1)
\end{aligned}
$$

在两种情况下都有, 11 整除 $10^n + (-1)^n$。

我们证得归纳递推,但是归纳奠基是不正确的：11 不能整除 $10^1 + (-1)^1 = 10 - 1 = 9$。

同时,$\mathscr{P}(2)$ 也为假。因为 11 不能整除 $10^2 + (-1)^2 = 101$。

因此,归纳法的证明过程中,归纳奠基步骤是必须的。

Remarque 4.2

1. Formellement, le raisonnement par récurrence revient à démontrer

$$\underbrace{\mathscr{P}(n_0)}_{\text{initialisation}} \quad \text{et} \quad \underbrace{\left(\forall n \geqslant n_0,\ \mathscr{P}(n) \implies \mathscr{P}(n+1)\right)}_{\text{hérédité}}.$$

On en déduit alors que $\mathscr{P}(n)$ pour tout entier $n \geqslant n_0$.

2. On peut considérer le raisonnement de récurrence comme un axiome. On peut aussi démontrer le raisonnement par récurrence à partir de l'axiome « toute partie non vide de $\mathbb{N}$ admet un minimum ». Voir le théorème 7.1 p.275 et l'exercice 7.12 p.283 pour les détails.

- -

1. 形式上，归纳法证明相当于证明

$$\underbrace{\mathscr{P}(n_0)}_{\text{奠基}} \quad \text{et} \quad \underbrace{\left(\forall n \geqslant n_0,\ \mathscr{P}(n) \implies \mathscr{P}(n+1)\right)}_{\text{递推}}$$

从而得到对于所有整数 $n \geqslant n_0$，$\mathscr{P}(n)$ 为真。

2. 我们可以将归纳法证明看作为一个公理。我们也可以基于"自然数集 $\mathbb{N}$ 的任何非空子集都存在一个最小元素"这一公理来证明归纳法的原理。有关详细信息，参看定理 7.1 p.275 和习题 7.12 p.283。

Dans certains cas, on ne sait pas démontrer $\mathscr{P}(n+1)$ en supposant seulement $\mathscr{P}(n)$, on a également besoin de $\mathscr{P}(n-1)$. On parle alors de *récurrence double*. Voilà comment rédiger ce raisonnement :

1. *Initialisation.* On démontre la proposition $\mathscr{P}(n_0)$.

2. *Hérédité.* On démontre la proposition

$$\text{« } \forall n \geqslant n_0,\ \left(\mathscr{P}(n) \text{ et } \mathscr{P}(n+1)\right) \implies \mathscr{P}(n+2) \text{ »}$$

en commençant par « Soit $n \geqslant n_0$ un entier tel que $\mathscr{P}(n)$ et $\mathscr{P}(n+1)$ » puis en démontrant $\mathscr{P}(n+2)$.

On conclut alors que $\mathscr{P}(n)$ est vraie pour tout entier $n \geqslant n_0$.

- -

在一些情况下，只有递推假设 $\mathscr{P}(n)$ 条件并不足以证明 $\mathscr{P}(n+1)$。当还需要增加递推假设 $\mathscr{P}(n-1)$ 条件时，称为**双重归纳法**。双重归纳法推理过程如下：

1. 归纳奠基：首先证明命题 $\mathscr{P}(n_0)$。

2. 归纳递推：证明命题

$$\forall n \geqslant n_0,\ \left(\mathscr{P}(n) \text{ et } \mathscr{P}(n+1)\right) \implies \mathscr{P}(n+2)$$

首先"设整数 $n \geqslant n_0$ 满足 $\mathscr{P}(n)$ 和 $\mathscr{P}(n+1)$"，然后证明 $\mathscr{P}(n+2)$。

最后得出结论，对于所有整数 $n \geqslant n_0$，命题 $\mathscr{P}(n)$ 为真。

Exemple 4.7

On définit une suite de nombres réels $(u_n)_{n \in \mathbb{N}}$ en posant

$$u_0 = 1 \qquad \text{et} \qquad u_{n+2} = 3u_{n+1} - 2u_n \quad \text{pour tout } n \in \mathbb{N}.$$

Démontrons par récurrence double que $u_n = 1 + 2^n$ pour tout $n \in \mathbb{N}$.

- *Initialisation.* On a $1 + 2^0 = 2 = u_0$.
- *Hérédité.* Soit $n \in \mathbb{N}$ tel que $u_n = 1 + 2^n$ et $u_{n+1} = 1 + 2^{n+1}$. On a alors

$$\begin{aligned}
u_{n+2} = 3u_{n+1} - 2u_n &= 3 \times (1 + 2^{n+1}) - 2 \times (1 + 2^n) \\
&= 3 + 3 \times 2^{n+1} - 2 - 2 \times 2^n = 1 + 6 \times 2^n - 2 \times 2^n \\
&= 1 + 4 \times 2^n = 1 + 2^{n+2}.
\end{aligned}$$

Conclusion : $u_n = 1 + 2^n$ pour tout $n \in \mathbb{N}$.

定义实数列 $(u_n)_{n \in \mathbb{N}}$ 为

$$\text{对所有的 } n \in \mathbb{N}, \qquad u_0 = 1 \quad \text{和} \quad u_{n+2} = 3u_{n+1} - 2u_n$$

通过双重归纳法证明。对于所有的 $n \in \mathbb{N}$，$u_n = 1 + 2^n$。

- 归纳奠基：首先有 $1 + 2^0 = 2 = u_0$。
- 归纳递推：设 $n \in \mathbb{N}$ 满足 $u_n = 1 + 2^n$ 和 $u_{n+1} = 1 + 2^{n+1}$，则有

$$\begin{aligned}
u_{n+2} = 3u_{n+1} - 2u_n &= 3 \times (1 + 2^{n+1}) - 2 \times (1 + 2^n) \\
&= 3 + 3 \times 2^{n+1} - 2 - 2 \times 2^n = 1 + 6 \times 2^n - 2 \times 2^n \\
&= 1 + 4 \times 2^n = 1 + 2^{n+2}
\end{aligned}$$

总结：对于所有的 $n \in \mathbb{N}$，$u_n = 1 + 2^n$。

Remarque 4.3

On rencontre aussi des *récurrences triples* où l'on suppose $\mathscr{P}(n)$, $\mathscr{P}(n+1)$ et $\mathscr{P}(n+2)$ et on démontre $\mathscr{P}(n+3)$, des *récurrences quadruples*, etc.

以此类推，也有三重归纳法，如我们假设 $\mathscr{P}(n)$，$\mathscr{P}(n+1)$ 和 $\mathscr{P}(n+2)$ 为真，并证明 $\mathscr{P}(n+3)$。

Enfin, dans d'autres cas, on a besoin de supposer $\mathscr{P}(n_0), \ldots, \mathscr{P}(n)$ pour en déduire $\mathscr{P}(n+1)$, on parle alors de *récurrence forte* :

1. *Initialisation.* On démontre la proposition $\mathscr{P}(n_0)$.
2. *Hérédité.* On démontre la proposition

$$\text{« } \forall n \geqslant n_0, \; \big(\mathscr{P}(n_0) \text{ et } \ldots \text{ et } \mathscr{P}(n)\big) \implies \mathscr{P}(n+1) \text{ »}$$

en commençant par « Soit $n \geqslant n_0$ un entier tel que $\mathscr{P}(k)$ pour tout

$k \in [\![n_0, n]\!]$ » puis en démontrant $\mathscr{P}(n+1)$.

On conclut alors que $\mathscr{P}(n)$ est vraie pour tout entier $n \geqslant n_0$.

最后，当我们需要假设 $\mathscr{P}(n_0), \ldots, \mathscr{P}(n)$ 来推出 $\mathscr{P}(n+1)$ 时，此方法称为**强归纳法**。

1. 归纳奠基：证明命题 $\mathscr{P}(n_0)$。

2. 归纳递推：证明命题

$$\forall n \geqslant n_0, \ \big(\mathscr{P}(n_0) \text{ et } \ldots \text{ et } \mathscr{P}(n)\big) \implies \mathscr{P}(n+1)$$

首先"设整数 $n \geqslant n_0$ 满足 $\mathscr{P}(k)$ 对于所有 $k \in [\![n_0, n]\!]$ "，然后证明 $\mathscr{P}(n+1)$。

最后得出结论，对于所有整数 $n \geqslant n_0$，命题 $\mathscr{P}(n)$ 为真。

Exemple 4.8

Démontrons par récurrence forte que tout entier n supérieur ou égal à 2 admet un diviseur premier (c'est-à-dire que n est divisible par un nombre premier).

1. *Initialisation.* On a $2 = 2 \times 1$ et 2 est un nombre premier donc 2 admet lui-même comme diviseur premier.

2. *Hérédité.* Soit $n \geqslant 2$ un entier tel que tous les entiers $k \in [\![1, n]\!]$ admettent un diviseur premier. Distinguons deux cas :

   - Soit $n + 1$ est un nombre premier, il admet donc lui-même comme diviseur premier.
   - Soit $n + 1$ n'est pas un nombre premier, il existe un entier $a \in [\![2, n]\!]$ qui le divise. Par hypothèse de récurrence, a admet un diviseur premier, qui est aussi un diviseur premier de $n + 1$.

   Dans tous les cas, $n + 1$ admet un diviseur premier.

Conclusion : tout entier n supérieur ou égal à 2 admet un diviseur premier.

用强归纳法证明，所有大于或等于 2 的整数 n 都有一个除数为素数（即 n 能被一个素数整除）。

1. 归纳奠基：因为 $2 = 2 \times 1$ 且 2 为素数，因此 2 有一个除数 2 为素数。

2. 归纳递推：设整数 $n \geqslant 2$ 满足对所有的整数 $k \in [\![1, n]\!]$ 有一个除数为素数。分两种情况讨论：

   - 要么 $n + 1$ 是素数，它自己做为除数。
   - 要么 $n + 1$ 不是素数，则存在 $a \in [\![2, n]\!]$ 能整除它。由归纳假设，a 有除数为素数。因此，它也是 $n + 1$ 的除数。

   在所有的情况下，$n + 1$ 都有一个除数为素数。

总结：所有大于或等于 2 的整数 n 都有一个除数为素数。

Remarque 4.4

Le *raisonnement par récurrence double* est simplement un raisonnement par récurrence caché : en posant $\mathscr{P}'(n)$ la proposition « $\mathscr{P}(n)$ et $\mathscr{P}(n+1)$ », démontrer par récurrence double $\mathscr{P}(n)$ pour tout entier $n \geqslant n_0$ revient à démontrer par récurrence $\mathscr{P}'(n)$ pour tout entier $n \geqslant n_0$.

De même, le raisonnement par récurrence forte revient à démontrer la proposition « $\forall k \in [\![n_0, n]\!]$, $\mathscr{P}(n)$ » par récurrence.

双重归纳法 实际上可以理解成一种隐藏的归纳法：通过设 $\mathscr{P}'(n)$ 为命题 " $\mathscr{P}(n)$ et $\mathscr{P}(n+1)$ "。用双重归纳法证明对于所有 $n \geqslant n_0$，有 $\mathscr{P}(n)$，等同于用归纳法证明对于所有 $n \geqslant n_0$，有 $\mathscr{P}'(n)$。

同样的，强归纳法等同于用归纳法证明命题 " $\forall k \in [\![n_0, n]\!]$, $\mathscr{P}(n)$ "。

4.2.3　Le raisonnement par analyse-synthèse 分析综合法

Le *raisonnement par analyse-synthèse* sert principalement à démontrer l'existence d'un objet vérifiant certaines propriétés ou plus généralement à déterminer l'ensemble des objets vérifiant ces propriétés.

分析综合法 主要用于证明存在一个满足某些特定属性的对象，或者更广泛地，用于确定所有满足这些属性的对象的集合。

Soit E un ensemble et soit $\mathscr{P}(x)$ une propriété. On cherche l'ensemble des éléments x de E vérifiant $\mathscr{P}(x)$. Le raisonnement par analyse-synthèse se déroule en deux étapes.

1. *Étape d'analyse.* On considère un élément x de E vérifiant $\mathscr{P}(x)$ en écrivant « soit $x \in E$ tel que $\mathscr{P}(x)$ ».

   On cherche alors un maximum d'informations à partir de $\mathscr{P}(x)$ pour « deviner » à quoi ressemble x. On obtient alors des *candidats* possibles.

2. *Étape de synthèse.* On vérifie que les candidats x trouvées lors de l'étape d'analyse vérifient bien $\mathscr{P}(x)$.

设 E 是一个集合，$\mathscr{P}(x)$ 是一个性质，求 E 中所有满足 $\mathscr{P}(x)$ 元素 x 的集合。分析综合法的过程分为两个步骤：

1. **分析**：假设 E 中的元素 x 满足 $\mathscr{P}(x)$，一般写作"设 $x \in E$ 满足 $\mathscr{P}(x)$"。然后，试图从 $\mathscr{P}(x)$ 中获取尽可能多 x 的信息，以便得到一些可能的候选者 x。

2. **综合**：验证在分析步骤中找到的所有候选者 x 是否确实满足 $\mathscr{P}(x)$。

Exemple 4.9

Cherchons l'ensemble des $(x, y, z) \in \mathbb{R}^3$ solution du système noté (S)

$$\begin{cases} y\,z + y + z = 0 \\ x\,y + x + y = 0 \\ x\,z + x + z = 0 \end{cases} \qquad (S)$$

- *Étape d'analyse.* Soit $(x, y, z) \in \mathbb{R}^3$ une solution du système (S).
  En faisant la différence de la première ligne et de la deuxième ligne de (S), on obtient

  $$0 = y\,(z - x) + z - x = (y + 1)(z - x).$$

  On a alors deux cas possibles $y + 1 = 0$ ou $z - x = 0$. Le premier cas est impossible : si $y = -1$ alors la deuxième ligne de (S) devient $0 = -1$, contradiction. On a donc $z = x$.
  La troisième ligne de (S) donne alors

  $$0 = x^2 + 2x = x\,(x + 2).$$

  On a alors deux cas possibles $x = 0$ ou $x = -2$.
  - Si $x = 0$ (et donc $z = x = 0$), la deuxième ligne de (S) donne $y = 0$, d'où $(x, y, z) = (0, 0, 0)$.
  - Si $x = -1$ (et donc $z = x = -2$),, la deuxième ligne de (S) donne $y = -2$, d'où $(x, y, z) = (-2, -2, -2)$.

  À ce stade du raisonnement, on a donc deux candidats : $(0, 0, 0)$ et $(-2, -2, -2)$.
- *Étape de synthèse.* On vérifie immédiatement que $(0, 0, 0)$ et $(-2, -2, -2)$ sont solutions du système (S).

Conclusion : l'ensemble des solutions de (S) est $\{(0, 0, 0), (-2, -2, -2)\}$.

- -

求方程组 (S) 所有解 $(x, y, z) \in \mathbb{R}^3$ 的集合。

$$\begin{cases} y\,z + y + z = 0 \\ x\,y + x + y = 0 \\ x\,z + x + z = 0 \end{cases} \qquad (S)$$

- 分析：设 $(x, y, z) \in \mathbb{R}^3$ 是方程组 (S) 的解。
  由方程组 (S) 第一行减去第二行得

  $$0 = y\,(z - x) + z - x = (y + 1)(z - x)$$

  因此有两种可能 $y + 1 = 0$ 或者 $z - x = 0$。
  第一种不可取：如果 $y = -1$，方程组 (S) 第二行为 $0 = -1$，矛盾，因此

有 $z = x$。

由方程组 (S) 第三行得

$$0 = x^2 + 2x = x(x+2)$$

此时有两种可能 $x = 0$ 或 $x = -2$。

- 如果 $x = 0$，则 $z = x = 0$。从而有 $y = 0$，因此 $(x,y,z) = (0,0,0)$。
- 如果 $x = -1$，则 $z = x = -2$。从而有 $y = -2$，因此 $(x,y,z) = (-2,-2,-2)$。

在分析阶段，得到两个候选解：$(0,0,0)$ 和 $(-2,-2,-2)$。

- 综合：验证 $(0,0,0)$ 和 $(-2,-2,-2)$ 是方程组 (S) 的解。

总结：方程组 (S) 的解集是 $\{(0,0,0),(-2,-2,-2)\}$。

 L'étape de synthèse est indispensable ! Les candidats trouvés lors de l'étape d'analyse peuvent ne pas convenir.

- -

分析综合法的中综合步骤是必不可少的。因为在分析阶段找到的候选者，有些可能是不合适的，参看如下例题。

Exemple 4.10

Considérons l'équation $2\sqrt{x} + x + 1 = 0$ d'inconnue un nombre réel $x \geqslant 0$.

- *Étape d'analyse.* Soit $x \geqslant 0$ un nombre réel tel que $2\sqrt{x} + x + 1 = 0$. On a alors $2\sqrt{x} = -(x+1)$. En élevant au carré $4x = (x+1)^2 = x^2 + 2x + 1$ d'où $x^2 - 2x + 1 = 0$ et donc $(x-1)^2 = 0$, ce qui donne $x = 1$.
- *Étape de synthèse.* On a $2\sqrt{1} + 1 + 1 = 4 \neq 0$ donc 1 n'est pas solution de cette équation.

Conclusion : l'équation $2\sqrt{x} + x + 1 = 0$ n'a pas de solution $x \geqslant 0$.
On pouvait s'en rendre compte directement car $2\sqrt{x} + x + 1 > 0$ pour tout $x \geqslant 0$.

- -

求方程 $2\sqrt{x} + x + 1 = 0$ 关于 $x \geqslant 0$ 的实数解。

- 分析：设实数 $x \geqslant 0$ 满足 $2\sqrt{x} + x + 1 = 0$。由 $2\sqrt{x} = -(x+1)$ 得 $4x = (x+1)^2 = x^2 + 2x + 1$，因此有 $x^2 - 2x + 1 = 0$，即 $(x-1)^2 = 0$。从而求得 $x = 1$。
- 综合：当 $x = 1$ 时，有 $2\sqrt{1} + 1 + 1 = 4 \neq 0$，因此 $x = 1$ 不是方程的解。

总结：方程 $2\sqrt{x} + x + 1 = 0$ 不存在 $x \geqslant 0$ 的实数解。

本例题旨在通过简单的案例，帮助读者理解并掌握分析综合法的解题思路。

Il arrive parfois que les candidats trouvés lors de l'étape d'analyse ne vérifient pas toutes les propriétés demandées. L'étape de synthèse peut alors sélectionner ceux qui conviennent.

在分析阶段，我们可能会识别出一些潜在的候选者，但它们未必满足所有必需的条件。而在综合阶段，我们则能从这些候选者中筛选出真正符合所有要求的选项。

Exemple 4.11

Déterminons toutes les fonctions $f : \mathbb{R} \to \mathbb{R}$ telles que

$$\forall x, y \in \mathbb{R}, \quad f\big(y - f(x)\big) = 2 - x - y. \qquad (*)$$

- *Étape d'analyse.* Soit $f : \mathbb{R} \to \mathbb{R}$ vérifiant $(*)$. En particulier, pour $y = f(x)$:

$$\forall x \in \mathbb{R}, \quad f(0) = f\big(f(x) - f(x)\big) = 2 - x - f(x)$$

c'est-à-dire

$$\forall x \in \mathbb{R}, \quad f(x) = \big(2 - f(0)\big) - x.$$

Ainsi f est de la forme $x \mapsto a - x$ avec a un nombre réel.

- *Étape de synthèse.* Soit a un nombre réel et soit $f : \mathbb{R} \to \mathbb{R}$ définie par $f(x) = a - x$ pour tout $x \in \mathbb{R}$. On a alors, pour tout $x, y \in \mathbb{R}$,

$$f\big(y - f(x)\big) = f\big(x - (a - y)\big) = f(x + y - a) = a - (x + y - a) = 2a - x - y.$$

On constate alors que f vérifie $(*)$ seulement si $a = 1$.

Conclusion : il n'y a qu'une seule fonction $f : \mathbb{R} \to \mathbb{R}$ vérifiant $(*)$, c'est la fonction $x \mapsto 1 - x$.

求出所有满足如下性质的函数 $f : \mathbb{R} \to \mathbb{R}$:

$$\forall x, y \in \mathbb{R}, \quad f\big(y - f(x)\big) = 2 - x - y$$

- 分析：设 $f : \mathbb{R} \to \mathbb{R}$ 满足 $(*)$。特别地，取 $y = f(x)$:

$$\forall x \in \mathbb{R}, \quad f(0) = f\big(f(x) - f(x)\big) = 2 - x - f(x)$$

换言之

$$\forall x \in \mathbb{R}, \quad f(x) = \big(2 - f(0)\big) - x$$

因此 f 的形式为 $x \mapsto a - x$，其中 a 为实数。

- 综合：设 a 是一个实数，$f : \mathbb{R} \to \mathbb{R}$ 的表达式为对于所有 $x \in \mathbb{R}$，$f(x) = a - x$。因此，对于所有 $x, y \in \mathbb{R}$，有

$$f\big(y - f(x)\big) = f\big(x - (a - y)\big) = f(x + y - a) = a - (x + y - a) = 2a - x - y$$

我们证得仅当 $a = 1$ 时，f 满足 $(*)$ 。

总结：有且仅有一个函数 $f : \mathbb{R} \to \mathbb{R}$ 满足 $(*)$，即 $x \mapsto 1 - x$。

Le raisonnement par analyse-synthèse est particulièrement utile pour démontrer une proposition de la forme « $\exists! \, x \in E, \ \mathscr{P}(x)$ ».

Si, à la fin de l'étape d'analyse, on a trouvé **un seul** candidat, on a démontré que si x existe, alors il est unique. L'étape d'analyse démontre donc ici l'*unicité*. L'étape de synthèse démontre alors l'*existence* de x.

- -

分析综合法特别适用于证明形式为" $\exists! \, x \in E, \ \mathscr{P}(x)$ "的命题。

如果在分析步骤，我们只找到了唯一的一个候选者，那么我们就证明了如果 x 存在，那么它是唯一的。因此，在这种情况下可以理解为在分析阶段证明了 x 的唯一性；在综合阶段证明了 x 的存在性。

Exemple 4.12

Une fonction $\phi : \mathbb{R} \to \mathbb{R}$ est dite *paire* si

$$\forall x \in \mathbb{R}, \quad \phi(-x) = \phi(x)$$

et *impaire* si

$$\forall x \in \mathbb{R}, \quad \phi(-x) = -\phi(x).$$

Soit $f : \mathbb{R} \to \mathbb{R}$ une fonction. Démontrons par analyse-synthèse qu'il existe un unique couple (p, i) où $p : \mathbb{R} \to \mathbb{R}$ est une fonction paire, $i : \mathbb{R} \to \mathbb{R}$ une fonction impaire et tel que $f(x) = p(x) + i(x)$ pour tout $x \in \mathbb{R}$.

- *Étape d'analyse.* Soit (p, i) un tel couple de fonctions. On a donc d'une part

$$\forall x \in \mathbb{R}, \quad f(x) = p(x) + i(x)$$

et d'autre part

$$\forall x \in \mathbb{R}, \quad f(-x) = p(-x) + i(-x) = p(x) - i(x)$$

car p est paire et i est impaire. En faisant la somme de ces deux égalités, on obtient

$$\forall x \in \mathbb{R}, \quad p(x) = \frac{f(x) + f(-x)}{2}$$

et en faisant la différence, on obtient

$$\forall x \in \mathbb{R}, \quad i(x) = \frac{f(x) - f(-x)}{2}.$$

À ce stade, on a démontré l'unicité du couple (p, i) : s'il existe, p et i sont nécessairement données par les deux égalités ci-dessus.

- *Étape de synthèse.* Définissons deux fonctions $g : \mathbb{R} \to \mathbb{R}$ et $h : \mathbb{R} \to \mathbb{R}$ par

$$\forall x \in \mathbb{R}, \quad g(x) = \frac{f(x) + f(-x)}{2} \quad \text{et} \quad h(x) = \frac{f(x) - f(-x)}{2}.$$

On a d'une part

$$\forall x \in \mathbb{R}, \quad g(x) + h(x) = \frac{f(x) + f(-x)}{2} + \frac{f(x) - f(-x)}{2} = f(x),$$

d'autre part

$$\forall x \in \mathbb{R}, \quad g(-x) = \frac{f(-x) + f\big(-(-x)\big)}{2} = \frac{f(x) + f(-x)}{2} = g(x)$$

donc g est paire et enfin

$$\forall x \in \mathbb{R}, \quad h(-x) = \frac{f(-x) - f\big(-(-x)\big)}{2} = -\frac{f(x) - f(-x)}{2} = -h(x)$$

donc h est impaire.

En posant $p = g$ et $i = h$, on a donc démontré l'existence du couple (i, h).

Conclusion : il existe un unique couple (p, i) où $p : \mathbb{R} \to \mathbb{R}$ est une fonction paire, $i : \mathbb{R} \to \mathbb{R}$ une fonction impaire et tel que $f(x) = p(x) + i(x)$ pour tout $x \in \mathbb{R}$.

- -

函数 $\phi : \mathbb{R} \to \mathbb{R}$ 称为**偶函数**，如果满足

$$\forall x \in \mathbb{R}, \quad \phi(-x) = \phi(x)$$

函数 $\phi : \mathbb{R} \to \mathbb{R}$ 称为**奇函数**，如果满足

$$\forall x \in \mathbb{R}, \quad \phi(-x) = -\phi(x)$$

设 $f : \mathbb{R} \to \mathbb{R}$ 是一个函数，应用分析综合法证明存在有序对 (p, i)，其中 $p : \mathbb{R} \to \mathbb{R}$ 为偶函数，$i : \mathbb{R} \to \mathbb{R}$ 为奇函数，满足对于所有的 $x \in \mathbb{R}$，$f(x) = p(x) + i(x)$。

- 分析：设 (p, i) 是满足要求的有序对的函数。因此，一方面有

$$\forall x \in \mathbb{R}, \quad f(x) = p(x) + i(x)$$

另一方面有

$$\forall x \in \mathbb{R}, \quad f(-x) = p(-x) + i(-x) = p(x) - i(x)$$

因为 p 是偶函数 i 是奇函数。两个等式相加得

$$\forall x \in \mathbb{R}, \quad p(x) = \frac{f(x) + f(-x)}{2}$$

两个等式相减得

$$\forall x \in \mathbb{R}, \quad i(x) = \frac{f(x) - f(-x)}{2}$$

在分析阶段，证明了 (p, i) 有序对的唯一性：如果存在这样的函数，那么 p 和 i 必然由上述两个等式给出。

- 综合：定义函数 $g : \mathbb{R} \to \mathbb{R}$ 和 $h : \mathbb{R} \to \mathbb{R}$ 为

$$\forall x \in \mathbb{R}, \quad g(x) = \frac{f(x) + f(-x)}{2} \quad \text{和} \quad h(x) = \frac{f(x) - f(-x)}{2}$$

一方面

$$\forall x \in \mathbb{R}, \quad g(x) + h(x) = \frac{f(x) + f(-x)}{2} + \frac{f(x) - f(-x)}{2} = f(x)$$

另一方面

$$\forall x \in \mathbb{R}, \quad g(-x) = \frac{f(-x) + f\big(-(-x)\big)}{2} = \frac{f(x) + f(-x)}{2} = g(x)$$

因此 g 是偶函数，同时有

$$\forall x \in \mathbb{R}, \quad h(-x) = \frac{f(-x) - f\big(-(-x)\big)}{2} = -\frac{f(x) - f(-x)}{2} = -h(x)$$

因此 h 是奇函数。

令 $p = g$ 和 $i = h$，因此证得 (i, h) 的存在性。

总结：存在唯一的有序对 (p, i) 其中 $p : \mathbb{R} \to \mathbb{R}$ 偶函数，$i : \mathbb{R} \to \mathbb{R}$ 奇函数，满足对于所有的 $x \in \mathbb{R}$，$f(x) = p(x) + i(x)$。

La proposition 3.9 p.120 donne des caractérisations de la bijectivité d'une application $f : E \to F$. Nous n'avions pas démontré l'implication 2 $\implies$ 3 avec :

2. tout élément de F admet un unique antécédent par f, c'est-à-dire :

$$\forall y \in F, \ \exists! \, x \in E, \quad y = f(x)$$

3. il existe une application $g : F \to E$ telle que $g \circ f = \mathrm{id}_E$ et $f \circ g = \mathrm{id}_F$.

Nous n'avions pas non plus démontré que, si c'est le cas, une telle application g est unique. Démontrons tout cela grâce à la méthode d'analyse-synthèse dans l'exemple qui suit.

在命题 3.9 p.120 中给出了映射 $f : E \to F$ 为双射的几种特征描述, 但我们并没有证明蕴含关系 $2 \implies 3$, 即:

2. 集合 F 中所有元素在映射 f 下只有唯一的原像, 换言之

$$\forall y \in F, \ \exists! \, x \in E, \quad y = f(x)$$

3. 存在映射 $g : F \to E$ 满足 $g \circ f = \mathrm{id}_E$ 和 $f \circ g = \mathrm{id}_F$。

另一方面, 如果成立的话, 则这样的映射 g 是否唯一? 接下来我们将通过分析-综合方法给出具体的证明过程。

Exemple 4.13

Soit $f : E \to F$ une application telle que tout élément de F admet un unique antécédent par f, c'est-à-dire :

$$\forall y \in F, \ \exists! \, x \in E, \quad y = f(x)$$

et montrons qu'il existe une unique application $g : F \to E$ telle que $g \circ f = \mathrm{id}_E$ et $f \circ g = \mathrm{id}_F$.

- *Analyse.* Supposons qu'une telle application g existe. Soit $y \in F$. Il existe un unique $x \in E$ tel que $y = f(x)$. On a alors

$$g(y) = g\big(f(x)\big) = (g \circ f)(x) = \mathrm{id}_E(x) = x.$$

  On a donc démontré à ce stade que si g existe, elle est nécessairement donnée par $g(y) = x$ pour tout $y \in F$, où x est l'unique antécédent de y par f. En particulier, si g existe alors elle est unique.

- *Synthèse.* Définissons une application $g : F \to E$ où $g(y)$ est l'unique antécédent de y par f pour tout $y \in F$. On a alors, pour tout $y \in F$,

$$(f \circ g)(y) = f\big(g(y)\big) = y$$

  car $g(y)$ est antécédent de y par f. Ainsi $f \circ g = \mathrm{id}_F$. On a également, pour tout $x \in E$,

$$(g \circ f)(x) = g\big(f(x)\big) = x$$

  car x est l'antécédent de $f(x)$ par f. Ainsi $g \circ f = \mathrm{id}_E$.

Conclusion : il existe une unique application $g : F \to E$ telle que $g \circ f = \mathrm{id}_E$ et $f \circ g = \mathrm{id}_F$.

设映射 $f : E \to F$ 满足对于所有 F 中的元素存在唯一的原像, 即

$$\forall y \in F, \ \exists! \, x \in E, \quad y = f(x)$$

证明存在唯一的映射 $g : F \to E$ 满足 $g \circ f = \mathrm{id}_E$ 和 $f \circ g = \mathrm{id}_F$。

- 分析：假设这样的映射 g 存在。设 $y \in F$，存在唯一的 $x \in E$ 满足 $y = f(x)$。因此有

$$g(y) = g\big(f(x)\big) = (g \circ f)(x) = \mathrm{id}_E(x) = x$$

这里我们证明了如果 g 存在，它必然是满足对于所有的 $y \in F$，有 $g(y) = x$，其中 x 是在映射 f 下 y 唯一的原像。特别地，如果 g 存在，那么它是唯一的。

- 综合：定义映射 $g : F \to E$，其中对于所有的 $y \in F$ 满足 $g(y)$ 是在映射 f 下 y 唯一的原像。因此有，对于所有的 $y \in F$，

$$(f \circ g)(y) = f\big(g(y)\big) = y$$

又因为 $g(y)$ 是 y 在 f 下的原像，因此有 $f \circ g = \mathrm{id}_F$。同样地，对于所有的 $x \in E$，

$$(g \circ f)(x) = g\big(f(x)\big) = x$$

因为 x 是 $f(x)$ 在 f 下的原像。因此有 $g \circ f = \mathrm{id}_E$。

总结：存在唯一的映射 $g : F \to E$ 满足 $g \circ f = \mathrm{id}_E$ 和 $f \circ g = \mathrm{id}_F$。

Remarque 4.5

Formellement, un raisonnement par analyse-synthèse revient à étudier des inclusions d'ensembles. Notons A l'ensemble des $x \in E$ vérifiant $\mathscr{P}(x)$, on cherche à comprendre quels sont les éléments de A.

- L'étape d'analyse démontre une inclusion de la forme $A \subset C$, où C est un ensemble de *candidats*.
- L'étape de synthèse consiste à vérifier quels sont les éléments de C qui sont dans A.

À l'exemple 4.9 p.153, A est l'ensemble des solutions $(x, y, z) \in \mathbb{R}^3$ du système (S). L'étape d'analyse démontre que $A \subset C = \{(0, 0, 0), (-2, -2, -2)\}$ et l'étape de synthèse démontre que $C \subset A$, on conclut donc que $A = C$.

À l'exemple 4.11 p.155, A est l'ensemble des fonctions $f : \mathbb{R} \to \mathbb{R}$ vérifiant $(*)$. L'étape d'analyse démontre que $A \subset C$ où C est l'ensemble des fonctions $\mathbb{R} \to \mathbb{R}$ données par $x \mapsto a - x$ avec $a \in \mathbb{R}$. L'étape de synthèse démontre que, pour toute $f \in C$, $f \in A$ seulement si $f = x \mapsto 1 - x$. On conclut donc que $A = \{x \mapsto 1 - x\}$.

- -

形式上，分析综合法的推理可以理解为研究集合的包含关系。设 A 为 E 中满足 $\mathscr{P}(x)$ 的 x 的集合，我们试图理解 A 中元素的性质。

- 分析步骤中，相当于证明了包含关系 $A \subset C$，其中 C 可以理解为所有候选者的集合。
- 综合步骤中，验证 C 中哪些元素属于集合 A。

例题 4.9 p.153 中，A 是方程组 (S) 解 $(x, y, z) \in \mathbb{R}^3$ 的集合。分析步骤中得出 $A \subset C = \{(0, 0, 0), (-2, -2, -2)\}$，而综合步骤得出 $C \subset A$，从而证得 $A = C$。

例题 4.11 p.155 中，A 是满足 $(*)$ 函数 $f : \mathbb{R} \to \mathbb{R}$ 的集合。分析步骤中得出 $A \subset C$ 其中 C 是形如 $x \mapsto a - x$ 的实函数，其中 $a \in \mathbb{R}$。而综合步骤得出，对于所有的 $f \in C$ 仅当 $f = x \mapsto 1 - x$ 时，$f \in A$。从而证得 $A = \{x \mapsto 1 - x\}$。

4.3 Quelques définitions d'arithmétique 常用算术定义

> **Définition 4.1** – divisibilité, diviseur, multiple 可除性、除数、倍数
>
> Soient a et b deux entiers naturels. On dit que[a] a *divise* b s'il existe un entier naturel k tel que $b = a\,k$. On note $a \mid b$ pour dire que a divise b.
>
> ――――――――――
>
> a. On dit aussi que a est un *diviseur* de b, que b est *divisible* par a ou encore que b est un *multiple* de a.
>
> -
>
> 设 a 和 b 是两个自然数，如果存在一个自然数 k 满足 $b = ak$，则称 a **整除** b，并记作 $a \mid b$。也称 a 是 b 的一个**除数**；b 能被 a 整除；b 是 a 的一个**倍数**。

Exemple 4.14

- Les diviseurs de 12 sont 1, 2, 3, 4, 6 et 12.
- 1 divise tous les entiers naturels.
- Tous les entiers naturels divisent 0.

- -

- 12 的除数有 1, 2, 3, 4, 6 和 12。
- 1 能够整除所有的自然数。
- 所有自然数能够整除 0。

> **Définition 4.2** – nombre premier 素数
>
> Soit $p \in \mathbb{N}^*$. On dit que c'est un *nombre premier* (ou simplement que p est *premier*) s'il admet exactement deux diviseurs positifs : 1 et p.
>
> -
>
> 设 p 是一个正整数，如果 p 只有 1 和 p 两个正整除数，则称 p 是一个**素数**或**质数**。

Exemple 4.15

Les dix plus petits nombres premiers sont 2, 3, 5, 7, 11, 13, 17, 19, 23 et 29.

- -

前 10 个素数分别是：2, 3, 5, 7, 11, 13, 17, 19, 23 和 29。

Définition 4.3 – facteur premier 质因子

Soit a un entier naturel et soit p un nombre premier. On dit que p est un *facteur premier* de a si p divise a.

- -

设 a 是一个自然数，p 是一个素数。如果 p 能整除 a，则称 p 是 a 的一个质因子。

Exemple 4.16

2 et 7 sont les facteurs premiers de 98.

- -

2 和 7 是 98 的质因子。

Proposition 4.1 – décomposition en facteurs premiers 质因子分解

Soit $m \in \mathbb{N} \setminus \{0,1\}$. Il existe :

1. un unique $n \in \mathbb{N}^*$;
2. un unique n-uplet $(p_1, \ldots, p_n)$ de nombres premiers avec $p_1 < p_2 < \cdots < p_n$;
3. un unique n-uplet $(\alpha_1, \ldots, \alpha_n)$ d'entiers naturels non nuls ;

tels que
$$m = p_1^{\alpha_1} \times \cdots \times p_n^{\alpha_n}.$$

On dit qu'on a effectué la décomposition en facteurs premiers *de m.*

- -

设 $m \in \mathbb{N} \setminus \{0,1\}$，则存在：

1. 唯一的 $n \in \mathbb{N}^*$；
2. 唯一的质因子 n-元组 $(p_1, \ldots, p_n)$ 且满足 $p_1 < p_2 < \cdots < p_n$；
3. 唯一的非零自然数 n-元组 $(\alpha_1, \ldots, \alpha_n)$；

满足
$$m = p_1^{\alpha_1} \times \cdots \times p_n^{\alpha_n}$$

称表达式为 m 的质因子分解。

Démonstration
Laissée en exercice (exercice 4.14 p.166).

- -

留作练习，参看习题 4.14 p.166。

> **Définition 4.4** – nombre premier entre eux 互质
>
> Soient a et b deux entiers naturels. On dit qu'ils sont *premiers entre eux* s'il n'existe pas de facteur premier à la fois pour a et pour b.
>
> -
>
> 设 a 和 b 是两个自然数，如果 a 和 b 的所有质因子均不同，则称 a 和 b 是互质的。

Exemple 4.17

- 98 et 15 sont premiers entre eux (98 a pour facteurs premiers 2 et 7 ; 15 a pour facteur premiers 3 et 5).
- 98 et 21 ne sont pas premiers entre eux car 7 est un facteur premier de 98 et de 21.

- -

- 98 和 15 是互质的（因为 98 的质因子是 2 和 7，15 的质因子是 3 和 5）。
- 98 和 21 不是互质的（因为 7 是 98 和 21 的质因子）。

Rappelons (voir la définition 2.2 p.31) qu'un *nombre rationnel* est un nombre de la forme $\frac{a}{b}$ où $a \in \mathbb{Z}$ et $b \in \mathbb{N}^*$ et qu'on note $\mathbb{Q}$ l'ensemble des nombres rationnels.

- -

让我们回顾一下（参看定义 2.2 p.31），一个有理数是一个形如 $\frac{a}{b}$ 的数，其中 $a \in \mathbb{Z}$ 和 $b \in \mathbb{N}^*$。$\mathbb{Q}$ 表示全体有理数的集合。

> **Lemme 4.1**
>
> Soit a un entier naturel et soit b un entier naturel non nul. Il existe un unique couple $(q, r) \in \mathbb{N} \times [\![0, b-1]\!]$ tels que $a = bq + r$.
>
> -
>
> 设 a 是一个自然数，b 是一个非零自然数，则存在唯一的有序对 $(q, r) \in \mathbb{N} \times [\![0, b-1]\!]$ 满足 $a = bq + r$。

Démonstration
Laissé en exercice (exercice 4.13 p.166).

- -

留在练习，习题 4.13 p.166。

Définition 4.5 – division euclidienne, quotient, reste
欧几里得除法、商、余数

Soit a un entier naturel et soit b un entier naturel non nul. Effectuer la *division euclidienne* de a par b, c'est écrire

$$a = bq + r$$

avec $q \in \mathbb{N}$ et $r \in [\![0, b-1]\!]$ sont donnés (de manière unique) par le lemme 4.1 p.163. L'entier q s'appelle le *quotient* et l'entier r s'appelle le *reste*.

- -

设 a 是一个自然数，b 是一个非零自然数。我们称进行了 a 除以 b 的**欧几里得除法**，即写出

$$a = bq + r$$

其中 $q \in \mathbb{N}$ 和 $r \in [\![0, b-1]\!]$ 是唯一的（参看引理 4.1 p.163）。整数 q 称为**商**，整数 r 称为**余数**。

Proposition 4.2 – forme irréductible 有理数的最简形式

Soit r un nombre rationnel. Il existe un unique couple $(a, b) \in \mathbb{Z} \times \mathbb{N}^*$ tels que

$$r = \frac{a}{b}$$

avec $|a|$ et b premiers entre eux [a]. Cette écriture est appelée *forme irréductible de r*.

---
　　a. Ici $|a| = a$ si $a \geqslant 0$ et $|a| = -a$ si $a < 0$.

- -

设 r 是一个有理数，则存在唯一的有序对 $(a, b) \in \mathbb{Z} \times \mathbb{N}^*$ 满足

$$r = \frac{a}{b}$$

且 $|a|$ 和 b 互质，[a] 此时 $\frac{a}{b}$ 称为 r 的**最简形式**。

---
　　a. 如果 $a \geqslant 0$，则 $|a| = a$，如果 $a < 0$，则 $|a| = -a$。

Démonstration
Admis, cela vient de la construction même de $\mathbb{Q}$.

- -

有理数结构的定义决定了唯一性。

4.4   Exercices 习题

Les questions et exercices ayant le symbole ♠ sont plus difficiles.

- -

带有 ♠ 符号的习题有一定难度。

Exercice 4.1. Déterminer l'ensemble des solutions de l'équation $\sqrt{x\,(x+3)} = \sqrt{3x - 5}$ d'inconnue $x \in \mathbb{R}$.

Exercice 4.2. Démontrer qu'il existe un unique triplet $(a, b, c) \in \mathbb{R}^3$ tel que

$$\forall x \in \mathbb{R} \setminus \{0, -1\}, \quad \frac{1}{x^2(x+1)} = \frac{a}{x^2} + \frac{b}{x} + \frac{c}{x+1}.$$

Exercice 4.3. Démontrer que, pour tout entier naturel n, $2^n > n$.

Exercice 4.4. Démontrer que, pour tout $n \in \mathbb{N}$, $4^{n+1}\,n - 4^n\,(n+1) + 1$ est divisible par 9.

Exercice 4.5. Soit $(u_n)_{n \in \mathbb{N}}$ une suite de nombres réels définie par $u_0 = u_1 = 1$ et

$$\forall n \in \mathbb{N}, \quad u_{n+2} = u_{n+1} + \frac{2}{n+1}\,u_n.$$

Démontrer que $1 \leqslant u_n \leqslant n^2$ pour tout $n \in \mathbb{N}$.

Exercice 4.6. Soit $x \geqslant -1$ un nombre réel. Démontrer que $(1+x)^n \geqslant 1 + n\,x$ pour tout entier $n \geqslant 2$.
Que se passe-t-il pour $n = 0$? Pour $n = 1$?

Exercice 4.7. Le but de cet exercice est de déterminer l'ensemble des fonctions $f : \mathbb{Q} \to \mathbb{Q}$ telle que

$$\forall r, s \in \mathbb{Q}, \quad f(r + s) = f(r) + f(s). \tag{$*$}$$

1. *Étape d'analyse.* Soit $f : \mathbb{Q} \to \mathbb{Q}$ une fonction vérifiant $(*)$.
   - (a) Démontrer que $f(0) = 0$.
   - (b) Démontrer que $f(n) = f(1)\,n$ pour tout $n \in \mathbb{N}$.
   - (c) En déduire que $f(z) = f(1)\,z$ pour tout $z \in \mathbb{Z}$.
   - (d) En déduire que $f(r) = f(1)\,r$ pour tout $r \in \mathbb{Q}$.

2. Conclure par une étape de synthèse.

Remarque : pour pouvoir montrer que l'ensemble des fonctions $f : \mathbb{R} \to \mathbb{R}$ vérifiant $f(x + y) = f(x) + f(y)$ pour tous $x, y \in \mathbb{R}$ est $\{x \mapsto ax \mid a \in \mathbb{R}\}$, il faut ajouter une hypothèse sur f, par exemple qu'elle est continue. Cela dépasse le cadre de cet ouvrage.

Exercice 4.8. Soit $D = \{(x, y) \in \mathbb{R}^2 : x^2 + y^2 \leqslant 1\} \subset \mathbb{R}^2$. Démontrer que D ne peut pas s'écrire comme un produit cartésien de deux sous-ensembles de $\mathbb{R}$.

Exercice 4.9. Soit E un ensemble de $n + 1$ nombres réels compris entre 0 et 1. Démontrer qu'il existe deux éléments x et y de E différents vérifiant $|x - y| \leqslant \frac{1}{n}$.

Exercice 4.10. Soit $n \geqslant 3$ un entier. Démontrer qu'il existe des nombres réels $x_1, \ldots, x_n$ deux-à-deux distincts, c'est-à-dire

$$\forall i, j \in [\![1, n]\!], \quad i \neq j \implies x_i \neq x_j$$

tels que

$$\frac{1}{x_1} + \cdots + \frac{1}{x_n} = 1.$$

Exercice 4.11 (♠). Démontrer que l'application f suivante est bijective :

$$f : \begin{cases} \mathbb{N}^2 & \longrightarrow & \mathbb{N}^* \\ (n, p) & \longmapsto & 2^n(2p + 1). \end{cases}$$

En déduire une bijection $\mathbb{N}^2 \to \mathbb{N}$.

Exercice 4.12. Démontrer qu'il existe une infinité de nombres premiers. *Indication : s'il n'existe que $n \geqslant 1$ nombres premiers $p_1, \ldots, p_n$, que peut-on dire de $q = p_1 \times p_2 \times \cdots \times p_n + 1$?*

Exercice 4.13 (♠).

1. Démontrer le lemme 4.1 p.163 sur la division euclidienne. *Indication : faire une récurrence forte sur n pour démontrer l'existence.*

2. Démontrer que le résultat reste vrai si $a \in \mathbb{Z}$ en autorisant $b \in \mathbb{Z}^*$ avec $r \in [\![0, |b| - 1]\!]$ où $|b|$ est la valeur absolue de b (voir l'exercice 2.4 p.82).

Exercice 4.14 (♠). Démontrer la proposition 4.1 p.162 (décomposition en facteurs premiers.

Indication : pour l'existence, faire une récurrence forte sur n et utiliser l'exemple 4.8 p.151.

Exercice 4.15 (♠). Soit $\mathscr{P}(n)$ une proposition telle que

(a) $\mathscr{P}(1)$ est vraie ;

(b) $\forall n \in \mathbb{N},\ \big(\mathscr{P}(n) \implies \mathscr{P}(2n)\big)$;

(c) $\forall n \in \mathbb{N},\ \big(\mathscr{P}(n+1) \implies \mathscr{P}(n)\big)$.

Démontrer $\mathscr{P}(n)$ pour tout $n \in \mathbb{N}$.

Chapitre 5

Sommes et produits
求和与乘积

Le but de ce chapitre est d'introduire les symboles Σ et Π qui permettent de faire des calculs rigoureux de sommes et de produits ayant plus de deux termes. Nous n'aborderons pas dans ce livre les notions de « sommes infinies » (séries) et de « produits infinis ».

本章主要介绍数学中常用的累加符号 Σ 和累乘符号 Π，熟练使用它们可以方便我们进行有限项求和与乘积的严格计算。本章节中不涉及"无限求和"（级数）和"无限乘积"的概念，参看系列教材《数列与级数 法文版》。

5.1   Symbole Σ 累加符号 Σ

On rappelle que, si I est un ensemble, une *famille* de nombres réels $(a_i)_{i \in I}$ est simplement la donnée pour tout $i \in I$ d'un nombre réel a_i.
Par exemple, si $I = \{-2, 0, 1, 2, 3\}$, on peut considérer la famille $(a_i)_{i \in I}$ avec

$$a_{-2} = 7, \quad a_0 = 1, \quad a_1 = 1, \quad a_2 = 0 \quad \text{et} \quad a_3 = -9.$$

正如第三章节介绍，如果 I 是一个集合，那么一个实数族 $(a_i)_{i \in I}$ 可以理解为一个集合，其中对每一个 $i \in I$ 给出一个实数 a_i。
例如：设 $I = \{-2, 0, 1, 2, 3\}$，可以定义如下实数族 $(a_i)_{i \in I}$：

$$a_{-2} = 7, \quad a_0 = 1, \quad a_1 = 1, \quad a_2 = 0 \quad \text{和} \quad a_3 = -9$$

5.1.1   Définitions et premiers exemples 定义与样例

> **Définition 5.1** – symbole Σ 累加符号 Σ
>
> Soit I un ensemble fini [a] et soit $(a_i)_{i \in I}$ une famille de nombres réels.
> - L'expression
> $$\sum_{i \in I} a_i$$
> désigne la somme de tous les éléments a_i pour $i \in I$.
> - Dans le cas le plus courant où $I = [\![n, p]\!]$ avec n et p des entiers tels que $n \leqslant p$, on pose
> $$\sum_{i=n}^{p} a_i \stackrel{\text{déf}}{=} \sum_{i \in [\![n,p]\!]} a_i = a_n + a_{n+1} + a_{n+2} + \cdots + a_{p-1} + a_p.$$
>
> ---
> a. Voir le chapitre suivant pour une définition précise.
>
> -
>
> 设 I 为有限集，$(a_i)_{i \in I}$ 为一组实数族，则
> - 求和表达式
> $$\sum_{i \in I} a_i$$
> 表示为对于 $i \in I$，所有实数 a_i 的和。
> - 在通常情况下，当 $I = [\![n, p]\!]$ 时，其中 n 和 p 为整数且满足 $n \leqslant p$，则
> $$\sum_{i=n}^{p} a_i \stackrel{\text{déf}}{=} \sum_{i \in [\![n,p]\!]} a_i = a_n + a_{n+1} + a_{n+2} + \cdots + a_{p-1} + a_p$$

Exemple 5.1

- $\displaystyle\sum_{k=1}^{4} k^2 = 1^2 + 2^2 + 3^2 + 4^2 = 30.$
- $\displaystyle\sum_{\ell \in \{-1,0,5\}} \ell(\ell+1) = -1 \times (-1+1) + 0 \times (0+1) + 5 \times (5+1) = 30.$
- Si $E = \{(i, i+2) \mid i \in [\![0, 4]\!]\} = \{(0,2), (1,3), (2,4), (3,5), (4,6)\}$ alors
$$\sum_{(i,j) \in E} \frac{i}{j} = \frac{0}{2} + \frac{1}{3} + \frac{2}{4} + \frac{3}{5} + \frac{4}{6} = \frac{21}{10}.$$

设集合 $E = \{(i, i+2) \mid i \in [\![0, 4]\!]\} = \{(0, 2), (1, 3), (2, 4), (3, 5), (4, 6)\}$，则

$$\sum_{(i,j)\in E} \frac{i}{j} = \frac{0}{2} + \frac{1}{3} + \frac{2}{4} + \frac{3}{5} + \frac{4}{6} = \frac{21}{10}$$

Remarque 5.1

1. Dans la somme $\sum_{i\in I} a_i$, la variable i est une variable muette : voir la partie 2.2.3 p.45 pour plus de détails.

2. On note parfois

$$\sum_{n\leqslant i\leqslant p} a_i \quad \text{au lieu de} \quad \sum_{i=n}^{p} a_i.$$

3. La plupart des résultats de ce chapitre se généralisent à des familles de nombres complexes.

1. 在求和表达式 $\sum_{i\in I} a_i$ 中，变量 i 为哑变量，参看小节 2.2.3 p.45。

2. 如下两种记法是一样的：

$$\sum_{n\leqslant i\leqslant p} a_i \quad \text{和} \quad \sum_{i=n}^{p} a_i$$

3. 本小节所学的结论，大部分可以推广到复数族。

Définition 5.2 – somme vide 空和

Pour $I = \varnothing$, on définit par convention

$$\sum_{i\in\varnothing} a_i = 0.$$

当集合 $I = \varnothing$ 时，定义：

$$\sum_{i\in\varnothing} a_i = 0$$

即当一个求和表达式中没有项时，其结果为零。

Exemple 5.2

Si n et p sont deux entiers tels que $n > p$, alors $[\![n, p]\!]$ est vide. Par exemple :

$$\sum_{i=3}^{2} i^3 = 0.$$

如果 n 和 p 是两个整数且满足 $n > p$，那么 $[\![n, p]\!]$ 为空集，则有

$$\sum_{i=3}^{2} i^3 = 0$$

Remarque 5.2

Cette convention de la somme vide est notamment utile pour définir plus rigoureusement le symbole $\sum$ par récurrence sur le nombre d'éléments de I :

1. on pose $\sum_{i \in \varnothing} a_i = 0$ (cas où I n'a pas d'éléments) ;
2. on pose ensuite

$$\sum_{i \in I} a_i = \left(\sum_{i \in I \setminus \{i_0\}} a_i \right) + a_{i_0}$$

où i_0 est un élément de I.

Il faut alors vérifier que cette définition ne dépend pas du choix de i_0 (voir l'exercice 5.13 p.203). Dans le cas d'une somme indexée par des entiers, il y a un choix naturel :

$$\sum_{i=n}^{p+1} a_i = \left(\sum_{i=n}^{p} a_i \right) + a_{p+1}.$$

空和的定义能够使关于索引集合 I 中的元素数量进行归纳法求和的计算更严谨：

1. 当 I 为空集时，设 $\sum_{i \in \varnothing} a_i = 0$；
2. 设

$$\sum_{i \in I} a_i = \left(\sum_{i \in I \setminus \{i_0\}} a_i \right) + a_{i_0}$$

其中 i_0 为 I 的一个元素。

上式表达式成立，需要验证其不依赖于 i_0 的选择，参看习题 5.13 p.203。在由整数索引求和时，我们很自然的有如下选择：

$$\sum_{i=n}^{p+1} a_i = \left(\sum_{i=n}^{p} a_i \right) + a_{p+1}$$

5.1.2 Linéarité de la somme 求和的线性性质

Proposition 5.1 – linéarité de la somme 求和的线性性质

Soit I un ensemble fini.

- Soient $(a_i)_{i \in I}$ et $(b_i)_{i \in I}$ deux familles de nombres réels. Alors :

$$\sum_{i \in I} (a_i + b_i) = \sum_{i \in I} a_i + \sum_{i \in I} b_i.$$

- Soit $(a_i)_{i \in I}$ une famille de nombres réels et soit $\lambda \in \mathbb{R}$ un nombre réel. Alors

$$\sum_{i \in I}(\lambda \, a_i) = \lambda \sum_{i \in I} a_i.$$

设 I 为有限集，

- 设 $(a_i)_{i \in I}$ 和 $(b_i)_{i \in I}$ 为两组实数族，则

$$\sum_{i \in I}(a_i + b_i) = \sum_{i \in I} a_i + \sum_{i \in I} b_i$$

- 设 $(a_i)_{i \in I}$ 为一组实数族，$\lambda \in \mathbb{R}$ 为一个实数，则

$$\sum_{i \in I}(\lambda \, a_i) = \lambda \sum_{i \in I} a_i$$

Démonstration

Notons $\mathscr{P}(n)$ la propriété « pour tout ensemble I à n éléments et toutes familles $(a_i)_{i \in I}$ et $(b_i)_{i \in I}$ de nombres réels, $\sum_{i \in I}(a_i + b_i) = \sum_{i \in I} a_i + \sum_{i \in I} b_i$ ». Démontrons que $\mathscr{P}(n)$ est vraie pour tout $n \in \mathbb{N}$ par récurrence.

- *Initialisation.* Par convention de la somme vide (définition 5.2 p.171), on a

$$\sum_{i \in \varnothing} a_i + \sum_{i \in \varnothing} b_i = 0 + 0 = 0 = \sum_{i \in \varnothing}(a_i + b_i)$$

donc le résultat est vrai pour $I = \varnothing$, c'est-à-dire $n = 0$.

- *Hérédité.* Soit $n \in \mathbb{N}$, supposons $\mathscr{P}(n)$. Soit I un ensemble à $n + 1$ éléments et soient $(a_i)_{i \in I}$ et $(b_i)_{i \in I}$ deux familles de nombres réels. Considérons un élément $i_0 \in I$. On a

$$\sum_{i \in I}(a_i + b_i) = \left(\sum_{i \in I \setminus \{i_0\}}(a_i + b_i) \right) + (a_{i_0} + b_{i_0}) \qquad \text{(remarque 5.2 p.172)}$$

$$= \left(\sum_{i \in I \setminus \{i_0\}} a_i \right) + \left(\sum_{i \in I \setminus \{i_0\}} b_i \right) + a_{i_0} + b_{i_0} \qquad \text{(par } \mathscr{P}(n))$$

$$= \left[\left(\sum_{i \in I \setminus \{i_0\}} a_i \right) + a_{i_0} \right] + \left[\left(\sum_{i \in I \setminus \{i_0\}} b_i \right) + b_{i_0} \right]$$

$$= \sum_{i \in I} a_i + \sum_{i \in I} b_i \qquad \text{(remarque 5.2 p.172)}$$

ce qui démontre $\mathscr{P}(n + 1)$.

Par principe de récurrence, $\mathscr{P}(n)$ est vraie pour tout $n \in \mathbb{N}$. Le deuxième point se démontre de la même façon.

设 $\mathscr{P}(n)$ 表示为命题："对于任意一个有 n 个元素的集合 I 和任意两组实数族 $\sum_{i \in I} (a_i + b_i) = \sum_{i \in I} a_i + \sum_{i \in I} b_i$"。使用归纳法证明：对于所有自然数 $n \in \mathbb{N}$，命题 $\mathscr{P}(n)$ 为真。

- 归纳奠基：由空和的定义（参看定义 5.2 p.171）得

$$\sum_{i \in \varnothing} a_i + \sum_{i \in \varnothing} b_i = 0 + 0 = 0 = \sum_{i \in \varnothing} (a_i + b_i)$$

因此对于 $I = \varnothing$ 时，即 $n = 0$ 时，性质成立。

- 归纳递推：设 $n \in \mathbb{N}$，有 $\mathscr{P}(n)$ 成立。设 I 为 $n+1$ 元素的集合，$(a_i)_{i \in I}$ 和 $(b_i)_{i \in I}$ 为两组实数族。假设 $i_0 \in I$，则有

$$\sum_{i \in I} (a_i + b_i) = \left(\sum_{i \in I \setminus \{i_0\}} (a_i + b_i) \right) + (a_{i_0} + b_{i_0}) \qquad \text{（参看注释 5.2 p.172）}$$

$$= \left(\sum_{i \in I \setminus \{i_0\}} a_i \right) + \left(\sum_{i \in I \setminus \{i_0\}} b_i \right) + a_{i_0} + b_{i_0} \qquad \text{（由归纳假设 } \mathscr{P}(n) \text{ 得）}$$

$$= \left[\left(\sum_{i \in I \setminus \{i_0\}} a_i \right) + a_{i_0} \right] + \left[\left(\sum_{i \in I \setminus \{i_0\}} b_i \right) + b_{i_0} \right]$$

$$= \sum_{i \in I} a_i + \sum_{i \in I} b_i \qquad \text{（参看注释 5.2 p.172）}$$

从而证得 $\mathscr{P}(n+1)$。

On peut regrouper les deux résultats de la proposition 5.1 p.172 : si $(a_i)_{i \in I}$ et $(b_i)_{i \in I}$ sont deux familles de nombres réels et si λ et μ sont deux nombres réels, alors :

$$\sum_{i \in I} (\lambda\, a_i + \mu\, b_i) = \lambda \sum_{i \in I} a_i + \mu \sum_{i \in I} b_i.$$

命题 5.1 p.172 的两个性质也可以有如下形式的融合，即：设 $(a_i)_{i \in I}$ 和 $(b_i)_{i \in I}$ 为两组实数族，λ 和 μ 为两个实数，则有

$$\sum_{i \in I} (\lambda\, a_i + \mu\, b_i) = \lambda \sum_{i \in I} a_i + \mu \sum_{i \in I} b_i$$

Remarque 5.3
Pour un résultat portant sur le produit de deux sommes, voir la proposition 5.11 p.193.

关于两个求和结果的乘积的性质，参看命题 5.11 p.193。

5.1.3   Sommation par paquets 分组求和

> **Proposition 5.2** – sommation par paquets 分组求和
>
> - Soit I un ensemble fini et soient I_1 et I_2 deux parties de I telles que $I_1 \cup I_2 = I$ et $I_1 \cap I_2 = \varnothing$. Alors, pour toute famille $(a_i)_{i \in I}$ de nombres réels,
>
> $$\sum_{i \in I} a_i = \sum_{i \in I_1} a_i + \sum_{i \in I_2} a_i.$$
>
> Dans le cas particulier important où $I = [\![n, p]\!]$ avec n et p deux entiers tels que $n \leqslant p$, on a la *relation de Chasles* :
>
> $$\forall \ell \in [\![n, p]\!], \quad \sum_{i=n}^{p} a_i = \sum_{i=n}^{\ell} a_i + \sum_{i=\ell+1}^{p} a_i$$
>
> avec $I_1 = [\![n, \ell]\!]$ et $I_2 = [\![\ell + 1, p]\!]$.
>
> - Plus généralement, si $I_1, \ldots, I_n$ sont des parties de I telles que $I_1 \cup \ldots \cup I_n = I$ et qui sont deux-à-deux disjointes [a] alors
>
> $$\sum_{i \in I} a_i = \sum_{k=1}^{n} \left(\sum_{i \in I_k} a_i \right) = \sum_{i \in I_1} a_i + \sum_{i \in I_2} a_i + \cdots + \sum_{i \in I_n} a_i.$$
>
> ---
>
> a. C'est-à-dire que $I_k \cap I_\ell = \varnothing$ pour tout $k, \ell \in [\![1, n]\!]$ tels que $k \neq \ell$.
>
> -
>
> - 设 I 为有限集，I_1 和 I_2 为 I 的子集且满足 $I_1 \cup I_2 = I$ 和 $I_1 \cap I_2 = \varnothing$。那么，对于任意一组实数族 $(a_i)_{i \in I}$，
>
> $$\sum_{i \in I} a_i = \sum_{i \in I_1} a_i + \sum_{i \in I_2} a_i$$
>
> 特别地，当 $I = [\![n, p]\!]$ 时，其中 n 和 p 为整数且满足 $n \leqslant p$，我们有如下著名的**卡莱尔关系**，即
>
> $$\forall \ell \in [\![n, p]\!], \quad \sum_{i=n}^{p} a_i = \sum_{i=n}^{\ell} a_i + \sum_{i=\ell+1}^{p} a_i$$
>
> 其中 $I_1 = [\![n, \ell]\!]$，$I_2 = [\![\ell + 1, p]\!]$。
>
> - 更一般的，设 $I_1, \ldots, I_n$ 是 I 的子集满足 $I_1 \cup \ldots \cup I_n = I$ 且两两不相交，则有
>
> $$\sum_{i \in I} a_i = \sum_{k=1}^{n} \left(\sum_{i \in I_k} a_i \right) = \sum_{i \in I_1} a_i + \sum_{i \in I_2} a_i + \cdots + \sum_{i \in I_n} a_i$$

Démonstration

Le premier point se démontre par récurrence sur le nombre d'éléments de I_2. Le deuxième point se démontre facilement par récurrence sur n. Voir l'exercice 5.12 p.203.

可以通过对集合 I_2 中元素数量的归纳证明第一点，通过对自然数 n 的归纳证明第二点，参看习题 5.12 p.203。

Remarque 5.4

1. La proposition 5.2 p.175 s'appelle *sommation par paquets* car on somme d'abord sur chacun des k *paquet* d'indice I_k puis on somme les k résultats.

2. On applique souvent la sommation par paquets lorsque les parties $I_1, \ldots, I_n$ forment une partition de I (définition 2.24 p.79) mais elle reste valable même si certains I_k sont vides, les sommes correspondantes sont alors nulles (convention de la somme vide, définition 5.2 p.171).

---

1. 命题 5.2 p.175 称为**分组求和**，因为对所有索引 I 求和相当于对每个索引块 I_k 做 k 次求和，然后再将这 k 次求和的结果相加。

2. 当子集 $I_1, \ldots, I_n$ 构成 I 的一个划分（参看划分定义 2.24 p.79）时，我们通常应用分组求和的方法，即使某些 I_k 是空集，它仍然成立，因为相应的求和结果为零（参见空和定义 5.2 p.171）。

5.1.4 Changement d'indice 索引变换

Proposition 5.3 – changement d'indice dans une somme
求和的索引变换

Soient I et J deux ensembles finis et soit $f : I \to J$ une bijection. Alors, pour toute famille $(a_i)_{i \in I}$ de nombres réels,

$$\sum_{i \in I} a_i = \sum_{j \in J} a_{f^{-1}(j)}.$$

On dit alors qu'on a effectué le *changement d'indice* « $j = f(i)$ » ou, ce qui est équivalent, « $i = f^{-1}(j)$ ».

设 I 和 J 为有限集，$f : I \to J$ 为双射，则对于任意一组实数族 $(a_i)_{i \in I}$，有

$$\sum_{i \in I} a_i = \sum_{j \in J} a_{f^{-1}(j)}$$

此过程称为**索引变换**或**变量替换**，即" $j = f(i)$ "或者" $i = f^{-1}(j)$ "。

Démonstration

Par récurrence sur le nombre d'éléments n de I.

- *Initialisation.* Lorsque $I = \varnothing$ (cas $n = 0$), on a nécessairement $J = f(\varnothing) = \varnothing$ et on a bien

$$\sum_{i \in \varnothing} a_i = 0 = \sum_{j \in \varnothing} a_{f^{-1}(j)}$$

ce qui démontre que le résultat est vrai au rang $n = 0$.

- *Hérédité.* Soit $n \in \mathbb{N}$ tel que le résultat soit vrai au rang n. Considérons un ensemble I à $n + 1$ éléments et $i_0 \in I$. On a alors (remarque 5.2 p.172)

$$\sum_{i \in I} a_i = \left(\sum_{i \in I \setminus \{i_0\}} a_i \right) + a_{i_0}.$$

Remarquons alors que $f \Big|_{I \setminus \{i_0\}}^{J \setminus \{f(i_0)\}}$ est bijective donc d'après l'hypothèse de récurrence :

$$\sum_{i \in I} a_i = \left(\sum_{j \in J \setminus \{f(i_0)\}} a_{f^{-1}(j)} \right) + a_{i_0}.$$

Or $a_{i_0} = a_{f^{-1}(f(a_{i_0}))}$ donc

$$\sum_{i \in I} a_i = \left(\sum_{j \in J \setminus \{f(i_0)\}} a_{f^{-1}(j)} \right) + a_{f^{-1}(f(a_{i_0}))} = \sum_{j \in J} a_{f^{-1}(j)}$$

toujours d'après la remarque 5.2 p.172. Cela démontre que le résultat est vrai au rang $n + 1$.

Par principe de récurrence, le résultat est vrai pour tout $n \in \mathbb{N}$.

- -

对集合 I 中元素的个数 n 进行归纳法证明, 即:

- 归纳奠基: 当 $I = \varnothing$, 即 $n = 0$ 时, 有 $J = f(\varnothing) = \varnothing$ 以及

$$\sum_{i \in \varnothing} a_i = 0 = \sum_{j \in \varnothing} a_{f^{-1}(j)}$$

证得当 $n = 0$ 时, 性质成立.

- 归纳递推: 假设对于 $n \in \mathbb{N}$, 性质成立. 设集合 I 有 $n + 1$ 个元素且 $i_0 \in I$. 因此有 (参看注释 5.2 p.172),

$$\sum_{i \in I} a_i = \left(\sum_{i \in I \setminus \{i_0\}} a_i \right) + a_{i_0}$$

注意到 $f \Big|_{I \setminus \{i_0\}}^{J \setminus \{f(i_0)\}}$ 为双射, 由归纳假设得

$$\sum_{i \in I} a_i = \left(\sum_{j \in J \setminus \{f(i_0)\}} a_{f^{-1}(j)} \right) + a_{i_0}$$

因为有 $a_{i_0} = a_{f^{-1}(f(a_{i_0}))}$. 由注释 5.2 p.172 可知

$$\sum_{i \in I} a_i = \left(\sum_{j \in J \setminus \{f(i_0)\}} a_{f^{-1}(j)} \right) + a_{f^{-1}(f(a_{i_0}))} = \sum_{j \in J} a_{f^{-1}(j)}$$

因此, 对于 $n + 1$, 性质也成立.

由归纳法得, 对于所有的 $n \in \mathbb{N}$, 性质成立.

En pratique, on utilise le plus souvent deux types de changements d'indices pour des sommes indexés par des entiers consécutifs.

- Les *décalages d'indice* qui sont de la forme « $j = i + \ell$ » (c'est-à-dire « $i = j - \ell$ ») :

$$\sum_{i=n}^{p} a_i = \sum_{j=n+\ell}^{p+\ell} a_{j-\ell}$$

avec ℓ un entier quelconque, ce qui correspond à la bijection $f : [\![n, p]\!] \to [\![n+\ell, p+\ell]\!]$ donnée par $f(i) = i + \ell$ pour tout $i \in [\![n, p]\!]$.
Voir par exemple la démonstration de la proposition 5.5 p.181.

- Les *renversements d'indice* qui sont de la forme « $j = \ell - i$ » (c'est-à-dire « $i = \ell - j$ ») :

$$\sum_{i=n}^{p} a_i = \sum_{j=\ell-p}^{\ell-n} a_{\ell-j}$$

avec ℓ un entier quelconque, ce qui correspond à la bijection $f : [\![n, p]\!] \to [\![\ell-p, \ell-n]\!]$ donnée par $f(i) = \ell - i$ pour tout $i \in [\![n, p]\!]$.
Voir par exemple la démonstration de la proposition 5.6 p.182.

- -

在实际解题过程中，关于由整数索引的求和，常用如下两种索引变换：

- **索引平移法**：当表达式为" $j = i + \ell$ "（即" $i = j - \ell$ "）时：

$$\sum_{i=n}^{p} a_i = \sum_{j=n+\ell}^{p+\ell} a_{j-\ell}$$

其中 ℓ 为整数。此时索引平移法对应双射 $f : [\![n, p]\!] \to [\![n+\ell, p+\ell]\!]$ 满足对于所有的 $i \in [\![n, p]\!]$，$f(i) = i + \ell$。
参看命题 5.5 p.181 的证明。

- **索引反转法**：当表达式为" $j = \ell - i$ "（即" $i = \ell - j$ "）时：

$$\sum_{i=n}^{p} a_i = \sum_{j=\ell-p}^{\ell-n} a_{\ell-j}$$

其中 ℓ 为整数。索引反转法对应双射 $f : [\![n, p]\!] \to [\![\ell-p, \ell-n]\!]$ 满足对于所有的 $i \in [\![n, p]\!]$，$f(i) = \ell - i$。
参看命题 5.6 p.182 的证明。

Remarque 5.5
Nous verrons au chapitre suivant que, puisque I est fini, il existe une bijection $f : I \to [\![1, n]\!]$ où n est le cardinal de I (son nombre d'éléments). On peut donc toujours indexer une somme

avec des entiers par le changement d'indice $j = f(i)$:

$$\sum_{i \in I} a_i = \sum_{j \in [\![1,n]\!]} a_{f^{-1}(j)} = \sum_{j=1}^{n} a_{f^{-1}(j)}.$$

下一章节中，我们将会学习当 I 为有限集时，双射 $f : I \to [\![1,n]\!]$，其中 n 为集合 I 的基数，的存在性。当然，我们总是可以通过索引变换 $j = f(i)$ 的方法来求和，即

$$\sum_{i \in I} a_i = \sum_{j \in [\![1,n]\!]} a_{f^{-1}(j)} = \sum_{j=1}^{n} a_{f^{-1}(j)}$$

5.1.5   Sommes avec contrainte 带约束的求和

Afin de ne pas avoir un formalisme trop lourd pour les ensembles d'indices, on s'autorise à rajouter simplement des contraintes sur les indices que l'on indique en-dessous du symbole Σ. Voyons cela sur un exemple (voir aussi la partie 5.4.3 p.196 pour un autre exemple).

为了避免索引集合的符号过于复杂，我们通常在求和符号 Σ 下方简单地添加对索引的约束。参看如下例题（或者小节 5.4.3 p.196 中的例题）。

Exemple 5.3
Soit n un entier naturel. On a

$$\sum_{\substack{i=0 \\ i \text{ pair}}}^{2n} i = \sum_{k=0}^{n} (2k) = 2 \sum_{k=0}^{n} k = 2\frac{n(n+1)}{2} = n(n+1).$$

Ici, on somme sur l'ensemble des entiers $i \in [\![0, 2n]\!]$ qui sont pairs. On utilise ensuite le changement d'indice $i = 2k$, la linéarité de la somme puis la proposition 5.6 p.182.

设 n 为自然数，则有

$$\sum_{\substack{i=0 \\ \text{且 } i \text{ 为偶}}}^{2n} i = \sum_{k=0}^{n} (2k) = 2 \sum_{k=0}^{n} k = 2\frac{n(n+1)}{2} = n(n+1)$$

证明过程中，我们对整数集合中 $i \in [\![0, 2n]\!]$ 偶数进行求和，然后使用索引变换 $i = 2k$，并结合求和的线性性质和命题 5.6 p.182 的结论得出结果。

5.2   Sommes classiques 常见的求和类型

5.2.1   Sommes de termes constants 常数项求和

Proposition 5.4 – somme de termes constants 常数项求和

Soient n et p deux entiers tels que $n \leqslant p$ et soit λ un nombre réel. Alors

$$\sum_{i=n}^{p} \lambda = \lambda\,(p - n + 1).$$

Plus généralement, si I est un ensemble fini, alors

$$\sum_{i \in I} \lambda = \lambda \operatorname{card} I$$

où $\operatorname{card} I \in \mathbb{N}$ est le *cardinal* de I, c'est-à-dire son nombre d'éléments (voir la définition 6.3 p.206).

- -

设 n 和 p 为整数满足 $n \leqslant p$，设 λ 为实数，则有

$$\sum_{i=n}^{p} \lambda = \lambda\,(p - n + 1)$$

更一般地，设 I 为有限集，则有

$$\sum_{i \in I} \lambda = \lambda \operatorname{card} I$$

其中 $\operatorname{card} I \in \mathbb{N}$ 为集合 I 的**基数**，即集合中元素的个数。

Démonstration
Par linéarité de la somme, on a

$$\sum_{i \in I} \lambda = \sum_{i \in I} \lambda \times 1 = \lambda \sum_{i \in I} 1.$$

Il reste ensuite à démontrer que $\sum_{i \in I} 1 = \operatorname{card} I$, ce qui se démontre par récurrence sur $\operatorname{card} I$ (voir l'exercice 5.12 p.203).

- -

由求和的线性性质得

$$\sum_{i \in I} \lambda = \sum_{i \in I} \lambda \times 1 = \lambda \sum_{i \in I} 1$$

然后可以通过归纳法证明 $\sum_{i \in I} 1 = \operatorname{card} I$（参看习题 5.12 p.203）。

Remarque 5.6
On retrouve le fait que card($[\![n,p]\!]$) = $p - n + 1$ (proposition 6.1 p.208).

- -

注意到 card($[\![n,p]\!]$) = $p - n + 1$。

5.2.2 Sommes télescopiques *裂项求和*

Une *somme télescopique* est une somme de la forme

$$\sum_{i=n}^{p}(b_{i+1} - b_i).$$

Ces sommes se calculent facilement, comme le montre la proposition suivante.

- -

裂项求和的表达式形如：

$$\sum_{i=n}^{p}(b_{i+1} - b_i)$$

Proposition 5.5 – somme télescopique *裂项求和*

Soient n et p deux entiers tels que $n \leqslant p$ et soient $b_n, b_{n+1}, \ldots, b_p, b_{p+1}$ des nombres réels. Alors

$$\sum_{i=n}^{p}(b_{i+1} - b_i) = b_{p+1} - b_n.$$

- -

设 n 和 p 为整数满足 $n \leqslant p$，设 b_n，b_{n+1}，$\ldots$，b_p，b_{p+1} 均为实数，则有

$$\sum_{i=n}^{p}(b_{i+1} - b_i) = b_{p+1} - b_n$$

Démonstration
Par linéarité de la somme puis, par décalage d'indice $j = i + 1$,

$$\sum_{i=n}^{p}(b_{i+1} - b_i) = \sum_{i=n}^{p} b_{i+1} - \sum_{i=n}^{p} b_i = \sum_{j=n+1}^{p+1} b_j - \sum_{i=n}^{p} b_i$$

Par relation de Chasles (proposition 5.2 p.175)

$$\sum_{i=n}^{p}(b_{i+1} - b_i) = \left(\sum_{j=n+1}^{p} b_j \right) + b_{p+1} - \left(b_n + \sum_{i=n+1}^{p} b_i \right) = b_{p+1} - b_n.$$

证明过程应用求和的线性性质和索引平移法 $j = i + 1$，

$$\sum_{i=n}^{p} (b_{i+1} - b_i) = \sum_{i=n}^{p} b_{i+1} - \sum_{i=n}^{p} b_i = \sum_{j=n+1}^{p+1} b_j - \sum_{i=n}^{p} b_i$$

由卡莱尔关系（参看命题 5.2 p.175）得

$$\sum_{i=n}^{p} (b_{i+1} - b_i) = \left(\sum_{j=n+1}^{p} b_j \right) + b_{p+1} - \left(b_n + \sum_{i=n+1}^{p} b_i \right) = b_{p+1} - b_n$$

Exemple 5.4

Soit n un entier naturel non nul. Alors

$$\sum_{k=1}^{n} \frac{1}{k(k+1)} = \sum_{k=1}^{n} \left(\frac{1}{k} - \frac{1}{k+1} \right) = 1 - \frac{1}{n+1}.$$

求解过程中把一般求和表达式转换为更容易计算的裂项求和表达式。

Remarque 5.7
On rencontre parfois des sommes télescopiques plus compliquées, voir par l'exemple l'exercice 5.2 p.200.

解题过程中，我们会遇到相对复杂的裂项和，参看习题 5.2 p.200。

5.2.3   Sommes de puissances positives d'entiers 整数幂求和

Proposition 5.6 – somme des entiers et des carrés 整数幂求和

Pour tout entier naturel n,

$$\sum_{k=0}^{n} k = \frac{n(n+1)}{2} \quad \text{et} \quad \sum_{k=0}^{n} k^2 = \frac{n(n+1)(2n+1)}{6}.$$

对于所有的自然数 n，有上述结论。

Démonstration
On peut démontrer ces deux formules par récurrence sur n, approche que nous laissons en exercice (voir l'exercice 5.1 p.200). Proposons d'autres démonstrations.

• Par changement d'indice $i = n - k$ on obtient

$$\sum_{k=0}^{n} k = \sum_{i=0}^{n} (n-k) = \sum_{i=0}^{n} n - \sum_{i=0}^{n} k = n(n+1) - \sum_{i=0}^{n} k$$

par linéarité de la somme et la proposition 5.4 p.180. On a donc bien $\sum_{k=0}^{n} k = \frac{n(n+1)}{2}$.

- Pour tout nombre réel x, on a $(x+1)^3 = x^3 + 3x^2 + 3x + 1$ donc

$$\sum_{k=0}^{n} \left((k+1)^3 - k^3\right) = \sum_{k=0}^{n} (3k^2 + 3k + 1)$$

$$= 3\sum_{k=0}^{n} k^2 + 3\sum_{k=0}^{n} k + \sum_{k=0}^{n} 1$$

$$= 3\sum_{k=0}^{n} k^2 + 3 \cdot \frac{n(n+1)}{2} + (n+1)$$

en utilisant la linéarité de la somme, le résultat précédent et la proposition 5.4 p.180. Or $\sum_{k=0}^{n} \left((k+1)^3 - k^3\right)$ est une somme télescopique (voir la partie 5.2.2 p.181) qui vaut donc $(n+1)^3 - 0^3 = (n+1)^3$. On a donc

$$\sum_{k=0}^{n} k^2 = \frac{1}{3}\left((n+1)^3 - 3 \cdot \frac{n(n+1)}{2} - (n+1)\right) = \frac{n(n+1)(2n+1)}{6}.$$

首先，可以应用在自然数 n 上的归纳法来证明。这里我们尝试给出另外一种证明方法：

- 由索引变换 $i = n - k$ 得

$$\sum_{k=0}^{n} k = \sum_{i=0}^{n} (n-i) = \sum_{i=0}^{n} n - \sum_{i=0}^{n} k = n(n+1) - \sum_{i=0}^{n} k$$

由求和的线性性质和命题 5.4 p.180 的结论，得到 $\sum_{k=0}^{n} k = \frac{n(n+1)}{2}$。

- 对于任意实数 x，有 $(x+1)^3 = x^3 + 3x^2 + 3x + 1$。因此有

$$\sum_{k=0}^{n} \left((k+1)^3 - k^3\right) = \sum_{k=0}^{n} (3k^2 + 3k + 1)$$

$$= 3\sum_{k=0}^{n} k^2 + 3\sum_{k=0}^{n} k + \sum_{k=0}^{n} 1$$

$$= 3\sum_{k=0}^{n} k^2 + 3 \cdot \frac{n(n+1)}{2} + (n+1)$$

证明过程中应用了求和的线性性质，命题 5.4 p.180 以及第一点的结论。

又因为 $\sum_{k=0}^{n} \left((k+1)^3 - k^3\right)$ 为裂项求和（参看小节 5.2.2 p.181）的形式，其结果为 $(n+1)^3 - 0^3 = (n+1)^3$。最后证得

$$\sum_{k=0}^{n} k^2 = \frac{1}{3}\left((n+1)^3 - 3 \cdot \frac{n(n+1)}{2} - (n+1)\right) = \frac{n(n+1)(2n+1)}{6}$$

Remarque 5.8
Il existe plus généralement des formules pour les sommes $\sum_{k=0}^{n} k^s$ avec $s \in \mathbb{N}$, voir l'exercice

5.5 p.201 ou l'exercice 6.6 p.254.

- -

存在更一般的整数幂求和情况，如 $\sum_{k=0}^{n} k^s$ 其中 $s \in \mathbb{N}$，参看习题 5.5 p.201 或习题 6.6 p.254。

5.2.4   Sommes géométriques 等比求和

> **Proposition 5.7** – formule de Bernoulli 伯努利公式
>
> Soient a et b des nombres réels. Pour tout entier naturel n,
>
> $$a^n - b^n = (a-b) \sum_{k=0}^{n-1} a^{n-1-k} b^k.$$
>
> -
>
> 设 a 和 b 为实数，对于所有的自然数 n，有
>
> $$a^n - b^n = (a-b) \sum_{k=0}^{n-1} a^{n-1-k} b^k$$

Démonstration
Par linéarité de la somme et par télescopage,

$$(a-b) \sum_{k=0}^{n-1} a^{n-1-k} b^k = a \sum_{k=0}^{n-1} a^{n-1-k} b^k - b \sum_{k=0}^{n-1} a^{n-1-k} b^k$$

$$= \sum_{k=0}^{n-1} a^{n-k} b^k - \sum_{k=0}^{n-1} a^{n-1-k} b^{k+1}$$

$$= a^{n-0} b^0 - a^{n-1-(n-1)} b^{(n-1)+1}$$

$$= a^n - b^n.$$

- -

证明过程应用了求和的线性性质和裂项求和的性质。

> **Proposition 5.8** – somme géométrique 等比求和
>
> Soit x un nombre réel.
>
> - Pour tout entier naturel n,
>
> $$\sum_{k=0}^{n} x^k = \begin{cases} n+1 & \text{si } x = 1 ; \\ \dfrac{1 - x^{n+1}}{1 - x} & \text{si } x \neq 1. \end{cases}$$

- Plus généralement, si n et p sont des entiers tels que $0 \leqslant n \leqslant p$, on a

$$\sum_{k=n}^{p} x^k = \begin{cases} p - n + 1 & \text{si } x = 1\,; \\ x^n\,\dfrac{1 - x^{p-n+1}}{1 - x} & \text{si } x \neq 1. \end{cases}$$

设 x 为实数,

- 对于任意自然数 n,

$$\sum_{k=0}^{n} x^k = \begin{cases} n + 1 & \text{当 } x = 1 \\ \dfrac{1 - x^{n+1}}{1 - x} & \text{当 } x \neq 1 \end{cases}$$

- 更一般地,如果 n 和 p 为整数且满足 $0 \leqslant n \leqslant p$,则有

$$\sum_{k=n}^{p} x^k = \begin{cases} p - n + 1 & \text{当 } x = 1 \\ x^n\,\dfrac{1 - x^{p-n+1}}{1 - x} & \text{当 } x \neq 1 \end{cases}$$

Démonstration

- Le cas $x = 1$ est exactement la proposition 5.4 p.180.
- Supposons donc $x \neq 1$. On peut alors démontrer la formule du premier point par récurrence sur n. On peut aussi appliquer la formule de Bernoulli (proposition 5.7 p.184) :

$$1 - x^n = (1 - x) \sum_{k=0}^{n-1} 1^{n-1-k}\,x^k = (1 - x) \sum_{k=0}^{n-1} x^k$$

d'où

$$\sum_{k=0}^{n} x^k = \frac{1 - x^{n+1}}{1 - x}.$$

- Le deuxième point s'obtient par linéarité et par décalage d'indice $i = k - n$:

$$\sum_{k=n}^{p} x^k = x^n \sum_{k=n}^{p} x^{k-n} = x^n \sum_{i=0}^{p-n} x^i = x^n\,\frac{1 - x^{p-n+1}}{1 - x}$$

en appliquant le premier point.

- 当 $x = 1$ 时,即命题 5.4 p.180 的结论。
- 当 $x \neq 1$ 时,通过对自然数 n 的归纳法来证明第一点,或者应用伯努利公式(参看命题 5.7 p.184),即

$$1 - x^n = (1 - x) \sum_{k=0}^{n-1} 1^{n-1-k}\,x^k = (1 - x) \sum_{k=0}^{n-1} x^k$$

其中

$$\sum_{k=0}^{n} x^k = \frac{1 - x^{n+1}}{1 - x}$$

- 应用求和线性性质，索引平移法 $i = k - n$ 及上一点结论，得

$$\sum_{k=n}^{p} x^k = x^n \sum_{k=n}^{p} x^{k-n} = x^n \sum_{i=0}^{p-n} x^i = x^n \frac{1 - x^{p-n+1}}{1 - x}$$

Notons que dans la formule

$$\sum_{k=n}^{p} x^k = x^n \frac{1 - x^{p-n+1}}{1 - x},$$

x^n est le premier terme de la somme et $p - n + 1$ le nombre de termes de la somme.

注意到在表达式

$$\sum_{k=n}^{p} x^k = x^n \frac{1 - x^{p-n+1}}{1 - x}$$

中，x^n 为求和表达式的第一项，$p - n + 1$ 为求和项的项数。

Remarque 5.9
On utilise la convention $0^0 = 1$ ici. On a donc bien

$$\sum_{k=0}^{n} 0^k = 0^0 + \underbrace{\sum_{k=1}^{n} 0^k}_{=0} = 1 = \frac{1 - 0^{n+1}}{1 - 0}.$$

定义 $0^0 = 1$，则有

$$\sum_{k=0}^{n} 0^k = 0^0 + \underbrace{\sum_{k=1}^{n} 0^k}_{=0} = 1 = \frac{1 - 0^{n+1}}{1 - 0}$$

5.3 Symbole ∏ 累乘符号 ∏

5.3.1 Définitions et propriétés 定义与性质

Définition 5.3 − symbole ∏ 累乘符号 ∏

Soit I un ensemble fini et soit $(a_i)_{i \in I}$ une famille de nombres réels.

- L'expression

$$\prod_{i \in I} a_i$$

désigne le produit de tous les éléments a_i pour $i \in I$.

- Dans le cas le plus courant où $I = [\![n, p]\!]$ avec n et p des entiers, on pose

$$\prod_{i=n}^{p} a_i \overset{\text{déf}}{=} \prod_{i \in [\![n,p]\!]} a_i = a_n \times a_{n+1} \times a_{n+2} \times \cdots \times a_{n-1} \times a_p.$$

- -

设 I 为有限集，$(a_i)_{i \in I}$ 为一组实数族，

- 表达式

$$\prod_{i \in I} a_i$$

定义为对于 $i \in I$，所有 a_i 项进行连乘。

- 当集合为 $I = [\![n, p]\!]$ 时，其中 n 和 p 为整数，则有

$$\prod_{i=n}^{p} a_i \overset{\text{déf}}{=} \prod_{i \in [\![n,p]\!]} a_i = a_n \times a_{n+1} \times a_{n+2} \times \cdots \times a_{n-1} \times a_p$$

Définition 5.4 − produit vide 空积

Pour $I = \varnothing$, on définit par convention

$$\prod_{i \in \varnothing} a_i = 1.$$

- -

当集合 $I = \varnothing$ 时，定义

$$\prod_{i \in \varnothing} a_i = 1$$

即当一个累乘表达式中没有项时，定义其结果为 1，称作为空积，也称为零项积。

Remarque 5.10

Plus formellement et de manière analogue à la remarque 5.2 p.172, on définit le symbole Π par récurrence sur le nombre d'éléments de I :

1. on pose $\prod_{i \in \varnothing} a_i = 1$;
2. on pose ensuite

$$\prod_{i \in I} a_i = \left(\prod_{i \in I \setminus \{i_0\}} a_i \right) \times a_{i_0}$$

où i_0 est un élément de I.

On vérifie alors que cette définition ne dépend pas du choix de i_0 (comme pour Σ, voir l'exercice 5.13 p.203).

更正式地，类似于注释 5.2 p.172，我们通过在集合 I 中元素数量上的归纳来定义符号 Π ：

1. 首先定义 $\prod_{i \in \varnothing} a_i = 1$ ；
2. 其次定义

$$\prod_{i \in I} a_i = \left(\prod_{i \in I \setminus \{i_0\}} a_i \right) \times a_{i_0}$$

其中 i_0 为 I 中的一个元素。

与累加符号 Σ 性质一样，本定义也不依赖于元素 i_0 的选择，参看习题 5.13 p.203。

Le symbole Π a des propriétés analogues à celui du symbole Σ. Nous les listons dans la proposition suivante.

累乘符号 Π 具有与累加符号 Σ 类似的性质，我们将在下面的命题中给出。

Proposition 5.9 – propriétés du symbole Π 累乘的性质

1. *Produits de symboles* Π. Pour tout ensemble I fini, toutes familles $(a_i)_{i \in I}$ et $(b_i)_{i \in I}$ de nombres réels et tous $p, q \in \mathbb{Z}$,

$$\prod_{i \in I} a_i^p \, b_i^q = \left(\prod_{i \in I} a_i \right)^p \left(\prod_{i \in I} b_i \right)^q.$$

2. *Produit par paquets.* Pour tout ensemble I_1 et tout ensemble I_2 finis tels que $I_1 \cap I_2 = \varnothing$ et toute famille $(a_i)_{i \in I_1 \cup I_2}$ de nombres réels :

$$\left(\prod_{i \in I_1} a_i \right) \left(\prod_{i \in I_2} a_i \right) = \prod_{i \in I_1 \cup I_2} a_i.$$

3. *Changement d'indice.* Pour tout ensemble I et tout ensemble J finis, pour toute bijection $f : I \to J$ et pour toute famille $(a_i)_{i \in I}$ de nombres réels,

$$\prod_{i \in I} a_i = \prod_{j \in J} a_{f^{-1}(j)}.$$

4. *Produit de termes constants.* Pour tout entier n et tout entier p tels que $n \leqslant p$ et tout $\lambda \in \mathbb{R}$:

$$\prod_{i=n}^{p} \lambda = \lambda^{p-n+1}.$$

Plus généralement, si I est un ensemble fini,

$$\prod_{i \in I} \lambda = \lambda^{\operatorname{card} I}.$$

5. *Produit télescopique.* Pour tout entier n et tout entier p tels que $n \leqslant p$ et toute famille $(b_i)_{i \in [\![n, p+1]\!]}$ de nombres réels non nuls :

$$\prod_{i=n}^{p} \frac{b_{k+1}}{b_k} = \frac{b_{n+1}}{b_0}.$$

- -

1. **累乘符号 $\prod$ 的乘积**：对于任意有限集合 I，任意两组实数族 $(a_i)_{i \in I}$ 和 $(b_i)_{i \in I}$，以及任意整数 $p, q \in \mathbb{Z}$，有

$$\prod_{i \in I} a_i^p \, b_i^q = \left(\prod_{i \in I} a_i \right)^p \left(\prod_{i \in I} b_i \right)^q$$

2. **分组乘积**：对于任意有限集合 I_1 和 I_2 满足 $I_1 \cap I_2 = \varnothing$，以及任意一组实数族 $(a_i)_{i \in I_1 \cup I_2}$，有

$$\left(\prod_{i \in I_1} a_i \right) \left(\prod_{i \in I_2} a_i \right) = \prod_{i \in I_1 \cup I_2} a_i$$

3. **索引变换**：对于任意的有限集 I 和 J，对于任意的双射 $f : I \to J$ 以及任意一组实数族 $(a_i)_{i \in I}$，有

$$\prod_{i \in I} a_i = \prod_{j \in J} a_{f^{-1}(j)}$$

4. **常数项乘积**：对于任意整数 n 和 p 满足 $n \leqslant p$ 以及任意实数 $\lambda \in \mathbb{R}$，有

$$\prod_{i=n}^{p} \lambda = \lambda^{p-n+1}$$

更一般地，如果 I 为有限集，

$$\prod_{i \in I} \lambda = \lambda^{\operatorname{card} I}$$

5. 裂项乘积：对于任意整数 n 和 p 满足 $n \leqslant p$ 以及对于任意非零实数族 $(b_i)_{i \in [\![n, p+1]\!]}$，有

$$\prod_{i=n}^{p} \frac{b_{k+1}}{b_k} = \frac{b_{p+1}}{b_n}$$

Démonstration

Laissée en exercice, c'est analogue aux démonstrations des propriétés du symbole Σ (voir l'exercice 5.12 p.203).

留做练习，与累加符号 Σ 性质证明类似 (参看习题 5.12 p.203)。

5.3.2   Factorielle 阶乘

Définition 5.5 – factorielle 阶乘

Soit n un entier naturel. La *factorielle* de n est l'entier noté $n!$ et défini par

$$n! \overset{\text{déf}}{=} \prod_{i=1}^{n} i.$$

En particulier :

$$0! = 1 \quad \text{et} \quad n! = 1 \times 2 \times \cdots \times n \quad \text{si } n \geqslant 1.$$

设 n 为自然数，n 的阶乘记作 $n!$，定义为

$$n! \overset{\text{déf}}{=} \prod_{i=1}^{n} i$$

特别地：

$$0! = 1 \quad \text{和} \quad n! = 1 \times 2 \times \cdots \times n \quad \text{当 } n \geqslant 1$$

Le fait que $0! = 1$ vient de la convention du produit vide (définition 5.4 p.187).

事实上 $0! = 1$ 的结论来自于空积的定义，参看定义 5.4 p.187。

> **Proposition 5.10 –** relation de récurrence de la factorielle
> 阶乘的递推关系
>
> Pour tout entier naturel n,
>
> $$(n+1)! = n! \times (n+1).$$
>
> - - -
>
> 对于任意的自然数 n,
>
> $$(n+1)! = n! \times (n+1)$$

Démonstration
On a

$$n! \times (n+1) = \left(\prod_{i=1}^{n} i \right) \times (n+1) = \prod_{i=1}^{n+1} i = (n+1)!.$$

- - -

根据阶乘的定义得证。

> Ne pas confondre
>
> $$(k\,n)! = 1 \times 2 \times \cdots \times (kn) \quad \text{avec} \quad k\,n! = k \times (1 \times 2 \times \cdots \times n).$$
>
> - - -
>
> 注意区分
>
> $$(k\,n)! = 1 \times 2 \times \cdots \times (kn) \quad 与 \quad k\,n! = k \times (1 \times 2 \times \cdots \times n)$$

5.4   Sommes doubles 双重求和

5.4.1   Définitions et premiers exemples 定义和例题

On parle de *somme double* quand l'ensemble des indices d'une somme est sous la forme d'un produit cartésien :

$$\sum_{(i,j)\in I \times J} a_{i,j}$$

avec I et J des ensembles finis et $(a_{i,j})_{(i,j)\in I \times J}$ une famille de nombres réels.

双重求和是指求和的索引集合以笛卡尔积的形式出现，表达式形如：

$$\sum_{(i,j)\in I\times J} a_{i,j}$$

其中 I 和 J 为有限集，$(a_{i,j})_{(i,j)\in I\times J}$ 为一组实数族。

Remarque 5.11
On définit de même la notion de *somme triple* voir de *somme multiple* lorsque l'ensemble des indices est sous la forme d'un produit cartésien $I = I_1 \times \cdots \times I_k$.
Nous nous concentrons ici sur les sommes doubles mais la plupart des résultats de cette partie se généralisent sans problème au cas $k \geqslant 3$.

同样地，可以定义 三重求和或 多重求和 的概念，即当索引集合以笛卡尔积 $I = I_1 \times \cdots \times I_k$ 的形式出现时。
本小节我们专注于双重求和，其中大多数结论可以推广到 $k \geqslant 3$ 多重求和的情况。

Notation 5.1 – somme double indexée par des entiers
整数索引的双重求和

Soient n, p, q et r des entiers tels que $n \leqslant p$ et $q \leqslant r$ et soit $(a_{i,j})_{(i,j)\in[\![n,p]\!]\times[\![q,r]\!]}$ une famille de nombres réels. On note

$$\sum_{\substack{n\leqslant i\leqslant p\\ q\leqslant j\leqslant r}} a_{i,j} \overset{\text{déf}}{=} \sum_{(i,j)\in[\![n,p]\!]\times[\![q,r]\!]} a_{i,j}.$$

Dans le cas où $n = q$ et $p = r$, on note aussi

$$\sum_{n\leqslant i,j\leqslant p} a_{i,j} \overset{\text{déf}}{=} \sum_{(i,j)\in[\![n,p]\!]^2} a_{i,j}.$$

设 n，p，q 和 r 为整数且满足 $n \leqslant p$ 和 $q \leqslant r$，设 $(a_{i,j})_{(i,j)\in[\![n,p]\!]\times[\![q,r]\!]}$ 为一组实数族，定义

$$\sum_{\substack{n\leqslant i\leqslant p\\ q\leqslant j\leqslant r}} a_{i,j} \overset{\text{déf}}{=} \sum_{(i,j)\in[\![n,p]\!]\times[\![q,r]\!]} a_{i,j}$$

特别地，当 $n = q$ 和 $p = r$ 时，

$$\sum_{n\leqslant i,j\leqslant p} a_{i,j} \overset{\text{déf}}{=} \sum_{(i,j)\in[\![n,p]\!]^2} a_{i,j}$$

Il est utile de voir une somme double indexée par des entiers comme la somme de tous les termes d'un tableau à deux dimensions :

i \ j	q	$q+1$	$\cdots$	r
n	$a_{n,q}$	$a_{n,q+1}$	$\cdots$	$a_{n,r}$
$n+1$	$a_{n+1,q}$	$a_{n+1,q+1}$	$\cdots$	$a_{n+1,r}$
$\vdots$	$\vdots$	$\vdots$	$\ddots$	$\vdots$
p	$a_{p,q}$	$a_{p,q+1}$	$\cdots$	$a_{p,r}$

由如上表格可以，可以看出整数索引的双重求和与对表中所有项的求和是类似的。

Les sommes doubles apparaissent naturellement avec les produits de sommes comme le montre la proposition suivante.

双重求和自然地与和的乘积联系在一起，正如下面命题所介绍。

Proposition 5.11 – produit de deux sommes 和的乘积

Soient I et J deux ensembles finis et soient $(a_i)_{i \in I}$ et $(b_j)_{j \in J}$ deux familles de nombres réels. Alors

$$\left(\sum_{i \in I} a_i \right) \left(\sum_{j \in J} b_j \right) = \sum_{(i,j) \in I \times J} a_i \, b_j.$$

设 I 和 J 为有限集，$(a_i)_{i \in I}$ 和 $(b_j)_{j \in J}$ 为两组实数族，则有如上等式。

Démonstration
D'après la proposition 5.12 p.194 de la partie suivante :

$$\sum_{(i,j) \in I \times J} a_i \, b_j = \sum_{j \in J} \left(\sum_{i \in I} a_i \, b_j \right) = \sum_{j \in J} b_j \underbrace{\left(\sum_{i \in I} a_i \right)}_{\text{indépendant de } j} = \left(\sum_{i \in I} a_i \right) \left(\sum_{j \in J} b_j \right)$$

en utilisant deux fois de suite la linéarité de la somme.

由命题 5.12 p.194 得

$$\sum_{(i,j) \in I \times J} a_i \, b_j = \sum_{j \in J} \left(\sum_{i \in I} a_i \, b_j \right) = \sum_{j \in J} b_j \underbrace{\left(\sum_{i \in I} a_i \right)}_{\text{indépendant de } j} = \left(\sum_{i \in I} a_i \right) \left(\sum_{j \in J} b_j \right)$$

过程中连续两次使用求和的线性性质。

5.4.2   Échange de symboles Σ 符号的交换

> **Proposition 5.12** – échange de symboles Σ 符号的交换
>
> Soient I et J des ensembles finis et soit $(a_{i,j})_{(i,j) \in I \times J}$ une famille de nombres réels. Alors
>
> $$\sum_{i \in I} \left(\sum_{j \in J} a_{i,j} \right) = \sum_{j \in J} \left(\sum_{i \in I} a_{i,j} \right) = \sum_{(i,j) \in I \times J} a_{i,j}.$$
>
> -
>
> 设 I 和 J 为有限集，$(a_i)_{i \in I}$ 和 $(b_j)_{j \in J}$ 为两组实数族，则有如上等式。

Démonstration
On a
$$I \times J = \bigcup_{j \in J} I \times \{j\}$$

avec $(I \times \{j\}) \cap (I \times \{j'\}) = \varnothing$ pour tout $j, j' \in J$ tels que $j \neq j'$. Par sommation par paquets (proposition 5.2 p.175), on a donc

$$\sum_{(i,j) \in I \times J} = \sum_{j \in J} \left(\sum_{(i,j) \in I \times \{j\}} a_{i,j} \right) = \sum_{j \in J} \left(\sum_{i \in I} a_{i,j} \right).$$

L'autre égalité se démontre de la même façon.

- -

首先有
$$I \times J = \bigcup_{j \in J} I \times \{j\}$$

其中对于所有的 $j, j' \in J$ 满足 $j \neq j'$，有 $(I \times \{j\}) \cap (I \times \{j'\}) = \varnothing$。由分组求和的性质（参看命题 5.2 p.175）得

$$\sum_{(i,j) \in I \times J} = \sum_{j \in J} \left(\sum_{(i,j) \in I \times \{j\}} a_{i,j} \right) = \sum_{j \in J} \left(\sum_{i \in I} a_{i,j} \right)$$

Dans le cas particulier d'une somme double indexée par des entiers, la proposition précédente s'écrit (en reprenant la notation 5.1 p.192) :

$$\sum_{\substack{n \leqslant i \leqslant p \\ q \leqslant j \leqslant r}} a_{i,j} = \sum_{i=n}^{p} \left(\sum_{j=q}^{r} a_{i,j} \right) = \sum_{j=q}^{r} \left(\sum_{i=n}^{p} a_{i,j} \right).$$

Ainsi, pour calculer une somme double indexée par $[\![n, p]\!] \times [\![q, r]\!]$, on peut :

- d'abord sommer sur les $r - q + 1$ colonnes (indice j) puis sur les $p - n + 1$ lignes (indice i) ;
- ou bien d'abord sommer sur les $p - n + 1$ lignes (indice i) puis sur les

$r - q + 1$ colonnes (indice j).

Illustration dans le deuxième cas :

i \\ j	q	$q+1$	$\cdots$	r
n	$a_{n,q}$	$a_{n,q+1}$	$\cdots$	$a_{n,r}$
$n+1$	$a_{n+1,q}$	$a_{n+1,q+1}$	$\cdots$	$a_{n+1,r}$
$\vdots$	$\vdots$	$\vdots$	$\ddots$	$\vdots$
p	$a_{p,q}$	$a_{p,q+1}$	$\cdots$	$a_{p,r}$
sommes sur les lignes	$\displaystyle\sum_{i=n}^{p} a_{i,q}$	$\displaystyle\sum_{i=n}^{p} a_{i,q+1}$	$\cdots$	$\displaystyle\sum_{i=n}^{p} a_{i,r}$
somme double	$\displaystyle\sum_{\substack{n \leqslant i \leqslant p \\ q \leqslant j \leqslant r}} a_{i,j} = \sum_{j=q}^{r}\left(\sum_{i=n}^{p} a_{i,j}\right)$			

特别地，由整数索引的双重求和，上述命题可以写成如下形式（参看记法 5.1 p.192）：

$$\sum_{\substack{n \leqslant i \leqslant p \\ q \leqslant j \leqslant r}} a_{i,j} = \sum_{i=n}^{p}\left(\sum_{j=q}^{r} a_{i,j}\right) = \sum_{j=q}^{r}\left(\sum_{i=n}^{p} a_{i,j}\right)$$

因此，要计算由整数 $[\![n,p]\!] \times [\![q,r]\!]$ 索引的双重求和，可以分为

- 先对 $r - q + 1$ 列（变量 j）进行求和，然后对 $p - n + 1$ 行（变量 i）进行求和；
- 或者先对 $p - n + 1$ 行（变量 i）进行求和，然后对 $r - q + 1$ 列（变量 j）进行求和。

参看上表。

Exemple 5.5

Pour x et y deux nombres réels, on note $\min(x, y)$ le minimum de x et de y, c'est-à-dire le plus petit de ces deux nombres.

Soit n un entier naturel. On a

$$\sum_{0 \leqslant i,j \leqslant n} \min(i,j) = \sum_{i=0}^{n}\left(\sum_{j=0}^{n} \min(i,j)\right)$$

$$= \sum_{i=0}^{n}\left(\sum_{j=0}^{i} \min(i,j) + \sum_{j=i+1}^{n} \min(i,j)\right)$$

$$= \sum_{i=0}^{n}\left(\sum_{j=0}^{i} j + \sum_{j=i+1}^{n} i\right)$$

$$= \sum_{i=0}^{n} \left(\frac{i(i+1)}{2} + i(n-i) \right)$$

$$= \sum_{i=0}^{n} \left(\frac{2n+1}{2} i - \frac{1}{2} i^2 \right)$$

$$= \frac{2n+1}{2} \sum_{i=0}^{n} i - \frac{1}{2} \sum_{i=0}^{n} i^2$$

$$= \frac{2n+1}{2} \cdot \frac{n(n+1)}{2} - \frac{1}{2} \cdot \frac{n(n+1)(2n+1)}{6}$$

$$= \frac{n(n+1)(2n+1)}{6}.$$

对于两个实数 x 和 y，我们记 $\min(x,u)$ 为 x 和 y 的最小值，即这两个数中较小的那一个。

计算过程中，应用了求和的线性、交换等性质。

5.4.3   Sommes doubles avec contraintes 带有约束条件的双重求和

 S'il y a des contraintes sur les couples d'indices (i,j), on ne peut plus en général utiliser directement l'échange de symboles Σ, il faut être prudent.

如果索引有序对 (i,j) 有约束条件，通常不能直接交换累加符号 Σ，需要注意。

Voyons cela sur un exemple fondamental, les *sommes triangulaires* :

$$\sum_{n \leqslant i \leqslant j \leqslant p} a_{i,j} \overset{\text{déf}}{=} \sum_{\substack{n \leqslant i,j \leqslant p \\ i \leqslant j}} a_{i,j} \quad \text{et} \quad \sum_{n \leqslant i < j \leqslant p} a_{i,j} \overset{\text{déf}}{=} \sum_{\substack{n \leqslant i,j \leqslant p \\ i < j}} a_{i,j}.$$

三角和的定义为如上两个经典的表达式。

Proposition 5.13 – somme triangulaire 三角和

Soient n et p deux entiers tels que $n \leqslant p$ et soit $(a_{i,j})_{1 \leqslant i \leqslant n}$ une famille de nombres réels. On a

$$\sum_{n \leqslant i \leqslant j \leqslant p} a_{i,j} = \sum_{i=n}^{p}\left(\sum_{j=i}^{p} a_{i,j}\right) = \sum_{j=n}^{p}\left(\sum_{i=n}^{j} a_{i,j}\right)$$

et, si $n < p$,

$$\sum_{n \leqslant i < j \leqslant p} a_{i,j} = \sum_{i=n}^{p}\left(\sum_{j=i+1}^{p} a_{i,j}\right) = \sum_{j=n}^{p}\left(\sum_{i=n}^{j-1} a_{i,j}\right).$$

设 n 和 p 为两个整数满足 $n \leqslant p$，设 $(a_{i,j})_{1 \leqslant i \leqslant n}$ 为一组实数族，则有

$$\sum_{n \leqslant i \leqslant j \leqslant p} a_{i,j} = \sum_{i=n}^{p}\left(\sum_{j=i}^{p} a_{i,j}\right) = \sum_{j=n}^{p}\left(\sum_{i=n}^{j} a_{i,j}\right)$$

如果 $n < p$，则有

$$\sum_{n \leqslant i < j \leqslant p} a_{i,j} = \sum_{i=n}^{p}\left(\sum_{j=i+1}^{p} a_{i,j}\right) = \sum_{j=n}^{p}\left(\sum_{i=n}^{j-1} a_{i,j}\right).$$

Démonstration

Posons I l'ensemble des indices de cette somme triangulaire :

$$I = \left\{ (i,j) \in [\![n,p]\!]^2 \;\middle|\; i \leqslant j \right\}.$$

Pour tout $j \in [\![n,p]\!]$, posons

$$I_j = \{(i,j) \mid j \in [\![n,p]\!] \text{ et } i \leqslant j\} = \{(n,j)\} \cup \{(n+1,j)\} \cup \cdots \cup \{(j,j)\}.$$

On a alors

$$I = \bigcup_{j=n}^{p} I_j$$

et $I_j \cap I_{j'} = \varnothing$ pour tout $j, j' \in [\![n,p]\!]$ tels que $j \neq j'$. Par sommation par paquets (proposition 5.2 p.175), on a donc

$$\sum_{n \leqslant i \leqslant j \leqslant p} a_{i,j} = \sum_{(i,j) \in I} a_{i,j} = \sum_{j=n}^{p}\left(\sum_{(i,j) \in I_j} a_{i,j}\right) = \sum_{j=n}^{p}\left(\sum_{i=n}^{j} a_{i,j}\right).$$

Les autres égalités se démontrent de la même façon.

设 I 为三角和的索引集：

$$I = \left\{ (i,j) \in [\![n,p]\!]^2 \;\middle|\; i \leqslant j \right\}$$

对于所有 $j \in [\![n,p]\!]$，设

$$I_j = \{(i,j) \mid j \in [\![n,p]\!] \text{ 且 } i \leqslant j\} = \{(n,j)\} \cup \{(n+1,j)\} \cup \cdots \cup \{(j,j)\}$$

因此有

$$I = \bigcup_{j=n}^{p} I_j$$

并且对于所有的 $j, j' \in [\![n,p]\!]$ 满足 $j \neq j'$，有 $I_j \cap I_{j'} = \varnothing$。

由分组求和（参看命题 5.2 p.175），得

$$\sum_{n \leqslant i \leqslant j \leqslant p} a_{i,j} = \sum_{(i,j) \in I} a_{i,j} = \sum_{j=n}^{p} \left(\sum_{(i,j) \in I_j} a_{i,j} \right) = \sum_{j=n}^{p} \left(\sum_{i=n}^{j} a_{i,j} \right)$$

Les sommes triangulaires correspondent à sommer les cases d'un tableau qui sont situées au-dessus ou en-dessous de la diagonale. Par exemple :

i \ j	n	$n+1$	$\cdots$	p
n	$a_{n,n}$	$a_{n,n+1}$	$\cdots$	$a_{n,p}$
$n+1$		$a_{n+1,n+1}$	$\cdots$	$a_{n+1,p}$
$\vdots$			$\ddots$	$\vdots$
p				$a_{p,p}$
sommes sur les lignes	$\displaystyle\sum_{i=n}^{n} a_{i,n}$	$\displaystyle\sum_{i=n}^{n+1} a_{i,n+1}$	$\cdots$	$\displaystyle\sum_{i=n}^{p} a_{i,p}$
somme double	$\displaystyle\sum_{n \leqslant i \leqslant j \leqslant p} a_{i,j} = \sum_{j=n}^{p} \left(\sum_{i=n}^{j} a_{i,j} \right)$			

如上表所示，三角和是指将位于对角线上方或下方的表格中的单元格相加。

Exemple 5.6

Soit n un entier naturel non nul.

$$\sum_{1 \leqslant i \leqslant j \leqslant n} \frac{i}{j} = \sum_{j=1}^{n} \left(\sum_{i=1}^{j} \frac{i}{j} \right)$$

$$= \sum_{j=1}^{n} \frac{1}{j} \left(\sum_{i=1}^{j} i \right)$$

$$= \sum_{j=1}^{n} \frac{1}{j} \cdot \frac{j(j+1)}{2}$$

$$= \frac{1}{2} \sum_{j=1}^{n} (j+1)$$

$$= \frac{1}{2} \sum_{k=2}^{n+1} k$$

$$= \frac{1}{2} \left(\sum_{k=1}^{n+1} k - \sum_{k=1}^{1} k \right)$$

$$= \frac{1}{2} \left(\frac{(n+1)(n+2)}{2} - 1 \right)$$

$$= \frac{n(n+3)}{4}.$$

On a effectué ici le décalage d'indice $k = j + 1$.

- -

计算过程中，应用了平移索引 $k = j + 1$。

Proposition 5.14 – carré d'une somme 和的平方

Soient n et p deux entiers tels que $n \leqslant p$ et soit $(a_i)_{i \in [\![n,p]\!]}$ une famille de nombres réels. Alors

$$\left(\sum_{i=n}^{p} a_i \right)^2 = \sum_{i=n}^{p} a_i^2 + 2 \sum_{n \leqslant i < j \leqslant p} a_i\, a_j.$$

- -

设 n 和 p 为两个整数满足 $n \leqslant p$，设 $(a_i)_{i \in [\![n,p]\!]}$ 为一组实数族，则有

$$\left(\sum_{i=n}^{p} a_i \right)^2 = \sum_{i=n}^{p} a_i^2 + 2 \sum_{n \leqslant i < j \leqslant p} a_i\, a_j$$

Démonstration

On a, d'après la proposition 5.11 p.193 :

$$\left(\sum_{i=n}^{p} a_i \right)^2 = \left(\sum_{i=n}^{p} a_i \right) \left(\sum_{j=n}^{p} a_j \right) = \sum_{n \leqslant i,j \leqslant p} a_i\, a_j.$$

Or

$$[\![n,p]\!]^2 = \left\{ (i,j) \in [\![n,p]\!]^2 \ \middle|\ i = j \right\} \cup \left\{ (i,j) \in [\![n,p]\!]^2 \ \middle|\ i < j \right\} \cup \left\{ (i,j) \in [\![n,p]\!]^2 \ \middle|\ i > j \right\}$$

et ces trois ensembles sont deux-à-deux disjoints donc, par sommation par paquets (proposition 5.2 p.175),

$$\left(\sum_{i=n}^{p} a_i\right)^2 = \sum_{\substack{n \leqslant i,j \leqslant j \\ i=j}} a_i\, a_j + \sum_{n \leqslant i < j \leqslant p} a_i\, a_j + \sum_{n \leqslant j < i \leqslant p} a_i\, a_j$$

$$= \sum_{i=n}^{p} a_i^2 + 2 \sum_{n \leqslant i < j \leqslant p} a_i\, a_j$$

en remarquant que les deux sommes triangulaires sont identiques (ne pas oublier que (i,j) et (j,i) sont des variables muettes).

由命题 5.11 p.193 得

$$\left(\sum_{i=n}^{p} a_i\right)^2 = \left(\sum_{i=n}^{p} a_i\right)\left(\sum_{j=n}^{p} a_j\right) = \sum_{n \leqslant i,j \leqslant p} a_i\, a_j$$

又因为

$$[\![n,p]\!]^2 = \left\{(i,j) \in [\![n,p]\!]^2 \mid i=j\right\} \cup \left\{(i,j) \in [\![n,p]\!]^2 \mid i<j\right\} \cup \left\{(i,j) \in [\![n,p]\!]^2 \mid i>j\right\}$$

且三个集合之间两两不相交，由分组求和（参看命题 5.2 p.175）得

$$\left(\sum_{i=n}^{p} a_i\right)^2 = \sum_{\substack{n \leqslant i,j \leqslant j \\ i=j}} a_i\, a_j + \sum_{n \leqslant i < j \leqslant p} a_i\, a_j + \sum_{n \leqslant j < i \leqslant p} a_i\, a_j$$

$$= \sum_{i=n}^{p} a_i^2 + 2 \sum_{n \leqslant i < j \leqslant p} a_i\, a_j$$

在两个三角和相等时，注意到有序对 (i,j) 和 (j,i) 是哑变量，也就是说它们在求和过程中是可以相互更换使用，并不影响求和的结果。

5.5 Exercices 习题

Les questions et exercices ayant le symbole ♠ sont plus difficiles.

带有 ♠ 符号的习题有一定难度。

Exercice 5.1. Démontrer les deux formules de la proposition 5.6 p.182 par récurrence sur n.

Exercice 5.2.

1. Trouver trois nombres réels a, b et c tels que

$$\forall k \in \mathbb{N}^*, \quad \frac{1}{k\,(k+1)\,(k+2)} = \frac{a}{k} + \frac{b}{k+1} + \frac{c}{k+2}.$$

2. En déduire, pour tout $n \in \mathbb{N}^*$, la valeur de

$$\sum_{k=1}^{n} \frac{1}{k\,(k+1)\,(k+2)}.$$

Exercice 5.3. Soit n un entier naturel non nul. Calculer

$$\sum_{k=0}^{n} k \times k!$$

en faisant apparaître une somme télescopique.

Exercice 5.4. Soient n et ℓ deux entiers naturels et soit x un nombre réel. Calculer, sans faire de récurrence,

$$\sum_{k=0}^{n} x^{k\,\ell}.$$

Exercice 5.5. Soit n un entier naturel. Démontrer que

$$\sum_{k=0}^{n} k^3 = \left(\frac{n\,(n+1)}{2} \right)^2$$

de deux façons :

1. par récurrence sur n ;
2. en considérant la quantité $(k+1)^4 - k^4$.

Exercice 5.6. Soit $n \geqslant 2$ un entier. Calculer

$$\prod_{k=2}^{n} \left(1 - \frac{1}{k^2} \right).$$

Exercice 5.7. Soit n un entier naturel non nul. Démontrer sans récurrence que

$$\prod_{k=0}^{n-1} \frac{n!}{k!} = \prod_{k=1}^{n} k^k.$$

Exercice 5.8. Soit n un entier naturel non nul. Calculer les sommes doubles suivantes :

1. $\displaystyle\sum_{1\leqslant i,j\leqslant n}(i+j)\,;$

2. $\displaystyle\sum_{1\leqslant i\leqslant j\leqslant n}i\,;$

3. $\displaystyle\sum_{1\leqslant i,j\leqslant n}\frac{i}{i+j}\,;$

4. $\displaystyle\sum_{1\leqslant i\leqslant j\leqslant n}j\,;$

5. $\displaystyle\sum_{1\leqslant i,j\leqslant n}x^{i+j}$ pour tout $x\in\mathbb{R}\,;$

6. $\displaystyle\sum_{1\leqslant i\leqslant j\leqslant n}\frac{i}{i+j}\cdot$

Exercice 5.9. Soit n un entier naturel. Calculer

$$\sum_{0\leqslant i,j\leqslant n}\max(i,j).$$

En déduire

$$\sum_{0\leqslant i,j\leqslant n}|i-j|$$

où $|\cdot|$ est la *valeur absolue* (voir l'exercice 2.4 p.82).

Exercice 5.10. Soit n un entier naturel et soient $(a_i)_{i\in[\![0,n]\!]}$ et $(b_i)_{i\in[\![0,n]\!]}$ deux familles de nombres réels. Démontrer la *formule de sommation d'Abel* (阿贝尔变换) [a]

$$\sum_{k=0}^{n}(a_{k+1}-a_k)\,b_k=(a_{n+1}\,b_{n+1}-a_0\,b_0)-\sum_{k=0}^{n}a_{k+1}\,(b_{k+1}-b_k).$$

En déduire, pour tout $x\in\mathbb{R}$, la valeur de

$$\sum_{k=0}^{n}k\,x^k.$$

---

a. Aussi appelée *formule de sommation par parties* (分部求和法).

Exercice 5.11. Soit P une *fonction polynomiale* (多项式函数), c'est-à-dire de la forme

$$P:\begin{cases}\mathbb{R} & \longrightarrow & \mathbb{R}\\ x & \longmapsto & \displaystyle\sum_{k=0}^{n}a_k\,x^k\end{cases}$$

où n est un entier naturel et $a_0,\dots,a_n$ des nombres réels. Soit $\alpha\in\mathbb{R}$. Démontrer que les deux propositions suivantes sont équivalentes :

1. α est une *racine* de P, c'est-à-dire $P(\alpha)=0\,;$
2. il existe une fonction polynomiale Q telle que $P(x)=(x-\alpha)\,Q(x)$ pour tout $x\in\mathbb{R}$.

Exercice 5.12.

1. Démontrer la proposition 5.2 p.175 (sommation par paquets).

2. Finir la démonstration de la proposition 5.4 p.180 (somme de termes constants).

3. Démontrer les différents points de la proposition 5.9 p.188 (propriétés du symbole Π).

Exercice 5.13 (♠). À la remarque 5.2 p.172 dont on reprend les notations, on a définit $\sum_{i \in I} a_i$ par récurrence sur $\operatorname{card} I$, le cardinal de I (son nombre d'éléments). Démontrer par une récurrence double sur $\operatorname{card} I$ que la quantité

$$\left(\sum_{i \in I \setminus \{i_0\}} a_i \right) + a_{i_0}$$

ne dépend pas du choix de i_0.

Chapitre 6

Dénombrement
计数原理

Le dénombrement est – avec la géométrie – à la base des mathématiques : c'est l'art de compter des objets.

Grâce aux outils que nous avons introduit depuis le début de ce livre, nous allons pouvoir définir rigoureusement la notion d'*ensemble fini* et de *cardinal* (nombre d'éléments d'un ensemble fini).

La notion de bijection est ici fondamentale : l'existence d'une bijection entre deux ensembles finis traduit le fait qu'ils ont le même nombre d'éléments (même cardinal).

Ce chapitre est aussi l'occasion de revenir sur la célèbre formule du binôme de Newton et de comprendre l'apparition des coefficients binomiaux dans cette formule.

Ce chapitre se finit sur une brève étude de la *dénombrabilité*, c'est-à-dire des ensembles qui sont finis ou en bijection avec $\mathbb{N}$, l'ensemble des entiers naturels.

计数学，与几何学一样是数学的基础，它是一门关于计数的艺术。通过本书开篇章节集合定义的引入，我们得以精确地定义有限集及其基数。映射中双射的概念也至关重要：两个有限集合之间存在双射关系，意味着它们拥有相同数量的元素，即具有相同的基数。

本章我们将学习一些基础的计数原理知识，重点介绍著名的牛顿二项式公式，并深入理解了二项式公式的系数。本章以对"可数性"的简短探讨作为结尾，所谓"可数性"，即研究能够与自然数集 $\mathbb{N}$ 或它的子集存在双射关系的集合。

6.1 Cardinal d'un ensemble fini 有限集的基数

6.1.1 Définitions et exemples 定义与例题

> **Définition 6.1** – ensembles équipotents 集合的等势
>
> Deux ensembles sont *équipotents* s'il existe une bijection entre ces deux ensembles.
>
> -
>
> 如果两个集合之间存在双射，则称这两个集合是**等势的**。

> **Définition 6.2** – ensemble fini 有限集
>
> Soit E un ensemble. Il est dit *fini* s'il est vide ou s'il existe un entier naturel non nul n tels que E et $[\![1, n]\!]$ sont équipotents.
> Sinon on dit que E est *infini*.
>
> -
>
> 设 E 是一个集合，如果它是空集，或者 E 和 $[\![1, n]\!]$ 是等势的，其中 n 为非零自然数，则称集合 E 是**有限的**；否则，称集合 E 是**无限的**。

Ainsi, si E est un ensemble fini non vide, on peut l'écrire sous la forme [a]

$$E = \{x_1, \ldots, x_n\}$$

en posant $x_i = \phi(i)$ où $\phi : [\![1, n]\!] \to E$ est une bijection. L'entier n représente donc le *nombre d'éléments* de l'ensemble E que l'on appelle *cardinal* de E.

---

[a]. On pourrait aussi l'écrire sous la forme $E = \{x_0, \ldots, x_{n-1}\}$.

- -

因此，如果 E 是一个非空的有限集合，可以用列举方式将其写成：

$$E = \{x_1, \ldots, x_n\}$$

设定 $x_i = \phi(i)$，其中 $\phi : [\![1, n]\!] \to E$ 是一个双射。整数 n 为集合 E 中元素的数量，称为集合 E 的**基数**。

> **Définition 6.3** – cardinal d'un ensemble fini 有限集的基数
>
> Soit E un ensemble fini.
> - Si $E = \varnothing$, on pose card $E = 0$.
> - Sinon, il existe un unique entier naturel non nul n tel que E et $[\![1, n]\!]$ sont équipotents et on pose card $E = n$.

L'entier card E est appelé *cardinal* de l'ensemble E.

- -

设 E 为一个有限集：

- 如果 $E = \varnothing$，定义 card $E = 0$。
- 否则，存在一个非零的自然数 n 满足集合 E 和 $[\![1, n]\!]$ 是**等势的**，此时定义 card $E = n$。

card E 称为集合 E 的**基数**。

Démonstration (de l'unicité de n)

1. On commence par démontrer un premier résultat : « soient n et p deux entiers naturels non nuls tels que $[\![1, n]\!]$ et $[\![1, p]\!]$ sont équipotents, alors $n = p$ ». Fixons $p \in \mathbb{N}^*$ et montrons-le par récurrence sur n.

   - *Initialisation.* Supposons qu'il existe une bijection $f : [\![1, 1]\!] = \{1\} \to [\![1, p]\!]$. Si $p \geqslant 2$, on aurait $f^{-1}(1) = f^{-1}(2) = 1$, ce qui contredit l'injectivité de f^{-1}. On a donc $p = 1 = n$. Cela démontre le résultat au rang $n = 1$.
   - *Hérédité.* Soit $n \in \mathbb{N}^*$ tel que le résultat soit vrai au rang n. Soit une bijection $f : [\![1, n+1]\!] \to [\![1, p]\!]$. Comme $f(1) \neq f(2)$ (par injectivité de f), on a nécessairement $p \geqslant 2$. Posons $k = f(n+1) \in [\![1, p]\!]$. La fonction $g = f\big|_{[\![1,n]\!]}^{[\![1,p]\!] \setminus \{k\}}$ est bijective. Considérons également

$$
h : \begin{cases} [\![1, p]\!] \setminus \{k\} & \longrightarrow & [\![1, p-1]\!] \\ x & \longmapsto & \begin{cases} x & \text{si } x < k ; \\ x - 1 & \text{si } x > k. \end{cases} \end{cases}
$$

   La fonction h est aussi bijective, ainsi $h \circ g : [\![1, n]\!] \to [\![1, p-1]\!]$ est bijective. Par hypothèse de récurrence, on a $n \leqslant p - 1$ d'où $n + 1 \leqslant p$, ce qui démontre le résultat au rang $n + 1$.

   Par principe de récurrence, le résultat est vrai pour tout $n \in \mathbb{N}^*$.

2. Supposons maintenant que E soit un ensemble équipotent à la fois à $[\![1, n]\!]$ et $[\![1, p]\!]$ pour des entiers naturels non nuls n et p. Alors il existe des bijections $f : E \to [\![1, n]\!]$ et $g : E \to [\![1, p]\!]$. Alors $g \circ f^{-1} : [\![1, n]\!] \to [\![1, p]\!]$ est une bijection donc $n = p$ d'après le point précédent. Ainsi, l'entier n dans la définition 6.3 p.206 est bien unique.

---

1. 首先证明如下命题"设 n 和 p 是非零自然数满足 $[\![1, n]\!]$ 和 $[\![1, p]\!]$ 是等势的，则 $n = p$"。取定 $p \in \mathbb{N}^*$ 然后在 n 上进行归纳法证明。

   - 归纳奠基：假设存在双射 $f : [\![1, 1]\!] = \{1\} \to [\![1, p]\!]$。若假设 $p \geqslant 2$，则有 $f^{-1}(1) = f^{-1}(2) = 1$，这与单射性质矛盾。因此有 $p = 1 = n$。因此证得，对于 $n = 1$ 命题成立。
   - 归纳递推：设 $n \in \mathbb{N}^*$，且对于 n 时命题成立。对任意双射 $f : [\![1, n+1]\!] \to [\![1, p]\!]$，由于 $f(1) \neq f(2)$（因为 f 为单射），则必然有 $p \geqslant 2$。设 $k = f(n+1) \in [\![1, p]\!]$。映射 $g = f\big|_{[\![1,n]\!]}^{[\![1,p]\!] \setminus \{k\}}$ 为双射。考虑映射

$$
h : \begin{cases} [\![1, p]\!] \setminus \{k\} & \longrightarrow & [\![1, p-1]\!] \\ x & \longmapsto & \begin{cases} x & \text{当 } x < k \\ x - 1 & \text{当 } x > k \end{cases} \end{cases}
$$

   为双射。因此，$h \circ g : [\![1, n]\!] \to [\![1, p-1]\!]$ 为双射。由归纳假设得，$n \leqslant p - 1$ 即

$$n + 1 \leqslant p\text{。从而证得，对于 } n + 1 \text{ 命题也成立。}$$

总结，对于所有的 $n \in \mathbb{N}^*$，命题成立。

2. 假设集合 E 与 $[\![1, n]\!]$ 等势，同时 E 也与 $[\![1, p]\!]$ 等势，则存在 $f : E \to [\![1, n]\!]$ 和 $g : E \to [\![1, p]\!]$ 为双射。根据第一点结论，因此有 $g \circ f^{-1} : [\![1, n]\!] \to [\![1, p]\!]$ 为双射且 $n = p$。从而证得定义 6.3 p.206 中的整数 n 是唯一的。

Remarque 6.1
Il existe d'autres notations pour le cardinal d'un ensemble fini E, par exemple $|E|$ ou $\#E$.

- -

在不同的教材中，有限集合 E 的基数也会有 $|E|$ 或 $\#E$ 等记法。

Proposition 6.1 – cardinal d'un intervalle d'entiers 整数区间的基数

Soient n et p deux entiers. Alors $[\![n, p]\!]$ est fini et

$$\operatorname{card}([\![n, p]\!]) = \begin{cases} 0 & \text{si } n > p\,; \\ p - n + 1 & \text{si } n \leqslant p. \end{cases}$$

- -

设 n 和 p 是整数，则 $[\![n, p]\!]$ 是有限的，且有

$$\operatorname{card}([\![n, p]\!]) = \begin{cases} 0 & \text{当 } n > p \\ p - n + 1 & \text{当 } n \leqslant p \end{cases}$$

Démonstration
- Si $n > p$, on a $\operatorname{card}([\![n, p]\!]) = \operatorname{card} \varnothing = 0$.
- Si $n \leqslant p$, remarquons que la fonction

$$\begin{cases} [\![n, p]\!] & \longrightarrow & [\![1, p - n + 1]\!] \\ k & \longmapsto & k - n + 1 \end{cases}$$

est bijective avec pour réciproque

$$\begin{cases} [\![1, p - n + 1]\!] & \longrightarrow & [\![n, p]\!] \\ k & \longmapsto & k + n - 1 \end{cases}$$

ce qui démontre que $[\![n, p]\!]$ et $[\![1, p-n+1]\!]$ sont équipotents d'où $\operatorname{card}([\![n, p]\!]) = p-n+1$.

- -

- 如果 $n > p$，则有 $\operatorname{card}([\![n, p]\!]) = \operatorname{card} \varnothing = 0$。
- 如果 $n \leqslant p$，注意到映射

$$\begin{cases} [\![n, p]\!] & \longrightarrow & [\![1, p - n + 1]\!] \\ k & \longmapsto & k - n + 1 \end{cases}$$

为双射，且它的逆映射为

$$\begin{cases} [\![1, p - n + 1]\!] & \longrightarrow & [\![n, p]\!] \\ k & \longmapsto & k + n - 1 \end{cases}$$

证得 $[\![n, p]\!]$ 和 $[\![1, p - n + 1]\!]$ 是等势的，其中 $\operatorname{card}([\![n, p]\!]) = p - n + 1$。

Remarque 6.2

Soit E un ensemble fini. Alors $E = \varnothing$ si et seulement si card $E = 0$.

- -

设 E 是有限集，那么 $E = \varnothing$ 当且仅当 card $E = 0$。

Proposition 6.2 – ensemble équipotent à un ensemble fini
有限集合等势的集合

Soient E et F deux ensembles tels que E soit fini. Si E et F sont équipotents, alors F est aussi fini et card $E = $ card F.

Réciproquement, si E et F sont deux ensembles finis tels que card $E = $ card F, alors E et F sont équipotents.

- -

设 E 和 F 是两个集合，且 E 是有限的。如果 E 和 F 是等势的，则 F 也是有限集，且 card $E = $ card F。

反之，如果 E 和 F 是两个有限集合，且 card $E = $ card F，则 E 和 F 是等势的。

Démonstration

Supposons qu'il existe une bijection $f : E \to F$.

- Si E est vide, alors $F = f(\varnothing)$ aussi donc F est fini et on a bien card $E = $ card $F = 0$.
- Si E n'est pas vide, alors E est équipotent à $[\![1, \text{card}\,E]\!]$ donc il existe une bijection $g : E \to [\![1, \text{card}\,E]\!]$. Alors $g \circ f^{-1}$ est une bijection de F sur $[\![1, \text{card}\,E]\!]$, ce qui démontre que F est fini et que

$$\text{card}\,F = \text{card}([\![1, \text{card}\,E]\!]) = \text{card}\,E.$$

Réciproquement, si E et F sont deux ensembles finis tels que card $E = $ card F, en posant n ce cardinal commun, il existe deux bijections $f : E \to [\![1, n]\!]$ et $g : F \to [\![1, n]\!]$. Alors $g^{-1} \circ f$ est une bijection de E sur F, donc E et F sont équipotents.

- -

假设存在双射 $f : E \to F$，

- 如果 E 是空集，那么 $F = f(\varnothing)$ 也是空集，因此 F 是有限的，且有 card $E = $ card $F = 0$。
- 如果 E 不是空集，那么 E 与 $[\![1, \text{card}\,E]\!]$ 是等势的，因此存在双射 $g : E \to [\![1, \text{card}\,E]\!]$。所以映射 $g \circ f^{-1}$ 是从 F 到 $[\![1, \text{card}\,E]\!]$ 的双射，证得 F 是有限的且有

$$\text{card}\,F = \text{card}([\![1, \text{card}\,E]\!]) = \text{card}\,E$$

反之，如果 E 和 F 是两个有限集合且满足 card $E = $ card F。假设 n 为它们的共同基数，那么存在 $f : E \to [\![1, n]\!]$ 和 $g : F \to [\![1, n]\!]$ 为两个双射。因此有 $g^{-1} \circ f$ 是从 E 到 F 的双射，所以 E 和 F 是等势的。

Proposition 6.3 – sous-ensemble d'un ensemble fini 有限集的子集

Soit E un ensemble fini et soit A une partie de E. Alors A est fini et card $A \leqslant $ card E.

De plus, on a l'égalité card A = card E si et seulement si $A = E$.

设 E 是有限集，集合 A 是 E 的子集，那么 A 是有限集且 card $A \leqslant$ card E。

进一步地， card A = card E 当且仅当 $A = E$。

Démonstration

1. On commence par démontrer un résultat intermédiaire : si E est un ensemble fini de cardinal $n \geqslant 1$ et si $a \in E$ alors $E \setminus \{a\}$ est fini de cardinal $n - 1$. Soit $f : [\![1, n]\!] \to E$ une bijection.

   - Si $n = 1$, alors $E = \{f(1)\}$ donc nécessairement $a = f(1)$. On a alors $E \setminus \{a\} = \varnothing$ qui est bien fini de cardinal $0 = 1 - 1$.

   - Supposons $n \geqslant 2$ et posons $k \in [\![1, n]\!]$ tel que $f(k) = a$. Les applications suivantes sont bijectives :
   $$\phi : \left\{ \begin{array}{ccc} [\![1, n]\!] \setminus \{k\} & \longrightarrow & E \setminus \{a\} \\ x & \longmapsto & f(x) \end{array} \right.$$
   et
   $$\psi : \left\{ \begin{array}{ccc} [\![1, n-1]\!] & \longrightarrow & [\![1, n]\!] \setminus \{k\} \\ x & \longmapsto & \left\{ \begin{array}{ll} x & \text{si } x \leqslant k-1\,; \\ x+1 & \text{si } x \geqslant k. \end{array} \right. \end{array} \right.$$
   Alors $\phi \circ \psi : [\![1, n-1]\!] \to E \setminus \{a\}$ est bijective, ce qui démontre que $E \setminus \{a\}$ est fini de cardinal $n - 1$.

2. Montrons alors la proposition 6.3 p.209 par récurrence sur $n = $ card E.

   - *Initialisation.* Si $n = 0$, pour toute partie A de E on a $A = E = \varnothing$, le résultat est donc vrai au rang $n = 0$.

   - *Hérédité.* Soit $n \in \mathbb{N}$ tel que le résultat soit vrai au rang n. Soit E un ensemble fini de cardinal $n + 1$ et soit A une partie de E.
   Si $A = E$, on a bien A fini et card $A = $ card E.
   Si $A \neq E$, il existe $a \in E \setminus A$ donc $A \subset E \setminus \{a\}$. D'après le point précédent, $E \setminus \{a\}$ est fini de cardinal n donc d'après l'hypothèse de récurrence, A (qui est une partie de $E \setminus \{a\}$ de cardinal $n-1$) vérifie card $A \leqslant$ card$(E \setminus \{a\}) = n - 1 < n = $ card E (et dans ce cas $A \neq E$).
   Le résultat est donc vrai au rang $n + 1$.

   D'après le principe de récurrence, le résultat est vrai pour tout $n \in \mathbb{N}$.

1. 首先证明一个中间结果，即：如果有限集 E 的基数为 $n \geqslant 1$，元素 $a \in E$，那么集合 $E \setminus a$ 为有限集，其基数为 $n - 1$。
   设 $f : [\![1, n]\!] \to E$ 是一个双射。

   - 如果 $n = 1$，那么 $E = \{f(1)\}$，则必然有 $a = f(1)$。因此 $E \setminus \{a\} = \varnothing$ 是有限集且基数为 $0 = 1 - 1$。

   - 假设 $n \geqslant 2$ 和 $k \in [\![1, n]\!]$ 满足 $f(k) = a$，那么映射
   $$\phi : \left\{ \begin{array}{ccc} [\![1, n]\!] \setminus \{k\} & \longrightarrow & E \setminus \{a\} \\ x & \longmapsto & f(x) \end{array} \right.$$

和

$$\psi : \begin{cases} \llbracket 1, n-1 \rrbracket & \longrightarrow & \llbracket 1, n \rrbracket \setminus \{k\} \\ x & \longmapsto & \begin{cases} x & \text{当 } x \leqslant k-1 \\ x+1 & \text{当 } x \geqslant k \end{cases} \end{cases}$$

是双射。那么 $\phi \circ \psi : \llbracket 1, n-1 \rrbracket \to E \setminus \{a\}$ 也是双射。证得 $E \setminus \{a\}$ 为有限集，且基数为 $n-1$。

2. 接下来，在 $n = \operatorname{card} E$ 上进行归纳法证明命题 6.3 p.209。

- 归纳奠基：如果 $n = 0$，对于任意的 E 的子集 A，有 $A = E = \varnothing$。因此，当 $n = 0$ 命题成立。

- 归纳递推：设对于任意 $n \in \mathbb{N}$，命题成立。设 E 是基数为 $n+1$ 的有限集，A 是 E 的子集。
  如果 $A = E$，那么 A 有限且 $\operatorname{card} A = \operatorname{card} E$。
  如果 $A \neq E$，则存在某个 $a \in E \setminus A$，则有 $A \subset E \setminus \{a\}$。由上一点结论可知，$E \setminus \{a\}$ 是基数为 n 的有限集。由归纳法得，A 集合 $E \setminus \{a\}$ 的子集其基数为 $n-1$，且满足 $\operatorname{card} A \leqslant \operatorname{card}(E \setminus \{a\}) = n-1 < n = \operatorname{card} E$。
  因此，对于 $n+1$，命题也成立。

由归纳法得：对于任意 $n \in \mathbb{N}$，命题成立。

On avait vu (méthode 2.6 p.55) que, pour démontrer l'égalité $A = B$ de deux ensembles, on démontre les deux inclusions $A \subset B$ et $B \subset A$. Lorsque A et B sont finis et qu'on sait que $\operatorname{card} A = \operatorname{card} B$, il suffit donc de démontrer une seule des deux inclusions $A \subset B$ ou $B \subset A$ pour conclure que $A = B$.

- -

在先前章节中（方法 2.6 p.55），我们知道要证明两个集合 A 和 B 的相等，即 $A = B$。我们需要证明两个包含关系 $A \subset B$ 和 $B \subset A$。当 A 和 B 为有限集且 $\operatorname{card} A = \operatorname{card} B$ 时，则只需证明其中一个包含关系 $A \subset B$ 或 $B \subset A$，就能得出 $A = B$ 的结论。

6.1.2 Règles de calcul avec les cardinaux 基数的计算

> **Proposition 6.4** – cardinal d'une union disjointe 不相交并集的基数
>
> Soient A et B deux ensembles finis disjoints [a]. Alors $A \cup B$ est aussi fini et
>
> $$\operatorname{card}(A \cup B) = \operatorname{card} A + \operatorname{card} B.$$
>
> Plus généralement, si $A_1, \ldots, A_n$ sont des ensembles finis deux-à-deux disjoints [b] alors $A_1 \cup \cdots \cup A_n$ est aussi fini et
>
> $$\operatorname{card}\left(\bigcup_{i=1}^{n} A_i\right) = \sum_{i=1}^{n} \operatorname{card} A_i.$$
>
> _____
>
> a. C'est-à-dire $A \cap B = \varnothing$.
> b. C'est-à-dire que $A_i \cap A_j = \varnothing$ pour tous $i, j \in \llbracket 1, n \rrbracket$ tels que $i \neq j$.

设 A 和 B 是两个不相交的有限集合，那么 $A \cup B$ 也是有限集，且有

$$\operatorname{card}(A \cup B) = \operatorname{card} A + \operatorname{card} B$$

更一般地，若 $A_1, \ldots, A_n$ 为有限集且两两不相交，则 $A_1 \cup \cdots \cup A_n$ 也是有限集，且有

$$\operatorname{card}\left(\bigcup_{i=1}^{n} A_i\right) = \sum_{i=1}^{n} \operatorname{card} A_i$$

Démonstration

- Si $B = \varnothing$ alors $A \cup B = A \cup \varnothing = A$ donc $A \cup B$ est bien fini et $\operatorname{card}(A \cup B) = \operatorname{card} A = \operatorname{card} A + 0 = \operatorname{card} A + \operatorname{card} B$.
  De même si $A = \varnothing$ alors $A \cup B = B$ est bien fini et $\operatorname{card}(A \cup B) = \operatorname{card} A + \operatorname{card} B$.

- Supposons A et B non vides et posons $a = \operatorname{card} A \geqslant 1$ et $b = \operatorname{card} B \geqslant 1$. Soit f une bijection de A dans $[\![1, a]\!]$ et soit g une bijection de B dans $[\![1, b]\!]$. Posons alors

$$\phi : \begin{cases} A \cup B & \longrightarrow & [\![1, a+b]\!] \\ x & \longmapsto & \begin{cases} f(x) & \text{si } x \in A\,; \\ g(x) + a & \text{si } x \in B. \end{cases} \end{cases}$$

C'est une bijection. En effet, posons

$$\psi : \begin{cases} [\![1, a+b]\!] & \longrightarrow & A \cup B \\ y & \longmapsto & \begin{cases} f^{-1}(x) & \text{si } y \leqslant a\,; \\ g^{-1}(y) & \text{si } y > a. \end{cases} \end{cases}$$

On a bien $\phi \circ \psi = \operatorname{id}_{[\![1, a+b]\!]}$ et $\psi \circ \phi = \operatorname{id}_{A \cup B}$. Ainsi $A \cup B$ et $[\![1, a+b]\!]$ sont équipotents. D'après la proposition 6.2 p.209, $A \cup B$ est fini et

$$\operatorname{card}(A \cup B) = \operatorname{card}([\![1, a+b]\!]) = a + b = \operatorname{card} A + \operatorname{card} B.$$

On a donc bien montré que $A \cup B$ est fini et que $\operatorname{card}(A \cup B) = \operatorname{card} A + \operatorname{card} B$.
La formule générale se démontre par récurrence sur n (laissé en exercice).

- 如果 $B = \varnothing$，则 $A \cup B = A \cup \varnothing = A$，因此 $A \cup B$ 为有限集且有 $\operatorname{card}(A \cup B) = \operatorname{card} A = \operatorname{card} A + 0 = \operatorname{card} A + \operatorname{card} B$。
  同样地，如果 $A = \varnothing$，则 $A \cup B = B$ 为有限集且 $\operatorname{card}(A \cup B) = \operatorname{card} A + \operatorname{card} B$。

- 假设 A 和 B 均为非空集合，设 $a = \operatorname{card} A \geqslant 1$ 以及 $b = \operatorname{card} B \geqslant 1$，设 f 是从 A 到 $[\![1, a]\!]$ 的双射，g 是从 B 到 $[\![1, b]\!]$ 的双射。那么

$$\phi : \begin{cases} A \cup B & \longrightarrow & [\![1, a+b]\!] \\ x & \longmapsto & \begin{cases} f(x) & \text{当 } x \in A \\ g(x) + a & \text{当 } x \in B \end{cases} \end{cases}$$

为双射，因为

$$\psi : \begin{cases} [\![1, a+b]\!] & \longrightarrow & A \cup B \\ y & \longmapsto & \begin{cases} f^{-1}(x) & \text{当 } y \leqslant a \\ g^{-1}(y) & \text{当 } y > a \end{cases} \end{cases}$$

因此有 $\phi \circ \psi = \operatorname{id}_{\llbracket 1, a+b \rrbracket}$ 和 $\psi \circ \phi = \operatorname{id}_{A \cup B}$。证得 $A \cup B$ 和 $\llbracket 1, a+b \rrbracket$ 是等势的。由命题 6.2 p.209 结论可知，集合 $A \cup B$ 是有限的且有

$$\operatorname{card}(A \cup B) = \operatorname{card}(\llbracket 1, a+b \rrbracket) = a + b = \operatorname{card} A + \operatorname{card} B$$

因此，证得 $A \cup B$ 是有限集，并且有 $\operatorname{card}(A \cup B) = \operatorname{card} A + \operatorname{card} B$。
更一般的公式可以通过对 n 使用归纳法证明（留作练习）。

Proposition 6.5 – cardinal d'un complémentaire 补集的基数

Soit E un ensemble fini et soit A une partie de E. Alors $\overline{A}$ (le complémentaire de A dans E) est fini et

$$\operatorname{card} \overline{A} = \operatorname{card} E - \operatorname{card} A.$$

- -

设 E 是一个有限集，A 是 E 的一个子集，则 $\overline{A}$（A 在 E 中的补集）也是有限集，且有

$$\operatorname{card} \overline{A} = \operatorname{card} E - \operatorname{card} A$$

Démonstration
Remarquons que $\overline{A}$ est fini car c'est une partie de E (proposition 6.3 p.209).
Puisque $A \cup \overline{A} = E$ et $A \cap \overline{A} = \varnothing$, d'après la proposition 6.4 p.211 on a $\operatorname{card} E = \operatorname{card} A + \operatorname{card} \overline{A}$ d'où le résultat.

- -

因为 A 是 E 的一个子集，那么 $\overline{A}$ 也是 E 的一个子集且是有限集（参看命题 6.3 p.209）。
又因为 $A \cup \overline{A} = E$ 且 $A \cap \overline{A} = \varnothing$，由命题 6.4 p.211 结论，得出 $\operatorname{card} E = \operatorname{card} A + \operatorname{card} \overline{A}$。

Proposition 6.6 – cardinal d'une union quelconque 任意并集的基数

Soient A et B deux ensembles finis. Alors $A \cup B$ est aussi fini et

$$\operatorname{card}(A \cup B) = \operatorname{card} A + \operatorname{card} B - \operatorname{card}(A \cap B).$$

- -

设 A 和 B 是有限集，那么 $A \cup B$ 也是有限集，且有

$$\operatorname{card}(A \cup B) = \operatorname{card} A + \operatorname{card} B - \operatorname{card}(A \cap B)$$

Exemple 6.1

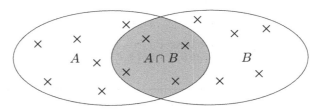

Pour compter les éléments de $A \cup B$, c'est-à-dire les éléments qui sont dans A ou dans B (il y en a card$(A \cup B) = 15$), on compte les éléments de A (il y en a card $A = 10$), les éléments de B (il y en a card $B = 9$) mais on a compté deux fois les éléments qui sont à la fois dans A et dans B, c'est-à-dire dans $A \cap B$ (il y en a card$(A \cap B) = 4$). On a donc

$$\underbrace{\text{card}(A \cup B)}_{=15} = \underbrace{\text{card}\,A}_{=10} + \underbrace{\text{card}\,B}_{=9} - \underbrace{\text{card}(A \cap B)}_{=4} .$$

为了计算集合 $A \cup B$ 的元素数量，即在 A 或 B 中的元素的数量（有 card$(A \cup B) = 15$ ），首先计算 A 中元素的数量（有 card $A = 10$ ）的数量，B 中元素的数量（有 card $B = 9$），但我们重复计算了同时在 A 和 B 中的元素，即 $A \cap B$ 中元素的数量（有 card$(A \cap B) = 4$）。因此有

$$\underbrace{\text{card}(A \cup B)}_{=15} = \underbrace{\text{card}\,A}_{=10} + \underbrace{\text{card}\,B}_{=9} - \underbrace{\text{card}(A \cap B)}_{=4}$$

Démonstration (de la proposition 6.6 p.213)
Remarquons que $A \cup B$ est l'union disjointe de $A \setminus B$, $B \setminus A$ et $A \cap B$ donc d'après la proposition 6.4 p.211,
$$\text{card}(A \cup B) = \text{card}(A \setminus B) + \text{card}(B \setminus A) + \text{card}(A \cap B).$$
Or A est l'union disjointe de $A \setminus B$ et $A \cap B$ donc card $A = \text{card}(A \setminus B) + \text{card}(A \cap B)$. De même, card $B = \text{card}(B \setminus A) + \text{card}(A \cap B)$. On a donc

$$\text{card}(A \cup B) = \text{card}\,A - \text{card}(A \cap B) + \text{card}\,B - \text{card}(A \cap B) + \text{card}(A \cap B)$$
$$= \text{card}\,A + \text{card}\,B - \text{card}(A \cap B).$$

注意到集合 $A \cup B$ 是集合 $A \setminus B$，$B \setminus A$ 和 $A \cap B$ 的不相交并集。因此，根据命题 6.4 p.211 得
$$\text{card}(A \cup B) = \text{card}(A \setminus B) + \text{card}(B \setminus A) + \text{card}(A \cap B)$$
又因为 A 是 $A \setminus B$ 和 $A \cap B$ 的不相交并集，因此有 card $A = \text{card}(A \setminus B) + \text{card}(A \cap B)$。同样地，card $B = \text{card}(B \setminus A) + \text{card}(A \cap B)$。 因此有

$$\text{card}(A \cup B) = \text{card}\,A - \text{card}(A \cap B) + \text{card}\,B - \text{card}(A \cap B) + \text{card}(A \cap B)$$
$$= \text{card}\,A + \text{card}\,B - \text{card}(A \cap B)$$

Remarque 6.3

Il existe une formule générale pour le cardinal d'une union de n ensembles finis, appelée *formule du crible*. Voir l'exercice 6.14 p.256 pour plus de détails. Pour $n = 3$, cela donne

$$\text{card}(A \cup B \cup C) = \text{card}(A) + \text{card}(B) + \text{card}(C)$$
$$- \text{card}(A \cap B) - \text{card}(A \cap C) - \text{card}(B \cap C)$$
$$+ \text{card}(A \cap B \cap C)$$

avec A, B et C trois ensembles finis.

- -

存在一个通用公式，用于计算 n 个有限集合并集的基数，称为**筛法公式**，参看习题 6.14 p.256。当 $n = 3$ 时，有

$$\text{card}(A \cup B \cup C) = \text{card}(A) + \text{card}(B) + \text{card}(C)$$
$$- \text{card}(A \cap B) - \text{card}(A \cap C) - \text{card}(B \cap C)$$
$$+ \text{card}(A \cap B \cap C)$$

其中 A，B 和 C 为有限集。

Proposition 6.7 – cardinal d'un produit cartésien 笛卡尔积的基数

Soient A et B deux ensembles finis. Alors $A \times B$ est aussi fini et

$$\text{card}(A \times B) = \text{card}\, A \times \text{card}\, B.$$

Plus généralement, si $A_1, \ldots, A_n$ sont des ensembles finis alors $A_1 \times \cdots \times A_n$ est aussi fini et

$$\text{card}\left(\prod_{i=1}^{n} A_i \right) = \prod_{i=1}^{n} \text{card}\, A_i.$$

En particulier, si E est un ensemble fini et si $n \in \mathbb{N}^*$ alors E^n est fini et $\text{card}(E^n) = (\text{card}\, E)^n$.

- -

设 A 和 B 是两个有限集合，那么 $A \times B$ 也是有限集，并且有

$$\text{card}(A \times B) = \text{card}\, A \times \text{card}\, B$$

更一般地，如果 $A_1, \ldots, A_n$ 是有限集合，那么 $A_1 \times \cdots \times A_n$ 也是有限集，并且有

$$\text{card}\left(\prod_{i=1}^{n} A_i \right) = \prod_{i=1}^{n} \text{card}\, A_i$$

特别地，如果 E 是一个有限集合，且 $n \in \mathbb{N}^*$，那么 E^n 是有限集，并且有 $\text{card}(E^n) = (\text{card}\, E)^n$。

Démonstration

- Si $A = \varnothing$ ou $B = \varnothing$ alors $A \times B = \varnothing$ donc $A \times B$ est bien fini et $\text{card}(A \times B) = 0 =$

card $A \times$ card B (car card $A = 0$ ou card $B = 0$).

- Supposons $A \neq \varnothing$ et $B \neq \varnothing$. Notons $B = \{b_1, \ldots, b_n\}$ avec $n =$ card B. On a alors

$$A \times B = \bigcup_{k=1}^{n} A \times \{b_k\}.$$

Or les ensembles $A \times \{b_1\}, \ldots, A \times \{b_n\}$ sont deux-à-deux disjoints ce qui démontre, d'après la proposition 6.4 p.211, que $A \times B$ est fini et que

$$\text{card}(A \times B) = \text{card}\left(\bigcup_{k=1}^{k} A \times \{b_k\}\right) = \sum_{k=1}^{n} \text{card}(A \times \{b_k\}).$$

Or A et $A \times \{b_k\}$ sont équipotents pour tout $k \in [\![1, n]\!]$ (l'application $i \mapsto (i, b_k)$ est bijective de A sur $A \times \{b_k\}$) d'où

$$\text{card}(A \times B) = \sum_{k=1}^{n} \text{card}(A \times \{b_k\}) = \sum_{k=1}^{n} \text{card } A = n \text{ card } A = \text{card } B \times \text{card } A.$$

On a donc bien montré que $A \times B$ est fini et que $\text{card}(A \times B) = \text{card } A \times \text{card } B$.
La formule générale se démontre par récurrence sur n (laissé en exercice).

- 如果 $A = \varnothing$ 或者 $B = \varnothing$，那么 $A \times B = \varnothing$。因此 $A \times B$ 为有限集且有 $\text{card}(A \times B) = 0 = \text{card } A \times \text{card } B$（因为 card $A = 0$ 或者 card $B = 0$）。
- 假设 $A \neq \varnothing$ 和 $B \neq \varnothing$。记 $B = \{b_1, \ldots, b_n\}$ 其中 $n = \text{card } B$，因此有

$$A \times B = \bigcup_{k=1}^{n} A \times \{b_k\}$$

又因为集合 $A \times \{b_1\}, \ldots, A \times \{b_n\}$ 是两两不相交 （参看命题 6.4 p.211），所以 $A \times B$ 是有限的且有

$$\text{card}(A \times B) = \text{card}\left(\bigcup_{k=1}^{k} A \times \{b_k\}\right) = \sum_{k=1}^{n} \text{card}(A \times \{b_k\})$$

由于对于所有的 $k \in [\![1, n]\!]$，A 和 $A \times \{b_k\}$ 是等势的（映射 $i \mapsto (i, b_k)$ 是从 A 到 $A \times \{b_k\}$ 的双射），其中

$$\text{card}(A \times B) = \sum_{k=1}^{n} \text{card}(A \times \{b_k\}) = \sum_{k=1}^{n} \text{card } A = n \text{ card } A = \text{card } B \times \text{card } A$$

我们证得 $A \times B$ 为有限集且有 $\text{card}(A \times B) = \text{card } A \times \text{card } B$。
一般公式可以通过对 n 进行归纳证明（留作练习）。

6.1.3 Cardinaux et applications 基数与映射

> **Proposition 6.8** – injectitivé, surjectivité et cardinal
> 单射，满射与基数
>
> Soient E et F deux ensembles et soit $f : E \to F$ une application.
>
> 1. Si F est fini et si f est injective, alors E est fini et card $E \leqslant$ card F. De plus on a l'égalité card $E =$ card F si et seulement si f est bijective.
>
> 2. Si E est fini et si f est surjective, alors F est fini et card $E \geqslant$ card F. De plus on a l'égalité card $E =$ card F si et seulement si f est bijective.
>
> -
>
> 设 E 和 F 是两个集合，$f : E \to F$ 是一个映射，
>
> 1. 如果 F 是有限集，并且 f 是单射，那么 E 也是有限集，并且 card $E \leqslant$ card F。
>   此外，card $E =$ card F 的充分必要条件是 f 为双射。
>
> 2. 如果 E 是有限集，并且 f 是满射，那么 F 也是有限集，并且 card $E \geqslant$ card F。
>   此外，card $E =$ card F 的充分必要条件是 f 为双射。

Démonstration

1. Supposons F fini et f injective. D'une part l'application $f|^{f(E)} : E \to f(E)$ est bijective (proposition 3.11 p.126) et d'autre part $f(E) = \operatorname{Im} f$ est finie car c'est une partie de F qui est un ensemble fini. D'après la proposition 6.3 p.209, E est fini et card $E =$ card $f(E) \leqslant$ card F.
   Toujours d'après cette proposition, on a l'égalité card $E =$ card F si et seulement si $f(E) = F$, c'est-à-dire que f est surjective . Puisque f est injective, cela démontre que card $E =$ card F si et seulement si f est bijective.

2. Supposons E fini et f surjective. Si E est vide, alors $F = f(E) = f(\varnothing) = \varnothing$ est bien fini car card $E =$ card $F = 0$.
   Supposons donc E non vide. On va construire une injection $g : F \to E$. Soit $y \in E$. Puisque f est surjective, y admet au moins un antécédent par f, noté x_y. On a donc $y = f(x_y)$. Posons alors $g(y) = x_y$. L'application g est alors injective : soient $y, y' \in F$ tels que $g(y) = g(y')$. On a donc $x_y = x_{y'}$ d'où $y = f(x_y) = f(x_{y'}) = y'$. On applique alors le point précédent : puisque E est fini et $g : F \to E$ est injective, alors F est fini et card $F \leqslant$ card E.
   Pour le cas d'égalité, si f est bijective on a bien card $E =$ card F (proposition 6.2 p.209). Si f n'est pas bijective (donc pas injective puisqu'elle est surjective par hypothèse), il existe $x, x' \in E$ tels que $f(x) = f(x')$. Alors $f|_{E \setminus \{x'\}} : E \setminus \{x'\} \to F$ est encore surjective. On a alors

   $$\operatorname{card} E > \operatorname{card}(E \setminus \{x'\}) \geqslant \operatorname{card} F$$

   en utilisant la proposition 6.3 p.209. Par contraposée, si card $E =$ card F alors f est injective et donc bijective.

1. 假设 F 是有限集和，假设 f 是单射。一方面 $f|^{f(E)} : E \to f(E)$ 是双射 (参看命题 3.11 p.126)，另一方面 $f(E) = \mathrm{Im}\, f$ 是有限集，因为是有限集 F 的子集。根据命题 6.3 p.209，集合 E 是有限集且有 $\operatorname{card} E = \operatorname{card} f(E) \leqslant \operatorname{card} F$。
   根据命题可知，$\operatorname{card} E = \operatorname{card} F$ 当且仅当 $f(E) = F$，换言之映射 f 是满射。又因为 f 是单射，从而证得 $\operatorname{card} E = \operatorname{card} F$ 当且仅当 f 是双射。

2. 假设 E 是有限集，假设 f 是满射。当 E 是空集时，则集合 $F = f(E) = f(\varnothing) = \varnothing$ 是有限的，因为 $\operatorname{card} E = \operatorname{card} F = 0$。
   假设 E 非空集合，构建一个从 F 到 E 的单射 $g : F \to E$。设 $y \in E$，因为 f 是满射，则 y 在 f 至少存在一个原像，记作 x_y。因此有 $y = f(x_y)$。
   假设 $g(y) = x_y$，g 是单射，即：设 $y, y' \in F$ 满足 $g(y) = g(y')$。因此有 $x_y = x_{y'}$ 其中 $y = f(x_y) = f(x_{y'}) = y'$。应用第一点结论：因为 E 是有限集和 $g : F \to E$ 是单射，所以 F 是有限集且 $\operatorname{card} F \leqslant \operatorname{card} E$。
   关于相等的情况，如果 f 是双射，则有 $\operatorname{card} E = \operatorname{card} F$ (参看命题 6.2 p.209)。如果 f 不是双射，存在 $x, x' \in E$ 满足 $f(x) = f(x')$。因此 $f|_{E \setminus \{x'\}} : E \setminus \{x'\} \to F$ 是满射，从而证得

$$\operatorname{card} E > \operatorname{card}(E \setminus \{x'\}) \geqslant \operatorname{card} F$$

   证明过程中应用了命题 6.3 p.209 的结论。由逆否命题可知，如果 $\operatorname{card} E = \operatorname{card} F$，那么 f 是单射。从而证得 f 是双射。

Une application célèbre de la proposition précédente est le *principe des tiroirs* (en anglais *pigeonhole principle*).

上一命题中所涉的映射为著名的**抽屉原理**。

Proposition 6.9 – principe des tiroirs 抽屉原理

Soient E et F deux ensembles finis tels que $\operatorname{card} E > \operatorname{card} F$. Alors il n'existe pas d'application injective de E dans F.

设 E 和 F 是两个有限集合且满足 $\operatorname{card} E > \operatorname{card} F$，那么不存在从 E 到 F 的单射。

Démonstration
C'est la contraposée du premier point de la proposition 6.8 p.217.

本命题是命题 6.8 p.217 第一点结论的逆否命题。

Pourquoi un tel nom « principe des tiroirs » ? Car il démontre que si on veut ranger n paires de chaussettes dans m tiroirs avec $n > m$, alors nécessairement un des tiroirs contient au moins deux paires de chaussettes !
Ici E est l'ensemble des paires de chaussettes (il y en a $n = \operatorname{card} E$), F est l'ensemble des tiroirs (il y en a $m = \operatorname{card} F$). On modélise l'action de ranger les paires de chaussettes par une application $f : E \to F$. Le principe des tiroirs

affirme que f ne peut être injective. Il y a donc deux paires de chaussettes ayant la même image par f, qui sont donc dans le même tiroir.

Même s'il est très simple, le principe des tiroirs permet de démontrer des résultats plus complexes, comme le démontre l'exemple suivant (voir aussi l'exercice 6.13 p.256).

为什么称之为抽屉原理？因为它证明了，如果我们想要将 n 双袜子放入 m 个抽屉中，其中 $n > m$，那么必然至少有一个抽屉里有两双袜子！

这里 E 表示为袜子的集合（共有 $n = \operatorname{card} E$ 双），F 表示为抽屉个数的集合（共有 $m = \operatorname{card} F$ 个）。通过映射 $f : E \to F$ 来模拟将袜子对放入抽屉的动作，抽屉原理断言 f 不可能是单射。因此，至少有两双袜子通过 f 映射到同一个抽屉中。

虽然原理非常简单，但是它可以用来处理更复杂的结果，参看如下例题（或者参看习题 6.13 p.256）。

Exemple 6.2

1. Dans un groupe d'au moins 13 personnes, il y a nécessairement deux personnes ayant le même mois d'anniversaire : en notant E l'ensemble des ces personnes, F l'ensemble des 12 mois de l'année et $f : E \to F$ l'application qui a une personne associe son mois d'anniversaire, alors f ne peut pas être injective car $\operatorname{card} E > \operatorname{card} F = 12$. Il existe donc deux personnes x et y différentes telles que $f(x) = f(y)$, c'est-à-dire qu'elles ont le même mois d'anniversaire.

2. Soit $n \geqslant 2$ un entier et soit E un ensemble de $n + 1$ entiers naturels différents. Alors il existe deux éléments a et b de E différents tels que n divise $a - b$ (c'est-à-dire qu'il existe un entier k tel que $a - b = k\,n$).

   En effet, en notant $f : E \to [\![0, n-1]\!]$ la fonction qui a un entier x associe le reste de la division euclidienne de x par n (voir la définition 4.5 p.164), elle ne peut pas être injective : il existe donc $a, b \in E$ distincts tels que $f(a) = f(b)$. En notant $r = f(a) = f(b)$, on a donc $a = q_1 n + r$ et $b = q_2 n + r$ avec $q_1, q_2 \in \mathbb{N}$ les quotients, d'où

   $$a - b = q_1 n + r - (q_2 n + r) = (q_1 - q_2)\,n$$

   ce qui démontre que n divise $a - b$.

---

1. 在一个至少有 13 人的小组中，必定有两人生日在同一个月：设 E 为小组成员的集合，F 为 12 个月份的集合，$f : E \to F$ 是将人与他生日所在月关联的映射。由于 $\operatorname{card} E > \operatorname{card} F = 12$，$f$ 不能是单射。因此，必定存在两个不同的人 x 和 y，满足 $f(x) = f(y)$，也就是说，他们的生日在同一个月。

2. 设 $n \geqslant 2$ 是一个整数，设 E 是一个包含 $n+1$ 个不同自然数的集合，那么存在两个不同的元素 a 和 b，使得 n 整除 $a - b$（即存在一个整数 k，

使得 $a - b = kn$）。

证明：设 $f : E \to [\![0, n-1]\!]$ 是一个将整数 x 映射到 x 除以 n 所得余数的函数，参看定义 4.5 p.164。函数 f 不可能是单射：因为存在 $a, b \in E$ 且 $a \neq b$，满足 $f(a) = f(b)$。设 $r = f(a) = f(b)$，则有 $a = q_1 n + r$ 和 $b = q_2 n + r$，其中 q_1, q_2 是商，因此有

$$a - b = q_1 n + r - (q_2 n + r) = (q_1 - q_2) n$$

从而证得 n 能整除 $a - b$。

Proposition 6.10 – caractérisations des bijections entre ensembles finis de même cardinal 双射与基数

Soient E et F deux ensembles finis tels que card E = card F et soit $f : E \to F$. Alors les trois propositions suivantes sont équivalentes :

1. f est injective ;
2. f est surjective ;
3. f est bijective.

- -

设 E 和 F 是有限集且满足 card E = card F，设映射 $f : E \to F$，那么如下三个命题是等价的：

1. f 是单射 ;
2. f 是满射 ;
3. f 是双射。

Démonstration
C'est une conséquence directe des cas d'égalité de la proposition 6.8 p.217.

- -

本结论是命题 6.8 p.217 在等式成立情况下的直接结果。

On avait vu comment démontrer qu'une fonction est bijective (méthode 3.4 p.122). La proposition 6.10 p.220 en donne une autre : si E et F sont deux ensembles finis de même cardinal, il suffit de démontrer l'injectivité ou la surjectivité de $f : E \to F$ pour en déduire que f est bijective.

- -

在方法 3.4 p.122 中，我们已经了解如何证明一个函数是双射。命题 6.10 p.220 给出了另一种方法：如果 E 和 F 是两个具有相同基数的有限集合，则只需证明 $f : E \to F$ 的单射性或满射性，就可以推断出 f 是双射。

Proposition 6.11 – dite « lemme du berger » 牧羊人引理

Soit $f : E \to F$ une fonction surjective avec E un ensemble fini [a] telle que tous les éléments de F ont le même nombre d'antécédents par f, c'est-à-dire qu'il existe $k \in \mathbb{N}^*$ tel que card $f^{-1}(\{y\}) = k$ pour tout $y \in F$. Alors

$$\text{card } E = k \text{ card } F.$$

a. D'après la proposition 6.8 p.217, F est donc aussi fini.

设 $f : E \to F$ 是一个满射函数，其中 E 是有限集合，且 F 中的所有元素在映射 f 下都有相同数量的原像。换言之，存在 $k \in \mathbb{N}^*$，使得对于 F 中的每一个 y，都有 card $f^{-1}(y) = k$。因此有

$$\text{card } E = k \text{ card } F$$

本性质也称为**牧羊人引理**。

Démonstration

Les ensembles $f^{-1}(\{y\})$ pour $y \in F$ forment une partition de E. En effet :

- Si $x \in f^{-1}(\{y\}) \cap f^{-1}(\{y'\})$ avec $y, y' \in F$ alors d'une part $x \in f^{-1}(\{y\})$ donc $y = f(x)$ et d'autre part $x \in f^{-1}(\{y'\})$ donc $y' = f(x)$. On a donc $y = y'$. Cela démontre donc que $f^{-1}(\{y\}) \cap f^{-1}(\{y'\}) = \varnothing$ pour tous $y, y' \in F$ tels que $y \neq y'$. Autrement dit les $f^{-1}(\{y\})$ sont deux-à-deux disjoints.

- Soit $x \in E$. Par surjectivité de f, il existe $y \in F$ tel que $y = f(x)$ donc $x \in f^{-1}(\{y\})$. On a donc montré que

$$E \subset \bigcup_{y \in F} f^{-1}(\{y\}).$$

L'inclusion réciproque est immédiate.

D'après la proposition 6.4 p.211, on a donc

$$\text{card } E = \sum_{y \in F} \text{card } f^{-1}(\{y\}) = \sum_{y \in F} k = k \text{ card } F.$$

集合 $f^{-1}(y)$ 对于 $y \in F$ 构成 E 的一个划分。实际上：

- 如果 $x \in f^{-1}(y) \cap f^{-1}(y')$ 并且 $y, y' \in F$，那么一方面 $x \in f^{-1}(y)$，因此 $y = f(x)$，另一方面 $x \in f^{-1}(y')$ 因此 $y' = f(x)$ 因此我们有 $y = y'$。这证明了对于所有 $y, y' \in F$ 满足 $y \neq y'$ 的情况，$f^{-1}(y) \cap f^{-1}(y') = \varnothing$。换句话说，$f^{-1}(y)$ 是两两不相交的。

- 假设 $x \in E$。由 f 的满射性质可知，存在 $y \in F$ 使得 $y = f(x)$，因此 $x \in f^{-1}(y)$。因此，有

$$E \subset \bigcup_{y \in F} f^{-1}(\{y\})$$

另一方面，相反的包含关系是显然的。

根据命题 6.4 p.211，可知

$$\text{card } E = \sum_{y \in F} \text{card } f^{-1}(\{y\}) = \sum_{y \in F} k = k \text{ card } F$$

Pourquoi un tel nom « lemme du berger » ? Ce résultat nous dit que si un berger possède n moutons, alors il possède $4n$ pattes de mouton (la fonction f étant ici la fonction qui à un mouton associe ses quatre pattes). Nous allons voir dans la prochaine partie comment utiliser ce résultat (*principe multiplicatif*).

为什么称该命题为牧羊人引理？由命题的结论可知，如果一个牧羊人有 n 只羊，那么他就有 $4n$ 条羊腿（函数 f 是将一只羊与其四条腿关联的函数）。我们将在下一小节看到如何使用这个结论（乘法原理）。

6.2 Dénombrement 计数原理

6.2.1 Principe additif 加法原理

Le *principe additif* est l'utilisation de la proposition 6.4 p.211 (cardinal d'une union disjointe) pour déterminer le cardinal d'un ensemble fini lorsque nous sommes en présence d'une *distinction de cas*. Voyons cela sur un exemple.

加法原理是应用命题 6.4 p.211（不相交并集的基数）来确定有限集合的基数，即当我们面临需要区分的情况时。让我们通过如下例子来说明。

Exemple 6.3

On considère un jeu de cartes standard à 52 cartes et on souhaite compter combien il y a de mains (ensembles de 5 cartes) contenant au moins deux rois. Notons E l'ensemble des mains contenant au moins deux rois, c'est-à-dire deux rois **ou bien** trois rois **ou bien** quatre rois (distinction de cas). En notant R_2, R_3 et R_4 l'ensemble des mains contenant respectivement deux, trois ou quatre rois, on a

$$E = R_2 \cup R_3 \cup R_4$$

avec R_2, R_3 et R_4 deux-à-deux disjoints. On a donc

$$\operatorname{card} E = \operatorname{card} R_2 + \operatorname{card} R_3 + \operatorname{card} R_4.$$

Nous verrons plus tard (exemple 6.8 p.235) comment déterminer ces trois cardinaux.

考虑一副标准的 52 张扑克牌，计算其中包含至少两张 K 的牌组合（5 张牌的集合）的数量。

设 E 为包含至少两张 K 的牌组的集合，记 R_2，R_3 和 R_4 分别为包含两张、三张或四张 K 的牌组的集合，因此有

$$E = R_2 \cup R_3 \cup R_4$$

其中 R_2, R_3 和 R_4 两两不相交。所以

$$\text{card } E = \text{card } R_2 + \text{card } R_3 + \text{card } R_4$$

我们将在后续（例题 6.8 p.235）学习如何确定这三个集合的基数。

6.2.2　Principe multiplicatif 乘法原理

Le *principe multiplicatif* est l'utilisation du lemme du berger (proposition 6.11 p.221) qui permet de déterminer des cardinaux en faisant des **choix successifs** sur les objets que l'on veut compter. Voyons cela sur des exemples.

- -

乘法原理是应用牧羊人引理（命题 6.11 p.221）来确定基数的方法，它可以帮助我们在对要计数的对象进行连续选择时确定基数。让我们通过如下例子来帮助理解：

Exemple 6.4

1. Un restaurant propose 5 entrées, 7 plats et 6 desserts. Combien de menus (une entrée, un plat et un dessert) sont possibles ?
   Pour obtenir un menu :
   - on choisit une entrée : 5 choix possibles ;
   - **puis** on choisit un plat : 7 choix possibles ;
   - **puis** on choisit un dessert : 6 choix possibles.

   Le principe multiplicatif permet alors d'affirmer que le nombre total de menus est $5 \times 7 \times 6 = 210$.

2. Soit $n \in \mathbb{N}^*$. Combien y a-t-il de couples $(i,j) \in [\![1,n]\!]^2$ tels que $i \neq j$?
   Pour obtenir un tel couple (i,j) :
   - on choisit i : n choix possibles ;
   - **puis** on choisit j : il y a $n-1$ choix possibles (tous les éléments de $[\![1,n]\!]$ sauf i).

   Il y a donc $n(n-1)$ tels couples (i,j). En particulier, pour $n=1$ il n'y a pas de tel couple.

3. On considère un jeu de cartes standard à 52 cartes et on souhaite compter combien il y a de mains (ensembles de 5 cartes) contenant un carré (quatre cartes identiques).
   Pour obtenir une main contenant un carré :
   - on choisit la hauteur des quatre cartes du carré : 13 choix possibles (parmi as, 2, ..., 10, Valet, Dame, Roi) ;
   - **puis** on choisit la cinquième carte de la main : 48 cartes restantes (les 52 cartes moins les 4 du carré).

   Il y a donc $13 \times 48 = 624$ mains contenant un carré.

1. 某家餐厅推出 5 种开胃（餐前）菜，7 种主菜和 6 种甜点，并设置套餐（即选择一种开胃菜、一种主菜和一种甜点），请问该餐厅共有多少种可能的套餐？

   套餐的组成

   - 选择一种开胃菜：5 种可能；
   - 再选择一张主菜：7 种可能；
   - 再选择一种甜点：6 种可能。

   根据乘法原理，套餐的种类数是 $5 \times 7 \times 6 = 210$。

2. 设 $n \in \mathbb{N}^*$，设 $(i,j) \in [\![1,n]\!]^2$ 满足 $i \neq j$，求有多少种有序对 (i,j)？

   为了得到这样的有序对 (i,j)：

   - 首先决定 i：n 种可能；
   - 再选择 j：$n-1$ 种可能。

   因此，有 $n \times (n-1)$ 种这样的有序对 (i,j)。

   特别地，当 $n = 1$ 时，则不存在这样的有序对。

3. 考虑一副标准的扑克牌共 52 张，计算当取五张牌其中含有四张相同数字的牌有多少种可能？

   为了得到一个四张相同数的的牌：

   - 首先选择四张数字数字相同的牌：有 13 种选择可能（从 A 到 10，J（杰克），Q（皇后），K（国王））；
   - 再选择第五张牌：48 种可能性。

   因此有 $13 \times 48 = 624$ 种可能性。

Remarque 6.4

Il n'est pas nécessaire de formaliser un raisonnement avec le principe multiplicatif avec le lemme du berger. Voyons tout de même comment le faire sur le deuxième point de l'exemple précédent.

On pose $E = \{(i,j) \in [\![1,n]\!] \mid i \neq j\}$, $F = [\![1,n]\!]$ et $f : E \to F$ définie par $f(i,j) = i$ pour tout $(i,j) \in E$. Il est clair que f est surjective et que, pour tout $i \in [\![1,n]\!]$, $f^{-1}(\{i\}) = [\![1,n]\!] \setminus \{i\}$ de cardinal $n-1$. Le lemme du berger affirme donc que $\operatorname{card} E = (n-1)\operatorname{card} F = (n-1)\operatorname{card}([\![1,n]\!]) = (n-1)\,n$.

De manière générale, la formalisation d'un choix par le lemme du berger se fait en considérant la fonction qui à un choix possible associe la situation à l'étape précédente permettant ce choix.

没有必要用牧羊人原理来形式化乘法原理的推理过程。不过，我们还是来看一下如何在这个前一个例子的第二点上应用它。

设 $E = \{(i,j) \in [\![1,n]\!] \mid i \neq j\}$，$F = [\![1,n]\!]$，以及对于所有的 $(i,j) \in E$ 定义 $f : E \to F$ 为 $f(i,j) = i$。显然 f 是满射的，对于所有的 $i \in [\![1,n]\!]$，集合 $f^{-1}(\{i\}) = [\![1,n]\!] \setminus \{i\}$ 的基数为 $n-1$。根据牧羊人原理，得 $\operatorname{card} E = (n-1)\operatorname{card} F = (n-1)\operatorname{card}([\![1,n]\!]) = (n-1)\,n$。

一般来说，通过牧羊人原理来形式化选择过程，是考虑一个函数，该函数将一个可能的选择与允许进行这一选择的前一步骤的情况相关联。

6.2.3 Nombre de p-uplets d'un ensemble fini 有限集合中的 p-元组的数量

Soit F un ensemble et soit $p \in \mathbb{N}^*$. On rappelle qu'un p-uplet de F (encore appelé p-liste de F) est de la forme $(y_1, \ldots, y_p)$ où chaque y_i pour $i \in [\![1,p]\!]$ est un élément de F (il peut y avoir égalité entre certains éléments).

- -

设 F 是一个集合，$p \in \mathbb{N}^*$。首先回顾一下，F 的一个 p-元组的形式是 $(y_1, \ldots, y_p)$，其中对于 $i \in [\![1,p]\!]$，每个 y_i 都是 F 中的元素（元素之间可以相等）。

Dans un p-uplet, l'ordre des éléments est important !

- -

在 p-元组中，元素的顺序很重要！

Proposition 6.12 – nombre de p-uplets d'un ensemble fini
有限集的 p-元组数量

Soit F un ensemble fini et soit $p \in \mathbb{N}^*$. Le nombre de p-uplets de F est $(\operatorname{card} F)^p$.

- -

设 F 是一个有限集，$p \in \mathbb{N}^*$，集合 F 的 p-元组的数量是 $(\operatorname{card} F)^p$。

Démonstration
L'ensemble des p-uplets de F est F^p qui a pour cardinal $(\operatorname{card} F)^p$ d'après la proposition 6.7 p.215. On peut aussi utiliser le principe multiplicatif : pour obtenir un p-uplet $(y_1, \ldots, y_p)$ de F, on a $\operatorname{card} E$ choix pour y_1 (tous les éléments de E), puis $\operatorname{card} E$ choix pour y_2, ..., jusqu'à $\operatorname{card} E$ choix pour y_p, ce qui fait au total $(\operatorname{card} F)^p$ choix.

- -

集合 F 的 p-元组集合是 F^p，其基数为 $(\operatorname{card} F)^p$，根据命题 6.7 p.215。也可以根据乘法原理：为了得到一个 F 的 p-元组 $(y_1, \ldots, y_p)$，有 $\operatorname{card} E$ 种选择 y_1（E 的所有元素），然后有 $\operatorname{card} E$ 种选择 y_2，...，直到有 $\operatorname{card} E$ 种选择 y_p，总共有 $(\operatorname{card} F)^p$ 种选择。

Les p-uplets sont utiles dans les situations où l'on fait des choix successifs **avec remise** (c'est-à-dire qu'à chaque étape on ne modifie pas l'ensemble dans lequel on fait notre choix) et dans lequel **l'ordre compte**.
Voyons quelques exemples.

----

p-元组在以下情况下非常有用：进行连续选择且允许重复选择（也就是说，在每一步选择时，选择的集合并没有改变）以及需要考虑顺序的情况。
参看如下例题：

Exemple 6.5

1. On tire successivement 5 cartes dans un jeu de 52 cartes, en remettant à chaque fois la carte tirée dans le paquet en prenant en compte l'ordre. Au total, il y a $52^5 = 380204032$ tirages possibles (un tirage est un 5-uplet de l'ensemble des cartes de cardinal 52).

2. À partir des 26 lettres de l'alphabet A, B, C, etc. on veut former un mot de 7 lettres tel que la première lettre n'apparaît qu'une seule fois et la deuxième lettre n'apparaît qu'une seule fois aussi.
   Pour obtenir un tel mot (l'ordre des lettres compte ici) :
   - on choisit la première lettre : 26 choix ;
   - puis on choisit la deuxième lettre : 25 choix (toutes les lettres sauf la première) ;
   - puis on choisit les 5 lettres restantes parmi 24 (toutes les lettres sauf les deux premières) : 24^5 choix (nombre de 5-uplets de l'ensemble des 24 lettres restantes).

   Au total, il y a donc $26 \times 25 \times 24^5$ choix possibles.

----

1. 从一副 52 张牌的牌组中连续抽取 5 张牌，每次抽完后都将牌放回牌组中，并考虑抽取顺序。总共有 $52^5 = 380204032$ 种可能的抽取方式（每次抽取是一个 5-元组，从 52 张牌的集合中选择）。

2. 从 26 个英文字母 A，B，C 等中，我们想要组成一个 7 个字母的单词，使得第一个字母只出现一次，第二个字母也只出现一次。
   为了得到这样的单词（这里字母顺序很重要）：
   - 首先选择第一个字母：有 26 种选择；
   - 然后选择第二个字母：有 25 种选择（除了第一个字母之外的所有字母）；
   - 然后从剩下的 24 个字母中选择剩下的 5 个字母：有 24^5 种选择（从剩下的 24 个字母的集合中选择 5-元组的数量）。

   因此，总共有 $26 \times 25 \times 24^5$ 种可能的选择方式。

Proposition 6.13 – nombre d'applications entre deux ensembles finis
两个有限集合间的映射数量

Soient E et F deux ensembles finis. Il y a $(\operatorname{card} F)^{\operatorname{card} E}$ applications de E

dans F. Autrement dit,

$$\text{card}(F^E) = (\text{card } F)^{\text{card } E}$$

où F^E est l'ensemble des applications de E dans F.

设 E 和 F 是两个有限集合。从 E 到 F 的映射（函数）有 $(\text{card } F)^{\text{card } E}$ 种。换言之，

$$\text{card}(F^E) = (\text{card } F)^{\text{card } E}$$

其中 F^E 表示所有从 E 到 F 映射的集合。

Démonstration

Pour obtenir une application $f : E \to F$, il faut donner les valeurs de $f(x)$ pour tout $x \in E$. Pour chaque valeur de x (il y en a card E), on a card F choix possibles (les éléments de F). Au total, cela fait bien $(\text{card } F)^{\text{card } E}$ choix.

为了得到一个从 E 到 F 的映射 $f : E \to F$，需要为 E 中的每一个 x 指定 $f(x)$ 的值。对于每一个 x（总共有 card E 个），都有 card F 种可能的选择（F 中的元素）。因此，总共有 $(\text{card } F)^{\text{card } E}$ 种选择。

Remarque 6.5

1. Si $E = \varnothing$, il y a $(\text{card } F)^0 = 1$ application de $\varnothing$ dans F c'est l'application vide, voir la remarque 3.1 p.88. Si $F = \varnothing$ et $E \neq \varnothing$, il y a $0^{\text{card } E} = 0$ application de E dans $\varnothing$ (voir la remarque 3.1 p.88).

2. On retrouve la correspondance entre famille d'éléments et applications que nous avons vue à la partie 3.4.1 p.128. En notant $E = \{x_1, \ldots, x_p\}$ (avec $p = \text{card } E$) :
   - un p-uplet $(y_1, \ldots, y_p)$ de F donne une application $f : E \to F$ en posant $f(x_i) = y_i$ pour tout $i \in [\![1, p]\!]$;
   - une application $f : E \to F$ donne un p-uplet de F en considérant $(f(x_1), \ldots, f(x_p))$.

   Cela nous donne donc une bijection entre les p-uplets de F et les applications de E dans F qui ont donc bien même cardinal.

---

1. 如果 $E = \varnothing$，则从空集到 F 的映射只有 $(\text{card } F)^0 = 1$ 个，即空映射。
   如果 $F = \varnothing$ 且 $E \neq \varnothing$，则从 E 到 $\varnothing$ 的映射有 $0^{\text{card } E} = 0$ 个。（参看注释 3.1 p.88）

2. 重新发现元素集合与映射之间的对应关系，这与我们在小节 3.4.1 p.128 中看到的一样。假设 $E = \{x_1, \ldots, x_p\}$（其中 $p = \text{card } E$）：
   - 一个 F 的 p-元组 $(y_1, \ldots, y_p)$ 对应一个映射，即 $f : E \to F$，对于所有 $i \in [\![1, p]\!]$ 定义为 $f(x_i) = y_i$；
   - 一个映射 $f : E \to F$ 对应一个 F 的 p-元组，即 $(f(x_1), \ldots, f(x_p))$。

   F 的 p-元组和从 E 到 F 的映射之间有一一对应关系，因此它们具有相同的基数。

Proposition 6.14 – nombre de parties d'un ensemble fini 幂集的基数

Soit E un ensemble fini. Alors il y a $2^{\operatorname{card} E}$ parties de E. Autrement dit,

$$\operatorname{card} \mathscr{P}(E) = 2^{\operatorname{card} E}$$

où $\mathscr{P}(E)$ est l'ensemble des parties de E.

设 E 有限集，那么 E 的子集有 $2^{\operatorname{card} E}$ 个。换言之，集合 E 的幂集的基数是 $2^{\operatorname{card} E}$；

$$\operatorname{card} \mathscr{P}(E) = 2^{\operatorname{card} E}$$

其中 $\mathscr{P}(E)$ 是 E 的幂集。

Démonstration
Pour obtenir une partie F de E, on choisit pour chaque élément de E s'il est dans F ou non (2 choix possibles), ce qui donne au total $2^{\operatorname{card} E}$ choix.

为了得到 E 的一个子集 F，对于 E 中的每个元素，我们可以选择它是否属于 E（有两种选择：属于或不属于），总共有 $2^{\operatorname{card} E}$ 种选择方式。这正是 E 的幂集 $\mathscr{P}(E)$ 的基数，即 E 的所有子集的数量。

Remarque 6.6
En posant $E = \{x_1, \ldots, x_p\}$ avec $p = \operatorname{card} E$, la démonstration précédente donne une bijection entre $\mathscr{P}(E)$ et $\{0,1\}^p$ qui à toute partie F de E associe $(\delta_1, \ldots, \delta_p)$ avec $\delta_i = 1$ si $x_i \in F$ et $\delta_i = 0$ si $x_i \notin F$ pour tout $i \in [\![1,p]\!]$.
Ces deux ensembles ont donc bien même cardinal 2^p.

假设 $E = \{x_1, \ldots, x_p\}$ 其中 $p = \operatorname{card} E$，上述证明给出 $\mathscr{P}(E)$ 与 $\{0,1\}^p$ 的双射关系，即 E 的每一个子集 F 对应一个 p-元组 $(\delta_1, \ldots, \delta_p)$，其中对于所有的 $i \in [\![1,p]\!]$，如果 $x_i \in F$ 则 $\delta_i = 1$，如果 $x_i \notin F$ 则 $\delta_i = 0$。
这两个集合的基数 2^p。

6.2.4   Arrangements 排列

Définition 6.4 – arrangement 排列

Soit F un ensemble et soit $p \in \mathbb{N}^*$. Un *p-arrangement* de F est un p-uplet $(y_1, \ldots, y_p)$ de E dont les éléments sont deux-à-deux distincts, c'est-à-dire que $y_i \neq y_j$ pour tous $i, j \in [\![1,p]\!]$ tels que $i \neq j$.

设 F 是一个集合，设 $p \in \mathbb{N}^*$，F 的 p-**排列**是一个由 F 中的元素组成的 p-元组 $(y_1, \ldots, y_p)$ 满足所有元素两两不同，即对于所有的 $i, j \in [\![1,p]\!]$，当 $i \neq j$ 时，有 $y_i \neq y_j$。

Proposition 6.15 – nombre de p-arrangements d'un ensemble fini
有限集合的 p-排列的数量

Soit F un ensemble fini de cardinal n et soit $p \in \mathbb{N}^*$. Le nombre de p-arrangements de F est

$$\begin{cases} n\,(n-1)\,(n-2)\cdots(n-p+1) = \dfrac{n!}{(n-p)!} & \text{si } p \leqslant n\,; \\ 0 & \text{si } p > n. \end{cases}$$

设 F 是基数为 n 的有限集，设 $p \in \mathbb{N}^*$，那么 F 的 p-排列为

$$\begin{cases} n\,(n-1)\,(n-2)\cdots(n-p+1) = \dfrac{n!}{(n-p)!} & \text{当 } p \leqslant n \\ 0 & \text{当 } p > n \end{cases}$$

Démonstration

- Supposons $p \leqslant n$. Pour obtenir un p-arrangement $(y_1, \ldots, y_p)$ de F :
  - on choisit y_1 : n choix (les n éléments de F);
  - puis on choisit y_2 : $n-1$ choix (les éléments de F sauf y_1);
  - puis on choisit y_3 : $n-2$ choix (les éléments de F sauf y_1 et y_2);
  - etc.
  - jusqu'à choisir y_p : $n-p+1$ choix (les éléments de F sauf $y_1, \ldots, y_{p-1}$).

  Au total, il y a $n\,(n-1)\,(n-2)\cdots(n-p+1) = \frac{n!}{(n-p)!}$ choix pour un p-arrangement $(y_1, \ldots, y_p)$ de F.

- Supposons $p > n$. S'il existait un p-arrangement $(y_1, \ldots, y_p)$ de F, en posant $f : [\![1,p]\!] \to F$ définie par $f(i) = y_i$ pour tout $i \in [\![1,p]\!]$, on aurait une fonction injective de $[\![1,p]\!]$ dans F avec $\operatorname{card}([\![1,p]\!]) = p > n = \operatorname{card} F$, ce qui contredit le principe des tiroirs (proposition 6.9 p.218). Il n'existe donc pas de p-arrangements de F si $p > n$.

- 假设 $p \leqslant n$，为了得到 F 的 p-排列 $(y_1, \ldots, y_p)$:
  - 选择 y_1：有 n 种选择（F 中的 n 个元素）；
  - 再选择 y_2：有 $n-1$ 种选择（F 中除去已选的 y_1 的 $n-1$ 个元素）；
  - 再选择 y_3：有 $n-2$ 种选择；
  - 以此类推，直到选择 y_p：有 $n-p+1$ 种选择（F 中除去已选的 $y_1, \ldots, y_{p-1}$ 的 $n-p+1$ 个元素）。

  因此，F 的 p-排列 $(y_1, \ldots, y_p)$ 有 $n\,(n-1)\,(n-2)\cdots(n-p+1) = \frac{n!}{(n-p)!}$ 种选择。

- 假设 $p > n$，如果存在 F 的 p-排列 $(y_1, \ldots, y_p)$，通过定义映射 $f : [\![1,p]\!] \to F$ 满足对于所有 $i \in [\![1,p]\!]$，$f(i) = y_i$。这里构建了从 $[\![1,p]\!]$ 到 F 的单射，其中有 $\operatorname{card}([\![1,p]\!]) = p > n = \operatorname{card} F$，这与抽屉原理（命题 6.9 p.218）矛盾。因此，当 $p > n$ 时，不存在 F 的 p-排列。

Les p-arrangements sont utiles dans les situations où l'on fait des choix successifs **sans remise** (c'est-à-dire qu'à chaque étape on ne peut plus choisir de nouveau un choix déjà fait) et dans lequel **l'ordre compte**.

---

p-排列在如下情况下非常有用：进行连续选择且不允许重复选择（也就是说，在每一步选择时，不能重新选择已经选择过的选项）以及需要考虑顺序的时候。

Exemple 6.6

On tire successivement 5 cartes dans un jeu de 52 cartes sans remettre à chaque fois la carte tirée dans le paquet et en prenant en compte l'ordre. Au total, il y a

$$\frac{52!}{(52-5)!} = 52 \times 51 \times 50 \times 49 \times 48 = 311875200$$

tirages possibles (un tirage est un 5-arrangement de l'ensemble des cartes de cardinal 52).

从一副 52 张的扑克牌中抽取 5 张牌，每次抽取后牌不放回，并且考虑抽取顺序。则总共有

$$\frac{52!}{(52-5)!} = 52 \times 51 \times 50 \times 49 \times 49 = 311875200$$

种可能的抽取方式。

Proposition 6.16 – nombre d'applications injectives entre deux ensembles finis 有限集之间的单射的数量

Soient E et F deux ensembles finis, posons $p = \operatorname{card} E$ et $n = \operatorname{card} F$. Le nombre d'applications injectives de E dans F est :

$$\begin{cases} n(n-1)(n-2)\cdots(n-p+1) = \dfrac{n!}{(n-p)!} & \text{si } p \leqslant n\,; \\ 0 & \text{si } p > n. \end{cases}$$

设 E 和 F 是有限集，假设 $p = \operatorname{card} E$ 和 $n = \operatorname{card} F$，则从 E 到 F 单射的个数有

$$\begin{cases} n(n-1)(n-2)\cdots(n-p+1) = \dfrac{n!}{(n-p)!} & \text{当 } p \leqslant n \\ 0 & \text{当 } p > n \end{cases}$$

Démonstration
Posons $E = \{x_1, \ldots, x_p\}$. On a déjà remarqué à la démonstration de la proposition 6.15 p.229

qu'un p-arrangement de F donne une fonction $f : E \to F$ injective en posant $f(x_i) = y_i$ pour tout $i \in [\![1, p]\!]$. Réciproquement, une fonction $f : E \to F$ injective donne le p-arrangement $(f(x_1), \ldots, f(x_p))$ de F.

Ainsi l'ensemble des applications $E \to F$ injectives est en bijection avec le nombre de p-arrangements de F. Ces ensembles ont donc même cardinal donné par la proposition 6.15 p.229 d'où le résultat.

设 $E = \{x_1, \ldots, x_p\}$。在命题 6.15 p.229 的证明中我们注意到，F 的一个 p-排列可以给出一个从 E 到 F 的单射，反之亦然。

因此，从 E 到 F 的单射与 F 的 p-排列数量之间是一一对应的关系，根据命题 6.15 p.229 它们的基数相同，从而得证。

Remarque 6.7

Il est plus compliqué de compter le nombre d'applications surjectives entre deux ensembles finis. Voir l'exercice 6.12 p.256.

- -

计算两个有限集之间不同满射的数量往往要复杂一些，参看习题 6.12 p.256。

6.2.5 Permutations 置换

> **Définition 6.5** – permutation 置换
>
> Soit E un ensemble. Une *permutation* de E est une bijection de E sur lui-même.
>
> On note $\mathfrak{S}(E)$ l'ensemble des permutations de E et
>
> $$\mathfrak{S}_n \overset{\text{déf}}{=} \mathfrak{S}([\![1, n]\!])$$
>
> l'ensemble des permutations de $[\![1, n]\!]$ avec $n \in \mathbb{N}^*$.
>
> -
>
> 设 E 是一个集合，集合 E 的一个置换是一个从 E 到它自身的双射。
>
> 并记 $\mathfrak{S}(E)$ 为所有 E 的置换的集合，特别地
>
> $$\mathfrak{S}_n \overset{\text{déf}}{=} \mathfrak{S}([\![1, n]\!])$$
>
> 表示为所有 $[\![1, n]\!]$ 的置换的集合，其中 $n \in \mathbb{N}^*$。

> **Proposition 6.17** – nombre de permutations d'un ensemble fini
> 有限集合的置换数量
>
> Soit E un ensemble fini. Il y a $(\operatorname{card} E)!$ permutations de E :
>
> $$\operatorname{card} \mathfrak{S}(E) = (\operatorname{card} E)!$$
>
> En particulier $\operatorname{card} \mathfrak{S}_n = n!$ pour tout $n \in \mathbb{N}^*$.

设 E 是一个有限集，则 E 的置换共有 $(\operatorname{card} E)!$ 种：

$$\operatorname{card} \mathfrak{S}(E) = (\operatorname{card} E)!$$

特别地，当 $n \in \mathbb{N}^*$ 时，$\operatorname{card} \mathfrak{S}_n = n!$。

Démonstration
D'après la proposition 6.10 p.220, les permutations de E (qui sont les bijections de E dans E) sont les injections de E dans E. D'après 6.16 p.230, en posant $n = \operatorname{card} E$, il y en a $\frac{n!}{(n-n)!} = \frac{n!}{0!} = \frac{n!}{1} = n!$ en tout.
Une autre façon de le voir : pour construire une bijection $f : E \to E$ avec $E = \{x_1, \ldots, x_n\}$, on a n choix pour $f(x_1)$, $n-1$ choix pour $f(x_2)$, etc. jusqu'à n'avoir plus qu'un seul choix pour $f(x_n)$ ce qui donne en tout $n \times (n-1) \times \cdots \times 1 = n!$ choix.

根据命题 6.10 p.220，集合 E 的置换（即从 E 到 E 的双射）也是从 E 到 E 的单射。根据命题 6.16 p.230 的结论，假设 $n = \operatorname{card} E$，则总共有 $\frac{n!}{(n-n)!} = \frac{n!}{0!} = \frac{n!}{1} = n!$ 种这样的双射。
另一种理解方式是：想要构造一个从 E 到 E 的双射 $f : E \to E$，其中 $E = \{x_1, \ldots, x_n\}$。关于 $f(x_1)$，有 n 种选择；关于 $f(x_2)$ 有 $n-1$ 种选择，以此类推，直到 $f(x_n)$ 只剩下一种选择。因此总共有 $n \times (n-1) \times \cdots \times 1 = n!$ 种选择。

Il y a donc bijection entre les permutations de E et les n-arrangements de E (avec $n = \operatorname{card} E$).
Ainsi, les permutations sont utiles pour compter le nombre de façons d'ordonner des objets : si on a $x_1, \ldots, x_n$ objets, une permutation f de $\{x_1, \ldots, x_n\}$ donne le n-arrangement $(f(x_1), \ldots, f(x_n))$ de E ce qui donne un nouvel ordre pour les éléments de E.

集合 E 的置换与 E 的 n-排列（其中 $n = \operatorname{card} E$）之间存在一一对应关系。因此，置换在计算对象的不同排序方式种类时非常有用：如果有 $x_1, \ldots, x_n$ 对象，那么 $\{x_1, \ldots, x_n\}$ 的一个置换 f 可以给出 E 的一个 n-排列 $(f(x_1), \ldots, f(x_n))$，这为 E 中的元素提供了一个新的顺序。

Exemple 6.7

1. En mélangeant les 5 lettres du mot PARIS, on peut obtenir $5! = 120$ mots différents.

2. Il y a $52!$ façons différentes de mélanger un jeu de 52 cartes. *Ce nombre est supérieur à 8×10^{67}...*

1. 将单词 "PARIS" 的 5 个字母打乱，可以得到 $5! = 120$ 个不同的单词。

2. 将一副 52 张牌的标准扑克牌洗牌，有 $52!$ 种不同的方式（这个数字超过 8×10^{67}）。

6.2.6 Combinaison 组合

Notation 6.1 – coefficient binomial 二项式系数

Soient n et p deux entiers naturels. On note [a]

$$\binom{n}{p}$$

le nombre de parties de $[\![1, n]\!]$ ayant p éléments (avec $[\![1, n]\!] = \varnothing$ si $n = 0$).

  a. Lire « p parmi n ».

设 n 和 p 是两个自然数，记

$$\binom{n}{p}$$

为二项式系数，表示从集合 $[\![1, n]\!]$ 中选择 p 个元素组合数的个数（如果 $n = 0$，则表示 $[\![1, n]\!] = \varnothing$）。

Remarque 6.8
On note parfois les coefficients binomiaux C_n^p au lieu de $\binom{n}{p}$.

一些教材中会使用 C_n^p 来表示二项式系数。

Définition 6.6 – combinaison 组合

Soit E un ensemble fini et soit $p \in \mathbb{N}$. Une *p-combinaison* de E est une partie de E de cardinal p.

设 E 是一个有限集合，$p \in \mathbb{N}$。E 的一个 *p-组合* 是 E 的基数为 p 的一个子集。

Proposition 6.18 – nombre de combinaisons d'un ensemble fini 有限集合的组合数量

Soit E un ensemble fini de cardinal $n = \operatorname{card} E$ et soit $p \in \mathbb{N}$. Le nombre de p-combinaisons de E est donnée par $\binom{n}{p}$.

设 E 是一个有限集合，其基数为 $n = \operatorname{card} E$，设 $p \in \mathbb{N}$。二项式系数 $\binom{n}{p}$ 给出集合 E 的 p-组合的数量。

Démonstration

Soit $f : [\![1, n]\!] \to E$ une bijection (avec $[\![1, n]\!] = \varnothing$ si $n = 0$). Si A est un ensemble fini, notons $\mathscr{P}_p(A)$ l'ensemble des parties de A ayant p éléments. L'application

$$\left\{ \begin{array}{ccc} \mathscr{P}_p([\![1, n]\!]) & \longrightarrow & \mathscr{P}_p(E) \\ X & \longmapsto & f(X) \end{array} \right.$$

est bijective car admettant $Y \mapsto f^{-1}(Y)$ comme bijection réciproque. On a donc

$$\operatorname{card} \mathscr{P}_p(E) = \operatorname{card} \mathscr{P}_p([\![1, n]\!]) = \binom{n}{p}.$$

设 $f : [\![1, n]\!] \to E$ 是双射（如果 $n = 0$，则表示 $[\![1, n]\!] = \varnothing$）。如果集合 A 是有限集，记 $\mathscr{P}_p(A)$ 为集合 A 中所有有 p 个元素子集的集合。映射

$$\left\{ \begin{array}{ccc} \mathscr{P}_p([\![1, n]\!]) & \longrightarrow & \mathscr{P}_p(E) \\ X & \longmapsto & f(X) \end{array} \right.$$

为双射，且 $Y \mapsto f^{-1}(Y)$ 为它的逆映射，因此有

$$\operatorname{card} \mathscr{P}_p(E) = \operatorname{card} \mathscr{P}_p([\![1, n]\!]) = \binom{n}{p}$$

Proposition 6.19 – expression explicite des coefficients binomiaux
二项式系数表示法

Soient n et p deux entiers naturels. On a

$$\binom{n}{p} = \left\{ \begin{array}{ll} \dfrac{n!}{p!\,(n-p)!} & \text{si } p \leqslant n\,; \\ 0 & \text{si } p > n. \end{array} \right.$$

En particulier,

$$\binom{n}{0} = 1, \quad \binom{n}{1} = n \quad \text{et} \quad \binom{n}{2} = \frac{n\,(n-1)}{2}.$$

- - -

设 n 和 p 为自然数，则有

$$\binom{n}{p} = \left\{ \begin{array}{ll} \dfrac{n!}{p!\,(n-p)!} & \text{当 } p \leqslant n \\ 0 & \text{当 } p > n \end{array} \right.$$

特别地，

$$\binom{n}{0} = 1, \quad \binom{n}{1} = n \quad \text{和} \quad \binom{n}{2} = \frac{n\,(n-1)}{2}$$

Démonstration

- Puisque les parties de E sont de cardinal inférieur ou égal à n, on a bien $\binom{n}{p} = 0$ si $p > n$.
- Supposons $p \leqslant n$. Notons A_p^n le nombre de p-arrangements de $[\![1, n]\!]$. Pour obtenir un p-arrangement de $[\![1, n]\!]$, on peut :
  - choisir p éléments différents parmi les n de $[\![1, n]\!]$, ce qui donne $\binom{n}{p}$ choix ;
  - puis choisir un ordre parmi ces p éléments choisis : $p!$ choix.

  On a donc $A_p^n = \binom{n}{p} p!$. Or on a vu (proposition 6.15 p.229) que $A_p^n = \frac{n!}{(n-p)!}$ d'où $\binom{n}{p} = \frac{n!}{p!\,(n-p)!}$.

- -

- 由于集合 E 的子集的基数小于等于 n，如果 $p > n$，那么 $\binom{n}{p}$ 等于 0。
- 假设 $p \leqslant n$，记 A_p^n 为 $[\![1, n]\!]$ 的 p-排列的数量。为了得到 $[\![1, n]\!]$ 的一个 p-排列：
  - 首先从 $[\![1, n]\!]$ 中选择 p 个不同的元素：有 $\binom{n}{p}$ 种选择；
  - 再从选出的 p 个元素中选择一个顺序：有 $p!$ 种选择。

  因此，我们有 $A_p^n = \binom{n}{p} \times p!$。又因为命题 6.15 p.229，有 $A_p^n = \frac{n!}{(n-p)!}$。证得 $\binom{n}{p} = \frac{n!}{p!\,(n-p)!}$。

Les p-combinaisons sont utiles dans les situations où on fait p choix **simultanément** parmi n choix possibles et dans lequel **l'ordre ne compte pas**.

- -

p-组合在以下情境中非常有用：在 n 个选项中选择 p 个，并且不考虑顺序。

Exemple 6.8

1. Il existe $\binom{52}{5}$ mains de 5 cartes dans un jeu de 52 cartes (sans tenir compte de l'ordre).

2. Combien y a-t-il de mains de 5 cartes dans un jeu de 52 cartes contenant exactement un pique ?

   Pour obtenir une telle main :
   - on choisit un pique : 13 choix possibles ;
   - puis on choisit les 4 cartes restantes parmi les 39 restantes (qui ne sont pas des piques) : $\binom{39}{4}$ choix possibles.

   Au total il y a $13 \times \binom{39}{4}$ mains contenant exactement un pique.

3. Revenons sur l'exemple 6.3 p.222 où l'on compte le nombre de mains de 5 cartes dans un jeu de 52 cartes contenant au moins 2 rois.

   Le nombre de mains avec exactement deux rois est $\binom{4}{2}\binom{48}{3}$ (on choisit 2 rois parmi les 4 puis 3 cartes parmi les 48 restantes). De même le nombre de mains avec exactement trois rois est $\binom{4}{3}\binom{48}{2}$ et celui avec quatre rois est $\binom{4}{4}\binom{48}{1} = 1 \times 48 = 48$. Il y a donc

$$\binom{4}{2}\binom{48}{3} + \binom{4}{3}\binom{48}{2} + 48$$

mains contenant au moins 2 rois.

---

1. 在一副 52 张牌的扑克牌中，存在 $\binom{52}{5}$ 种不同的 5 张牌的组合（不考虑顺序）。

2. 在一副 52 张牌的扑克牌中，恰好含有一个梅花的 5 张牌的组合有多少种？

   为了得到恰好含有一个梅花的组合：

   - 选择一个梅花：有 13 种选择可能；
   - 然后在剩下的 39 张牌中选择剩下的 4 张牌（这些牌不是梅花）：有 $\binom{39}{4}$ 种选择可能。

   则总共有 $13 \times \binom{39}{4}$ 种方式，其中恰好包含一个梅花。

3. 回顾一下例题 6.3 p.222，计算在一副 52 张牌的扑克牌中至少包含 2 个 K 的 5 张牌的组合数。

   包含恰好两个 K 的牌数量是 $\binom{4}{2}\binom{48}{3}$（首先从 4 个 K 中选择 2 个，然后在剩下的 48 张牌中选择 3 张）。

   同样，包含恰好三个 K 的组合数是 $\binom{4}{3}\binom{48}{2}$。

   而包含四个 K 的组合数是 $\binom{4}{4}\binom{48}{1} = 1 \times 48 = 48$。

   因此，至少包含 2 个 K 牌的组合数的总数是

$$\binom{4}{2}\binom{48}{3} + \binom{4}{3}\binom{48}{2} + 48$$

6.2.7 Tableau récapitulatif 汇总表

Voilà un tableau qui résume les quatre outils de dénombrement que nous venons de voir.

situation	avec ordre ?	objet correspondant
choix successifs avec remise	oui	uplet
choix successifs sans remise	oui	arrangement
choix simultanés	non	combinaison
ordonner des éléments	oui	permutation

如下是一个目前所学四种计数工具的总结表格。

情况	顺序？	对应工具
连续选择允许重复	是	元组
连续选择不允许重复	是	排列
同时选择不允许重复	否	组合
元素排序	是	置换

表格展示了不同选择情况下的计数方法和它们对应的数学对象。

6.3 Coefficients binomiaux 二项式系数

6.3.1 Propriétés des coefficients binomiaux 二项式系数的性质

> **Proposition 6.20** – formule de symétrie 对称公式
>
> Soient $n \in \mathbb{N}$ et $k \in [\![0, n]\!]$. Alors
> $$\binom{n}{n-k} = \binom{n}{k}.$$
>
> En particulier,
> $$\binom{n}{n} = \binom{n}{0} = 1, \quad \binom{n}{n-1} = \binom{n}{1} = n \text{ et } \binom{n}{n-2} = \binom{n}{2} = \frac{n(n-1)}{2}.$$
>
> - - - - - - - - - -
>
> 设 $n \in \mathbb{N}^*$ 和 $k \in [\![0, n-1]\!]$，则有
> $$\binom{n}{n-k} = \binom{n}{k}$$
>
> 特别地，
> $$\binom{n}{n} = \binom{n}{0} = 1, \quad \binom{n}{n-1} = \binom{n}{1} = n \text{ 和 } \binom{n}{n-2} = \binom{n}{2} = \frac{n(n-1)}{2}$$

Démonstration

Remarquons tout d'abord que $n - k \in [\![0, n]\!]$. Proposons deux démonstrations.

- *Par calculs directs.* D'après l'expression explicite des coefficients binomiaux (proposition 6.19 p.234),
$$\binom{n}{n-k} = \frac{n!}{(n-k)!\,(n-(n-k))!} = \frac{n!}{(n-k)!\,k!} = \binom{n}{k}.$$

- *Par dénombrement.* Soit A une partie de $[\![1, n]\!]$. Alors A a k éléments si et seulement si $\overline{A}$ a $n - k$ éléments. Plus précisément, l'application
$$\left\{ \begin{array}{ccc} \mathscr{P}_k([\![1, n]\!]) & \longrightarrow & \mathscr{P}_{n-k}([\![1, n]\!]) \\ A & \longmapsto & \overline{A} \end{array} \right.$$

est une bijection (en reprenant les notations de la démonstration de la proposition 6.18 p.233) de bijection réciproque
$$\left\{ \begin{array}{ccc} \mathscr{P}_{n-k}([\![1, n]\!]) & \longrightarrow & \mathscr{P}_k([\![1, n]\!]) \\ B & \longmapsto & \overline{B}. \end{array} \right.$$

Ainsi,
$$\binom{n}{n-k} = \operatorname{card} \mathscr{P}_{n-k}([\![1, n]\!]) = \operatorname{card} \mathscr{P}_k([\![1, n]\!]) = \binom{n}{k}.$$

首先，注意到 $n - k \in [\![0, n]\!]$。使用如下两种证明方法：

- 直接计算：根据二项式系数的表达式（命题 6.19 p.234），

$$\binom{n}{n-k} = \frac{n!}{(n-k)!\,(n-(n-k))!} = \frac{n!}{(n-k)!\,k!} = \binom{n}{k}$$

- 计数法：设 A 是 $[\![1, n]\!]$ 的子集，那么 A 含有 k 个元素当且仅当 $\overline{A}$ 有 $n - k$ 个元素。更进一步，映射

$$\begin{cases} \mathscr{P}_k([\![1, n]\!]) & \longrightarrow & \mathscr{P}_{n-k}([\![1, n]\!]) \\ A & \longmapsto & \overline{A} \end{cases}$$

是双射。由命题 6.18 p.233 的证明可知，其逆映射为

$$\begin{cases} \mathscr{P}_{n-k}([\![1, n]\!]) & \longrightarrow & \mathscr{P}_k([\![1, n]\!]) \\ B & \longmapsto & \overline{B} \end{cases}$$

因此有

$$\binom{n}{n-k} = \operatorname{card} \mathscr{P}_{n-k}([\![1, n]\!]) = \operatorname{card} \mathscr{P}_k([\![1, n]\!]) = \binom{n}{k}$$

Proposition 6.21 – formule du triangle de Pascal 帕斯卡三角形

Soit $n \in \mathbb{N}^*$ et soit $k \in [\![0, n-1]\!]$. Alors

$$\binom{n}{k} + \binom{n}{k+1} = \binom{n+1}{k+1}.$$

设 $n \in \mathbb{N}^*$ 和 $k \in [\![0, n-1]\!]$，则有

$$\binom{n}{k} + \binom{n}{k+1} = \binom{n+1}{k+1}$$

称作为 **帕斯卡三角形公式**。

Démonstration

Proposons deux démonstrations.

- *Par calculs directs.* D'après l'expression explicite des coefficients binomiaux (proposition 6.19 p.234),

$$\binom{n}{k} + \binom{n}{k+1} = \frac{n!}{k!\,(n-k)!} + \frac{n!}{(k+1)!\,(n-(k+1))!}$$
$$= \frac{n!\,(k+1) + n!\,(n-k)}{(k+1)!\,(n-k)!}$$
$$= \frac{n!\,(n+1)}{(k+1)!\,((n+1)-(k+1))!}$$
$$= \frac{(n+1)!}{(k+1)!\,((n+1)-(k+1))!}$$
$$= \binom{n+1}{k+1}.$$

- *Par dénombrement.* Le nombre de parties à $k+1$ éléments de $[\![1, n+1]\!]$ est $\binom{n+1}{k+1}$.

  Soit A une partie à $k+1$ éléments de $[\![1, n+1]\!]$.

  - Ou bien A contient $n+1$, dans ce cas il reste à choisir k éléments parmi les n de $[\![1, n]\!]$ pour obtenir A, ce qui donne $\binom{n}{k}$ choix possibles ;
  - ou bien A ne contient pas $n+1$, dans ce cas il reste à choisir $k+1$ éléments parmi les n de $[\![1, n]\!]$ pour obtenir A, ce qui donne $\binom{n}{k+1}$ choix possibles ;

  Par principe additif, le nombre de parties à $k+1$ éléments de $[\![1, n+1]\!]$ est $\binom{n}{k} + \binom{n}{k+1}$ qui est donc égal à $\binom{n+1}{k+1}$.

使用如下两种证明方法：

- 直接计算：根据二项式系数的表达式（参看命题 6.19 p.234），

$$\binom{n}{k} + \binom{n}{k+1} = \frac{n!}{k!\,(n-k)!} + \frac{n!}{(k+1)!\,(n-(k+1))!}$$

$$= \frac{n!\,(k+1) + n!\,(n-k)}{(k+1)!\,(n-k)!}$$

$$= \frac{n!\,(n+1)}{(k+1)!\,((n+1)-(k+1))!}$$

$$= \frac{(n+1)!}{(k+1)!\,((n+1)-(k+1))!}$$

$$= \binom{n+1}{k+1}$$

- 计数法：$[\![1, n+1]\!]$ 子集中 $k+1$ 元素的子集数量为 $\binom{n+1}{k+1}$。

  设 A 是集合 $[\![1, n+1]\!]$ 的一个有 $k+1$ 个元素的子集。

  - 要么 A 包含 $n+1$，在这种情况下，我们需要从 $[\![1, n]\!]$ 中的 n 个元素中选择 k 个元素来构成 A，有 $\binom{n}{k}$ 种可能的选择；
  - 要么 A 不包含 $n+1$，在这种情况下，我们需要从 $[\![1, n]\!]$ 中的 n 个元素中选择 $k+1$ 个元素来构成 A，有 $\binom{n}{k+1}$ 种可能的选择。

  根据加法原理，集合 $[\![1, n+1]\!]$ 中 $k+1$ 元素的子集数量是 $\binom{n}{k} + \binom{n}{k+1}$，即等于 $\binom{n+1}{k+1}$。

La formule

$$\binom{n}{k} + \binom{n}{k+1} = \binom{n+1}{k+1}$$

s'appelle la *formule du triangle de Pascal* car elle se visualise ainsi dans le tableau donnant les coefficients binomiaux $\binom{n}{k}$:

k $\backslash$ n	0	1	2	3	4	5	$\cdots$
0	1						
1	1	1					
2	1	2	1				
3	1	**3**	**3**	1			
4	1	4	**6**	4	1		
5	1	5	10	10	5	1	
$\vdots$	$\vdots$	$\vdots$	$\vdots$	$\vdots$	$\vdots$	$\vdots$	$\ddots$

Par exemple, avec les nombres en gras :

$$\binom{4}{2} = \binom{3}{1} + \binom{3}{2} = 3 + 3 = 6.$$

La formule du triangle de Pascal permet donc de calculer rapidement les co-efficients binomiaux puisque l'on connaît la première colonne et la diagonale $\left(\binom{n}{0} = \binom{n}{n} = 1 \text{ pour tout } n \in \mathbb{N}\right)$.

- -

帕斯卡三角形公式

$$\binom{n}{k} + \binom{n}{k+1} = \binom{n+1}{k+1}$$

也可以在二项式系数 $\binom{n}{k}$ 的表格（如上表所示）直观地看到。
例如，上表中加粗的位置：

$$\binom{4}{2} = \binom{3}{1} + \binom{3}{2} = 3 + 3 = 6$$

因此，帕斯卡三角形公式能帮助我们快速找到二项式系数。并且我们知道第一列和对角线上的数，即对于所有的 $n \in \mathbb{N}$，有 $\binom{n}{0} = \binom{n}{n} = 1$。

Proposition 6.22 – formule du capitaine 帕斯卡关系

Soient $n \in \mathbb{N}^*$ et $k \in [\![1, n]\!]$. Alors

$$k \binom{n}{k} = n \binom{n-1}{k-1}.$$

- -

设 $n \in \mathbb{N}^*$ 和 $k \in [\![0, n-1]\!]$，则有

$$k \binom{n}{k} = n \binom{n-1}{k-1}$$

也被称作帕斯卡递推关系。

Démonstration

Proposons deux démonstrations.

- *Par calculs directs.* D'après l'expression explicite des coefficients binomiaux (proposition 6.19 p.234),

$$n \binom{n-1}{k-1} = \frac{n(n-1)!}{(k-1)!((n-1)-(k-1))!} = \frac{n!}{(k-1)!(n-k)!} = k \frac{n!}{k!(n-k)!} = k \binom{n}{k}.$$

- *Par dénombrement.* On va compter le nombre de couples (A, a) où A est une partie de $[\![1, n]\!]$ à k éléments et où $a \in A$.
  - On peut commencer par choisir a (n choix parmi les n joueurs) puis choisir les $k-1$ autres éléments de A parmi les $n-1$ éléments de $[\![1, n]\!] \setminus \{a\}$, ce qui fait un total de $n \binom{n-1}{k-1}$ choix possibles.
  - On peut commencer par choisir les k éléments de A parmi les n de $[\![1, n]\!]$ ($\binom{n}{k}$ choix possibles) puis choisir a parmi ces k éléments (k choix possibles), ce qui fait un total de $k \binom{n}{k}$ choix possibles.

  On a compté de deux façons différentes la même chose donc $k \binom{n}{k} = n \binom{n-1}{k-1}$.

- -

使用如下两种证明方法：

- 直接计算：根据二项式系数的表达式，参看命题 6.19 p.234，

$$n \binom{n-1}{k-1} = \frac{n(n-1)!}{(k-1)!((n-1)-(k-1))!} = \frac{n!}{(k-1)!(n-k)!} = k \frac{n!}{k!(n-k)!} = k \binom{n}{k}$$

- 计数法：计算 (A, a) 的数量，其中 A 是集合 $[\![1, n]\!]$ 的一个有 k 个元素的子集且满足 $a \in A$。
  - 可以先选择 a（从 n 个元素中选择一个，有 n 种选择），然后从有 $n-1$ 个元素 $[\![1, n]\!] \setminus \{a\}$ 的集合中选择另外 $k-1$ 个元素，共有 $n \binom{n-1}{k-1}$ 种选择。
  - 也可以先从 $[\![1, n]\!]$ 的 n 个元素中选择 A 的 k 个元素，有 $\binom{n}{k}$ 种选择，然后从 k 个元素中选择 a，有 k 种选择，共有 $k \binom{n}{k}$ 种选择。

  两种不同的计数方式计算出同一件事的方法数，因此有 $k \binom{n}{k} = n \binom{n-1}{k-1}$。

L'appellation *formule du capitaine* se comprend d'après la démonstration ci-dessus : $k \binom{n}{k} = n \binom{n-1}{k-1}$ est le nombre de façons de constituer une équipe de k joueurs (correspondant à la partie A) parmi n joueurs en distinguant un capitaine parmi ces k joueurs (l'élément a).

- -

可以通过如下具体案例来理解本公式，如需要在 n 个球员中选出一个由 k 个球员组成的出场队伍（对应于 A 子集）并且从出场球员中选出一个场上队长（对应于 $a \in A$）的方法数。公式 $k \binom{n}{k} = n \binom{n-1}{k-1}$ 的证明过程，可以帮助理解本章所介绍的帕斯卡恒等式。

Remarque 6.9

On trouve d'autres noms pour la formule du capitaine : *formule du pion, formule du chef, formule du comité-président, identité d'absorption*, etc.

这个公式在法语中还有其他名称。

6.3.2   Formule du binôme de Newton 牛顿二项式公式

Proposition 6.23 – formule du binôme de Newton 牛顿二项式公式

Soit $n \in \mathbb{N}$ et soient a et b des nombres réels. Alors

$$(a+b)^n = \sum_{k=0}^{n} \binom{n}{k} a^k b^{n-k}.$$

设 $n \in \mathbb{N}$，a 和 b 是两个实数，则有

$$(a+b)^n = \sum_{k=0}^{n} \binom{n}{k} a^k b^{n-k}$$

本公式也称为牛顿二项式公式。

Démonstration
Par récurrence sur n.

- *Initialisation.* On a d'une part $(a+b)^0 = 1$ et d'autre part

$$\sum_{k=0}^{0} \binom{n}{k} a^k b^{0-k} = \binom{n}{0} a^0 b^0 = 1 \times 1 \times 1 = 1$$

donc la formule du binôme de Newton est vraie au rang $n = 0$.

- *Hérédité.* Soit $n \in \mathbb{N}$ tel que la formule du binôme de Newton soit vraie au rang n. On a

$$(a+b)^{n+1} = (a+b)(a+b)^n = (a+b) \sum_{k=0}^{n} \binom{n}{k} a^k b^{n-k}$$

$$= \sum_{k=0}^{n} \binom{n}{k} a^{k+1} b^{n-k} + \sum_{k=0}^{n} \binom{n}{k} a^k b^{n+1-k}.$$

Par décalage d'indice dans la première somme,

$$(a+b)^{n+1} = \sum_{k=1}^{n+1} \binom{n}{k-1} a^k b^{n+1-k} + \sum_{k=0}^{n} \binom{n}{k} a^k b^{n+1-k}$$

$$= \binom{n}{0} a^0 b^{n+1} + \sum_{k=1}^{n} \left(\binom{n}{k-1} + \binom{n}{k} \right) a^k b^{n+1-k} + \binom{n}{n} a^{n+1} b^0$$

$$= \binom{n}{0} a^0 b^{n+1} + \sum_{k=1}^{n} \binom{n+1}{k} a^k b^{n+1-k} + \binom{n}{n} a^{n+1} b^0$$

$$= \sum_{k=0}^{n+1} \binom{n+1}{k} a^k\, b^{n+1-k}$$

d'après la formule du triangle de Pascal (proposition 6.21 p.238). La formule du binôme de Newton est donc vraie au rang $n+1$.

Par principe de récurrence, la formule du binôme de Newton est vraie pour tout $n \in \mathbb{N}$.

通过在 n 上的归纳来证明：

- 归纳奠基：一方面又 $(a+b)^0 = 1$，另一方面

$$\sum_{k=0}^{0} \binom{n}{k} a^k\, b^{0-k} = \binom{n}{0} a^0\, b^0 = 1 \times 1 \times 1 = 1$$

因此，对于 $n = 0$，牛顿二项式公式成立。

- 归纳递推：设 $n \in \mathbb{N}$ 满足牛顿二项式公式成立，则有

$$(a+b)^{n+1} = (a+b)\,(a+b)^n = (a+b) \sum_{k=0}^{n} \binom{n}{k} a^k\, b^{n-k}$$

$$= \sum_{k=0}^{n} \binom{n}{k} a^{k+1}\, b^{n-k} + \sum_{k=0}^{n} \binom{n}{k} a^k\, b^{n+1-k}$$

在加和过程中，应用索引平移法有

$$(a+b)^{n+1} = \sum_{k=1}^{n+1} \binom{n}{k-1} a^k\, b^{n+1-k} + \sum_{k=0}^{n} \binom{n}{k} a^k\, b^{n+1-k}$$

$$= \binom{n}{0} a^0\, b^{n+1} + \sum_{k=1}^{n} \left(\binom{n}{k-1} + \binom{n}{k} \right) a^k\, b^{n+1-k} + \binom{n}{n} a^{n+1}\, b^0$$

$$= \binom{n}{0} a^0\, b^{n+1} + \sum_{k=1}^{n} \binom{n+1}{k} a^k\, b^{n+1-k} + \binom{n}{n} a^{n+1}\, b^0$$

$$= \sum_{k=0}^{n+1} \binom{n+1}{k} a^k\, b^{n+1-k}$$

根据帕斯卡三角形公式（参看命题 6.21 p.238），对于 $n+1$，牛顿二项式公式也成立。

因此，由归纳法证得，对于所有的 $n \in \mathbb{N}$，牛顿二项式公式成立。

On peut comprendre la présence des coefficients binomiaux dans la formule du binôme de Newton par dénombrement. En développant $(a+b)^n = (a+b) \times (a+b) \times \cdots \times (a+b)$, on obtient une somme de 2^n termes de la forme $x_1\, x_2 \cdots x_n$ où chaque x_i vaut a ou b. S'il y a k fois a dans ce terme, il y a nécessairement $n-k$ fois b donc ce terme est de la forme $a^k\, b^{n-k}$ avec $k \in [\![0,n]\!]$. Or, pour $k \in [\![0,n]\!]$, il y a $\binom{n}{k}$ termes de la forme $a^k\, b^{n-k}$ (cela revient à choisir la partie à k éléments de $[\![1,n]\!]$ des indices dans $x_1\, x_2 \cdots x_n$ qui donnent a).

En regroupant les termes égaux, on obtient donc bien

$$(a+b)^n = \sum_{k=0}^{n} \binom{n}{k} a^k \, b^{n-k}.$$

可以通过计数的方法来理解牛顿二项式公式中二项式系数。当展开 $(a+b)^n = (a+b) \times (a+b) \times \cdots \times (a+b)$ 时，我们得到一个由 2^n 个形如 $x_1 \, x_2 \cdots x_n$ 项组成的和，其中每个 x_i 的值是 a 或 b。如果这些项中有 k 个 a，那么必然有 $n-k$ 个 b。因此这些项的形式是 $a^k b^{n-k}$，其中 $k \in [\![0, n]\!]$。然而，对于 $k \in [\![0, n]\!]$，有 $\binom{n}{k}$ 个形如 a^k, b^{n-k} 的项。因此，所有项组成的和为

$$(a+b)^n = \sum_{k=0}^{n} \binom{n}{k} a^k \, b^{n-k}$$

Proposition 6.24 – somme des coefficients binomiaux
二项式系数恒等式

Soit $n \in \mathbb{N}$. On a

$$\sum_{k=0}^{n} \binom{n}{k} = 2^n.$$

设 $n \in \mathbb{N}$，则有

$$\sum_{k=0}^{n} \binom{n}{k} = 2^n$$

本公式也称作帕斯卡恒等式。

Démonstration

C'est immédiat avec la formule du binôme de Newton :

$$\sum_{k=0}^{n} \binom{n}{k} = \sum_{k=0}^{n} \binom{n}{k} 1^k \, 1^{n-k} = (1+1)^n = 2^n.$$

On peut aussi proposer une démonstration combinatoire : 2^n est le nombre de parties de $[\![1, n]\!]$ (proposition 6.14 p.228). Or on peut faire une distinction de cas sur le nombre d'éléments des parties de $[\![1, n]\!]$ (principe additif) d'où

$$2^n = \sum_{k=0}^{n} \operatorname{card} \mathscr{P}_k([\![1, n]\!]) = \sum_{k=0}^{n} \binom{n}{k}$$

en reprenant les notations de la démonstration de la proposition 6.18 p.233.

由牛顿二项式公式得

$$\sum_{k=0}^{n} \binom{n}{k} = \sum_{k=0}^{n} \binom{n}{k} 1^k 1^{n-k} = (1+1)^n = 2^n$$

也可以通过组合的方法来证明：2^n 是集合 $[\![1,n]\!]$ 的子集数量（参看命题 6.14 p.228）。我们可以通过 $[\![1,n]\!]$ 的子集元素数量进行分类讨论（加法原理），从而有

$$2^n = \sum_{k=0}^{n} \text{card} \, \mathscr{P}_k([\![1,n]\!]) = \sum_{k=0}^{n} \binom{n}{k}$$

参看命题 6.18 p.233 的证明过程。

6.4 Complément : introduction à la dénombrabilité 补充：计数原理概述

Au début du chapitre, nous avons vu que deux ensembles finis sont équipotents si et seulement s'ils ont le même cardinal (proposition 6.2 p.209). On avait également vu le lien entre cardinaux, injections et surjections pour des ensembles finis à la proposition 6.8 p.217.

De manière plus générale, ces idées permettent de « comparer » les tailles des ensembles, même pour des ensembles infinis : soient E et F deux ensembles,

- s'il existe une injection de E dans F, cela veut dire que E est « plus petit » que F ;

- s'il existe une surjection de E sur F, cela veut dire que E est « plus grand » que F ;

- s'il existe une bijection entre E et F, cela veut dire que E et F « ont la même taille ».

On va s'intéresser dans cette partie aux ensembles « plus petits ou de même taille » que $\mathbb{N}$ qu'on appelle *ensembles dénombrables*. Ils jouent notamment un rôle important en analyse et en probabilités.

从本章开头的内容，我们知道两个有限集合是等势的当且仅当它们具有相同的基数，参看命题 6.2 p.209。我们还学习了有限集合的基数、单射和满射之间的联系，参看命题 6.8 p.217。 更一般地，这些结论自然而然的让我们想到"比较"集合的大小，亦或者是无限集的情况：设 E 和 F 是两个集合，

- 如果存在从 E 到 F 的单射，这意味着 E 是"更小"的；

- 如果存在从 E 到 F 的满射，这意味着 E 是"更大"的；

- 如果存在 E 和 F 之间的双射，这意味着 E 和 F "具有相同的大小"。

本小节我们将学习比自然数集 $\mathbb{N}$ "更小或与具有相同大小"的集合，它们在分析、概率论与统计、组合数学中扮演着重要的角色，也称为**可数集合**。

> **Définition 6.7** – ensemble dénombrable 可数集
>
> Soit E un ensemble. Il est dit *dénombrable* s'il existe une injection de E dans $\mathbb{N}$.
>
> -
>
> 设 E 是一个集合。如果存在一个从 E 到 $\mathbb{N}$ 的单射，则称集合 E 是**可数的**。

Exemple 6.9

1. Un ensemble fini est dénombrable. En effet, si E est un ensemble fini de cardinal n, en considérant une bijection $f : E \to [\![1, n]\!]$, l'application

$$\begin{cases} E & \longrightarrow & \mathbb{N} \\ x & \longmapsto & f(x) \end{cases}$$

   est une injection.

2. L'ensemble $P = \{2n \mid n \in \mathbb{N}\}$ des entiers naturels pairs est dénombrable, il est même en bijection avec $\mathbb{N}$ via la fonction

$$\begin{cases} \mathbb{N} & \longrightarrow & P \\ n & \longmapsto & 2n \end{cases}$$

   de bijection réciproque

$$\begin{cases} P & \longrightarrow & \mathbb{N} \\ n & \longmapsto & \dfrac{n}{2}. \end{cases}$$

   De même, l'ensemble des entiers naturels impairs est équipotent à $\mathbb{N}$ donc dénombrable.

3. Considérons la fonction

$$\begin{cases} \mathbb{Z} & \longrightarrow & \mathbb{N} \\ n & \longmapsto & \begin{cases} 2n & \text{si } n \geqslant 0\,; \\ -(2n+1) & \text{si } n < 0. \end{cases} \end{cases}$$

   Elle est bijective de bijection réciproque

$$\begin{cases} \mathbb{N} & \longrightarrow & \mathbb{Z} \\ n & \longmapsto & \begin{cases} \frac{n}{2} & \text{si } n \text{ est pair}\,; \\ -\frac{n+1}{2} & \text{si } n \text{ est impair}. \end{cases} \end{cases}$$

   Cela démontre que $\mathbb{Z}$ et $\mathbb{N}$ sont équipotents, en particulier $\mathbb{Z}$ est dénombrable.

4. On peut parcourir $\mathbb{N} \times \mathbb{N}$ « diagonale par diagonale » :

$$\begin{array}{ccccc} \vdots & \vdots & \vdots & \vdots & \cdot \cdot \\ (0,3) & (1,3) & (2,3) & (3,3) & \cdots \\ (0,2) & (1,2) & (2,2) & (3,2) & \cdots \\ (0,1) & (1,1) & (2,1) & (3,1) & \cdots \\ (0,0){\rightarrow}(1,0) & (2,0) & (3,0) & \cdots \end{array}$$

ce qui donne une bijection $\mathbb{N} \to \mathbb{N} \times \mathbb{N}$. En particulier $\mathbb{N} \times \mathbb{N}$ est dénombrable. Voir aussi l'exercice 4.11 p.166 qui donne explicitement une bijection $\mathbb{N} \times \mathbb{N} \to \mathbb{N}$.

---

1. 有限集是可数的。实际上，如果 E 是一个基数为 n 的有限集，考虑一个双射 $f : E \to [\![1, n]\!]$，映射

$$\begin{cases} E & \longrightarrow & \mathbb{N} \\ x & \longmapsto & f(x) \end{cases}$$

为单射。

2. 偶自然数集合 $P = \{2n \mid n \in \mathbb{N}\}$ 是可数的，它与自然数基 $\mathbb{N}$ 之间存在双射，如映射

$$\begin{cases} \mathbb{N} & \longrightarrow & P \\ n & \longmapsto & 2n \end{cases}$$

且它的逆映射为

$$\begin{cases} P & \longrightarrow & \mathbb{N} \\ n & \longmapsto & \dfrac{n}{2} \end{cases}$$

同样地，奇自然数集合与 $\mathbb{N}$ 也是等势的，因此是可数的。

3. 映射

$$\begin{cases} \mathbb{Z} & \longrightarrow & \mathbb{N} \\ n & \longmapsto & \begin{cases} 2n & \text{当 } n \geqslant 0 \\ -(2n+1) & \text{当 } n < 0 \end{cases} \end{cases}$$

是双射，它的逆映射为

$$\begin{cases} \mathbb{N} & \longrightarrow & \mathbb{Z} \\ n & \longmapsto & \begin{cases} \frac{n}{2} & \text{当 } n \text{ 为偶数} \\ -\frac{n+1}{2} & \text{当 } n \text{ 为奇数} \end{cases} \end{cases}$$

从而有 $\mathbb{Z}$ 与 $\mathbb{N}$ 是等势的。特别地，$\mathbb{Z}$ 是可数的。

4. 关于笛卡尔积 $\mathbb{N} \times \mathbb{N}$，应用"逐对角线"：

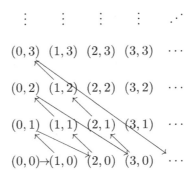

构建了双射 $\mathbb{N} \to \mathbb{N} \times \mathbb{N}$。特别地，$\mathbb{N} \times \mathbb{N}$ 是可数的。另外，在习题 4.11 p.166 中明确给出了双射 $\mathbb{N} \times \mathbb{N} \to \mathbb{N}$ 的表达式。

On a vu qu'un ensemble fini est dénombrable et qu'on peut l'écrire sous la forme $\{x_0, \ldots, x_{n-1}\}$ où n est le cardinal de cet ensemble.
La proposition suivante étudie le cas des ensembles infinis dénombrables.

- -

上文我们学习了有限集合是可数的，并且知道可以写成 $\{x_0, \ldots, x_{n-1}\}$ 的形式，其中 n 是集合的基数。
接下来，我们将通过如下的命题来研究可数无限集的情况。

Proposition 6.25 – ensemble dénombrable infini 可数无限集

Soit E un ensemble dénombrable infini. Alors E est équipotent à $\mathbb{N}$.
En particulier, on peut donc l'écrire sous la forme

$$E = \{x_i \mid i \in \mathbb{N}\} = \{x_0, x_1, \ldots\}$$

avec $x_i = \phi(i)$ où $\phi : \mathbb{N} \to E$ est bijective.

- -

设 E 是一个可数的无限集，那么 E 与自然数集 $\mathbb{N}$ 是等势的。
特别地，我们可以将其写成

$$E = \{x_i \mid i \in \mathbb{N}\} = \{x_0, x_1, \ldots\}$$

其中 $x_i = \phi(i)$ 以及 $\phi : \mathbb{N} \to E$ 是双射的。

Démonstration

Puisqu'il existe une injection $f : E \to \mathbb{N}$, alors E est un bijection avec $f(E)$ (car $f|^{f(E)} : E \to f(E)$ est bijective).

Posons a_0 le plus petit élément de $f(E)$ (qui est une partie de $\mathbb{N}$), puis a_1 le plus petit élément de $f(E) \setminus \{a_0\}$ et plus généralement, par récurrence, on pose a_{n+1} le plus petit élément de $f(E) \setminus \{a_0, \ldots, a_n\}$ pour tout $n \in \mathbb{N}$. On construit ainsi une famille infinie $(a_n)_{n \in \mathbb{N}}$ d'éléments de $f(E)$ (elle est infinie car $f(E)$ est infinie, étant équipotent à E qui est infini).

Posons alors $\phi(n) = a_n$ pour tout $n \in \mathbb{N}$, ce qui définit une application $\phi : \mathbb{N} \to f(E)$ et montrons qu'elle est bijective. Il est clair qu'elle est injective car par construction les a_n sont deux-à-deux distinctes. Elle est aussi surjective car si $x \in A$, alors $x = a_n = \phi(n)$ où n est le nombre d'éléments de $f(E)$ inférieurs ou égaux à n.

Finalement, ϕ est bijective. On en déduit que $\phi^{-1} \circ f|^{f(E)} : E \to \mathbb{N}$ est bijective, donc E est équipotent à $\mathbb{N}$.

由于存在从 E 到 $\mathbb{N}$ 的单射，并记作为 $f : E \to \mathbb{N}$。那么 E 与 $f(E)$ 是双射关系的（因为 $f|^{f(E)} : E \to f(E)$ 是双射的）。

设 a_0 为 $f(E) \subset \mathbb{N}$ 中的最小元素，然后设 a_1 为 $f(E) \setminus \{a_0\}$ 中的最小元素，并且更一般地，以此类推，对于所有的 $n \in \mathbb{N}$，设 a_{n+1} 为 $f(E) \setminus \{a_0, \ldots, a_n\}$ 中的最小元素。构造一个了序列 $(a_n)_{n \in \mathbb{N}}$，它由 $f(E)$ 中的元素组成（它是无限的，因为 $f(E)$ 是无限的，并且与无限集 E 等势）。

然后对于所有的 $n \in \mathbb{N}$，设 $\phi(n) = a_n$。我们定义了一个函数 $\phi : \mathbb{N} \to f(E)$，并证明它是双射的。首先它是单射的，因为从构造上可知 a_n 是两两不相等的。同时它也是满射的，因为如果 $x \in A$，那么 $x = a_n = \phi(n)$，其中 n 是 $f(E)$ 中小于或等于 n 的元素数量。

最终证得，ϕ 是双射的。由此得出 $\phi^{-1} \circ f|^{f(E)} : E \to \mathbb{N}$ 是双射的，因此 E 与 $\mathbb{N}$ 是等势的。

> **Proposition 6.26** – produit cartésien d'ensembles dénombrables
> 可数集的笛卡尔积
>
> Si $E_1, \ldots, E_n$ sont des ensembles dénombrables alors $E_1 \times \cdots \times E_n$ est dénombrable.
>
> - - - - - - - - - - - - - - - - - -
>
> 如果集合 $E_1, \ldots, E_n$ 都是可数的，那么笛卡尔积 $E_1 \times \cdots \times E_n$ 也是可数的。

Démonstration

- Soit $f : \mathbb{N} \to \mathbb{N} \times \mathbb{N}$ une bijection (voir l'exemple 6.9 p.246). La fonction

$$\begin{cases} \mathbb{N} \times \mathbb{N} & \longrightarrow & \mathbb{N} \times \mathbb{N} \times \mathbb{N} \\ (i, j) & \longmapsto & (i, g(j)) \end{cases}$$

est bijective de bijection réciproque

$$\begin{cases} \mathbb{N} \times \mathbb{N} \times \mathbb{N} & \longrightarrow & \mathbb{N} \times \mathbb{N} \\ (i, j, k) & \longmapsto & (i, g^{-1}(j, k)) \end{cases}$$

donc $\mathbb{N} \times \mathbb{N} \times \mathbb{N}$ est dénombrable. Par récurrence (laissée en exercice), on démontre que $\mathbb{N}^n$ est dénombrable.

- Soit $\phi_i : E_i \to \mathbb{N}$ une injection pour tout $i \in [\![1, n]\!]$ (qui existe car E_i est dénombrable). L'application

$$\phi : \begin{cases} E_1 \times \cdots \times E_n & \longrightarrow & \mathbb{N}^n \\ (x_1, \ldots, x_n) & \longmapsto & (f_1(x_1), \ldots, f_n(x_n)) \end{cases}$$

est injective. En notant ψ une bijection entre $\mathbb{N}^n$ et $\mathbb{N}$, l'application $\psi \circ \phi : E_1 \times \cdots \times E_n \to \mathbb{N}$ est injective donc $E_1 \times \cdots \times E_n$ est dénombrable.

- -

- 设 $f : \mathbb{N} \to \mathbb{N} \times \mathbb{N}$ 为一个双射（参看例题 6.9 p.246），映射

$$\begin{cases} \mathbb{N} \times \mathbb{N} & \longrightarrow & \mathbb{N} \times \mathbb{N} \times \mathbb{N} \\ (i,j) & \longmapsto & (i, g(j)) \end{cases}$$

为双射，它的逆映射为

$$\begin{cases} \mathbb{N} \times \mathbb{N} \times \mathbb{N} & \longrightarrow & \mathbb{N} \times \mathbb{N} \\ (i,j,k) & \longmapsto & (i, g^{-1}(j,k)) \end{cases}$$

因此，$\mathbb{N} \times \mathbb{N} \times \mathbb{N}$ 是可数的，由归纳法证得 $\mathbb{N}^n$ 也是可数的。

- 设对于所有的 $i \in [\![1, n]\!]$，$\phi_i : E_i \to \mathbb{N}$ 是单射（这是存在的，因为 E_i 是可数的）。映射

$$\phi : \begin{cases} E_1 \times \cdots \times E_n & \longrightarrow & \mathbb{N}^n \\ (x_1, \ldots, x_n) & \longmapsto & (f_1(x_1), \ldots, f_n(x_n)) \end{cases}$$

是单射的。记 ψ 是 $\mathbb{N}^n$ 到 $\mathbb{N}$ 的双射，则映射 $\psi \circ \phi : E_1 \times \cdots \times E_n \to \mathbb{N}$ 是单射。因此，$E_1 \times \cdots \times E_n$ 是可数的。

Exemple 6.10

L'ensemble des nombres rationnels $\mathbb{Q}$ est dénombrable. En effet, la fonction

$$\phi : \begin{cases} \mathbb{Q} & \longrightarrow & \mathbb{Z} \times \mathbb{N} \\ \frac{p}{q} & \longmapsto & (p, q) \end{cases}$$

est injective. En notant $\psi : \mathbb{Z} \times \mathbb{N} \to \mathbb{N}$ une injection (possible car $\mathbb{Z}$ est dénombrable et par la proposition 6.26 p.249), la fonction $\psi \circ \phi : \mathbb{Q} \to \mathbb{N}$ est injective donc $\mathbb{Q}$ est dénombrable.

Ainsi, $\mathbb{Q}$ et $\mathbb{N}$ ont la « même taille ». Pourtant entre chaque entier il existe une infinité de nombres rationnels !

- -

有理数集 $\mathbb{Q}$ 是可数的。实际上，映射

$$\phi : \begin{cases} \mathbb{Q} & \longrightarrow & \mathbb{Z} \times \mathbb{N} \\ \frac{p}{q} & \longmapsto & (p, q) \end{cases}$$

是单射。假设映射 $\psi : \mathbb{Z} \times \mathbb{N} \to \mathbb{N}$ 是单射（因为 $\mathbb{Z}$ 是可数的并根据命题 6.26 p.249，这样映射 ψ 总是存在的），映射 $\psi \circ \phi : \mathbb{Q} \to \mathbb{N}$ 是单射。因此，有理数集 $\mathbb{Q}$ 是可数的。总结：有理数集 $\mathbb{Q}$ 和自然数集 $\mathbb{N}$ 是"相同大小"。虽然直观上，在每一个自然数之间都存在无限多个有理数！

Proposition 6.27 — union dénombrable d'ensembles dénombrables
可数个可数集合的并

Soit I un ensemble dénombrable et soit $(A_i)_{i \in I}$ une famille d'ensembles dénombrables. Alors $\bigcup_{i \in I} A_i$ est dénombrable.

设 I 是一个可数集合，设 $(A_i)_{i \in I}$ 是一个由可数集组成的族。那么 $\bigcup_{i \in I} A_i$ 是可数的。

可以理解为，可数性在并集的操作下是封闭的。

Démonstration

Soit $\phi : I \to \mathbb{N}$ une injection de telle sorte que la famille considérée s'écrive $(A_{\phi^{-1}(n)})_{n \in \phi(I)}$. Pour tout $n \in \phi(I)$, considérons une injection $f_n : A_{\phi^{-1}(n)} \to \mathbb{N}$. Posons alors

$$\begin{cases} \displaystyle\bigcup_{i \in I} A_i & \longrightarrow & \mathbb{N} \times \mathbb{N} \\ x & \longmapsto & (m(x), f_{m(x)}(x)) \end{cases}$$

avec $m(x) = \min\{\phi(i) \mid i \in I \text{ et } x \in A_i\}$. On vérifie alors que cette application est injective, ce qui permet de conclure.

设 $\phi : I \to \mathbb{N}$ 是一个单射且满足集族可以写成 $(A_{\phi^{-1}(n)})_{n \in \phi(I)}$。对于每个 $n \in \phi(I)$，考虑一个 $f_n : A_{\phi^{-1}(n)} \to \mathbb{N}$ 的单射。设

$$\begin{cases} \displaystyle\bigcup_{i \in I} A_i & \longrightarrow & \mathbb{N} \times \mathbb{N} \\ x & \longmapsto & (m(x), f_{m(x)}(x)) \end{cases}$$

其中 $m(x) = \min\{\phi(i) \mid i \in I \text{ 和 } x \in A_i\}$，只需要验证此映射为单射，从而得证。

Intéressons-nous maintenant aux ensembles non dénombrables. Le théorème de Cantor (théorème 3.1 p.131) nous donne déjà des exemples.

接下来我们将学习一些关于不可数集合的例子。另外，在康托尔定理（参看定理 3.1 p.131）部分，我们已经接触到一些例题。

Proposition 6.28 – l'ensemble des parties d'un ensemble dénombrable infini n'est pas dénombrable
无限集幂集的不可数性

Soit E un ensemble dénombrable infini. Alors $\mathscr{P}(E)$ n'est pas dénombrable. En particulier, $\mathscr{P}(\mathbb{N})$ n'est pas dénombrable.

设 E 是一个可数的无限集合。那么 $\mathscr{P}(E)$ （即 E 的幂集）是不可数的。特别地，$\mathscr{P}(\mathbb{N})$ 是不可数的。

Démonstration

L'ensemble E est équipotent à $\mathbb{N}$, soit $f : E \to \mathbb{N}$ une bijection. Supposons par l'absurde que

$\mathscr{P}(E)$ est dénombrable. Puisqu'il est infini, il est en bijection avec $\mathbb{N}$: il existe une bijection $g : \mathscr{P}(E) \to \mathbb{N}$. Alors l'application $g^{-1} \circ f : E \to \mathscr{P}(E)$ est une bijection, ce qui contredit le théorème de Cantor (théorème 3.1 p.131).

集合 E 与自然数集 $\mathbb{N}$ 等势，设 $f : E \to \mathbb{N}$ 是一个双射。使用反证法证明，假设 $\mathscr{P}(E)$ 是可数的。由于 E 是无限的，且它与 $\mathbb{N}$ 是双射的，即：存在一个双射 $g : \mathscr{P}(E) \to \mathbb{N}$。那么函数 $g^{-1} \circ f : E \to \mathscr{P}(E)$ 是一个双射，这与康托尔定理（参看定理 3.1 p.131）相矛盾。因此有 $\mathscr{P}(E)$ 是不可数的。

Terminons ce chapitre par un résultat célèbre.

让我们以如下著名的结论来结束本章节。

Théorème 6.1 – $\mathbb{R}$ n'est pas dénombrable $\mathbb{R}$ 不可数

L'ensemble des nombres réels $\mathbb{R}$ n'est pas dénombrable.

实数集 $\mathbb{R}$ 是不可数的。

Démonstration

Supposons par l'absurde que $\mathbb{R}$ est dénombrable. Comme il est infini il est équipotent à $\mathbb{N}$ donc $[0, 1[$, qui s'injecte dans $\mathbb{R}$, est aussi dénombrable. Soit $f : \mathbb{N} \to [0, 1[$ une bijection. On admettra que tout nombre réel $x \in [0, 1[$ admet un unique développement décimal de la forme

$$x = 0, a_0 a_1 a_2 a_3 \ldots$$

où $a_i \in [\![0, 9]\!]$ pour tout $i \in \mathbb{N}$ qui ne se termine pas par une suite infinie de 9. On peut donc écrire, pour tout $n \in \mathbb{N}$,

$$f(n) = 0, a_{n,0} a_{n,1} a_{n,2} a_{n,3} \ldots$$

avec $a_{n,i} \in [\![0, 9]\!]$ pour tout $i \in \mathbb{N}$. Posons maintenant

$$\forall i \in \mathbb{N}, \quad b_i = \begin{cases} 4 & \text{si } a_{i,i} \neq 4 ; \\ 5 & \text{si } a_{i,i} = 4. \end{cases}$$

Considérons également

$$b = 0, b_0 b_1 b_2 b_3 \ldots$$

Alors b est bien un élément de $[0, 1[$, représenté par son développement décimal qui ne se termine pas par une suite infinie de 9. Puisque $f : \mathbb{N} \to [0, 1[$ est bijective, il existe $n \in \mathbb{N}$ tel que $b = f(n)$, c'est-à-dire

$$0, b_0 b_1 b_2 b_3 \ldots = 0, a_{0,0} a_{1,1} a_{2,2} a_{3,3} \ldots$$

ce qui est absurde par construction des b_i. On en déduit que $\mathbb{R}$ n'est pas dénombrable.

使用反证法证明，假设 $\mathbb{R}$ 是可数的。由于它是无限的，它与自然数集合 $\mathbb{N}$ 是等势的。另一方面，存在从集合 $[0, 1[$ 到 $\mathbb{R}$ 的单射。因此，$[0, 1[$ 也是可数的。设 $f : \mathbb{N} \to [0, 1[$ 是一个双射。对于任意一个实数 $x \in [0, 1[$ 构建唯一的十进制形式，即形如

$$x = 0, a_0 a_1 a_2 a_3 \ldots$$

其中对于所有的 $i \in \mathbb{N}$ 有 $a_i \in [\![0,9]\!]$，且 x 的十进制形式不会出现以 9 无限循环结尾的形式。对于所有的 $n \in \mathbb{N}$，定义：

$$f(n) = 0, a_{n,0}a_{n,1}a_{n,2}a_{n,3} \ldots$$

其中对于所有的 $i \in \mathbb{N}$ 有 $a_{n,i} \in [\![0,9]\!]$。定义

$$\forall i \in \mathbb{N}, \quad b_i = \begin{cases} 4 & \text{当 } a_{i,i} \neq 4 \\ 5 & \text{当 } a_{i,i} = 4 \end{cases}$$

并考虑数

$$b = 0, b_0 b_1 b_2 b_3 \ldots$$

则有 b 确实是 $[0,1[$ 中的一个元素，且不是 9 无限循环结尾的表示形式。又由于 $f : \mathbb{N} \to [0,1[$ 为双射，因此存在自然数 $n \in \mathbb{N}$ 满足 $b = f(n)$，也就是说

$$0, b_0 b_1 b_2 b_3 \ldots = 0, a_{0,0}a_{1,1}a_{2,2}a_{3,3} \ldots$$

从 b_i 的构造可知，这是矛盾的。因此实数集 $\mathbb{R}$ 是不可数的。

6.5 Exercices 习题

Les questions et exercices ayant le symbole ♠ sont plus difficiles.

- -

带有 ♠ 符号的习题有一定难度。

Exercice 6.1. Soient k un entier naturel non nul, n et b deux entiers supérieurs ou égaux à k. Une urne contient n boules noires et b boules blanches, indiscernables au toucher.

1. On tire de cette urne k boules simultanément. Quelle est la probabilité :
   (a) que les k boules tirées soient toutes blanches ?
   (b) qu'il y ait au moins une boule blanche parmi les k boules tirées ?
2. On extrait de l'urne k boules successivement et sans remise. Reprendre les deux questions précédentes.
3. On extrait de l'urne k boules successivement et avec remise. Mêmes questions !

Exercice 6.2. On tire simultanément 5 cartes d'un jeu de 32 cartes. Combien y a-t-il de tirages différents :

1. sans contraintes sur les cartes ;
2. avec 5 carreaux ou 5 piques ;
3. avec 2 carreaux et 3 piques ;
4. avec au moins un roi ;
5. avec au plus un roi ;
6. avec exactement 2 rois et exactement 3 piques.

Exercice 6.3. Soit $n \in \mathbb{N}^*$. Démontrer que

$$\sum_{k=0}^{n} k \binom{n}{k} = n \, 2^{n-1}$$

de deux façons : par calculs et par dénombrement.

Exercice 6.4. Soit $n \in \mathbb{N}$. Calculer les sommes :

$$\sum_{k=0}^{n} (-1)^k \binom{n}{k} \qquad \text{et} \qquad \sum_{k=0}^{n} \frac{1}{k+1} \binom{n}{k}.$$

Exercice 6.5. Considérons un ensemble I à $m \geqslant 1$ éléments et un ensemble J à $n \geqslant 1$ éléments qui sont disjoints ($I \cap J = \varnothing$). Soit $k \in [\![0, \min(m,n)]\!]$. En comptant de deux façons les parties de $I \cup J$ à k éléments, démontrer la *formule de Vandermonde* (范德蒙恒等式) :

$$\sum_{j=0}^{k} \binom{n}{j} \binom{m}{k-j} = \binom{n+m}{k}.$$

Exercice 6.6. Soient n et p deux entiers naturels. On pose

$$S(n,p) = \sum_{k=0}^{n} k^p.$$

1. Que vaut $S(n,0)$?
2. En calculant la somme $\sum_{k=0}^{n} ((k+1)^{p+1} - k^{p+1})$ de deux façons, démontrer que

$$(p+1) \, S(n,p) = (n+1)^{p+1} - \sum_{q=0}^{p-1} \binom{p+1}{q} S(n,q).$$

3. Retrouver à l'aide de cette formule les valeurs de $S(n,1)$ et de $S(n,2)$.
4. Calculer $S(n,3)$. *On retrouve le résultat de l'exercice 5.5 p.201.*

Exercice 6.7. On organise un tournoi d'échecs entre $2n$ joueurs. Lors du premier tour du tournoi, il y a donc n parties avec 2 joueurs chacun. Combien y a-t-il de configurations de premier tour possibles (on ne s'intéresse pas à l'ordre des parties ici) ?

Exercice 6.8. Soit $n \in \mathbb{N}^*$ et soit E un ensemble fini de cardinal n.

1. (a) Combien y a-t-il de couples (X, Y) où X et Y sont deux parties de E telles que $X \cap Y = \varnothing$?

   (b) Combien y a-t-il de couples (X, Y) où X et Y sont deux parties de E telles que $X \subset Y$?

   (c) Combien y a-t-il de couples (X, Y) où X et Y sont deux parties de E telles que $\mathrm{card}(X \cap Y) = 1$?

2. Calculer les sommes

$$\sum_{(X,Y) \in \mathscr{P}(E)^2} \mathrm{card}(X \cap Y) \quad \text{et} \quad \sum_{(X,Y) \in \mathscr{P}(E)^2} \mathrm{card}(X \cup Y).$$

Exercice 6.9. Pour $n \in \mathbb{N}$, on note B_n le nombre de partition d'un ensemble fini E de cardinal n, appelé *nombre de Bell* (贝尔数).

1. Calculer B_0, B_1 et B_2.

2. Démontrer que

$$B_{n+1} = \sum_{k=0}^{n} \binom{n}{k} B_k.$$

Exercice 6.10. Soient n et p deux entiers naturels non nuls.

1. Combien y a-t-il de fonctions $f : [\![1, p]\!] \to [\![1, n]\!]$ *strictement croissantes*, c'est-à-dire que pour tous $i, j \in [\![1, p]\!]$ tels que $i < j$, alors $f(i) < f(j)$?

2. (♠) Combien y a-t-il de fonctions $f : [\![1, p]\!] \to [\![1, n]\!]$ *croissantes*, c'est-à-dire que pour tous $i, j \in [\![1, p]\!]$ tels que $i \leqslant j$, alors $f(i) \leqslant f(j)$?

Exercice 6.11. Soit $n \in \mathbb{N}^*$. Un *dérangement* (错排) de $[\![1, n]\!]$ est une permutation f de $[\![1, n]\!]$ qui n'admet aucun point fixe, c'est-à-dire que $f(i) \neq i$ pour tout $i \in [\![1, n]\!]$. On note d_n le nombre de dérangements de $[\![1, n]\!]$.

1. Calculer d_1, d_2 et d_3.

2. Démontrer que

$$n! = \sum_{k=0}^{n} \binom{n}{k} d_n.$$

3. (♠) À l'aide de la *formule du crible* (voir l'exercice 6.14 p.256), démontrer que

$$d_n = n! \sum_{k=0}^{n} \frac{(-1)^k}{k!}.$$

Exercice 6.12. Soient n et p deux entiers naturels non nuls. Le but est de calculer le nombre $S(n,p)$ de surjections $[\![1,n]\!] \to [\![1,p]\!]$.

1. Quelques cas particuliers.

   (a) Calculer $S(n,p)$ pour $p > n$.

   (b) Calculer $S(n,n)$.

   (c) Calculer $S(n,1)$.

   (d) Calculer $S(n,2)$.

   (e) Calculer $S(n+1,n)$.

2. Démontrer que, si $n > 1$ et $p > 1$,

$$S(n,p) = p\big(S(n-1,p) + S(n-1,p-1)\big).$$

3. En déduire que

$$S(n,p) = \sum_{k=0}^{p} (-1)^{p-k} \binom{p}{k} k^n.$$

Exercice 6.13 (♠). Soit $x \in \mathbb{R}$ et soit $n \in \mathbb{N}^*$. Pour tout $k \in \mathbb{N}$, on pose

$$\delta_k \overset{\text{déf}}{=} k\,x - \lfloor k\,x \rfloor$$

où $\lfloor \cdot \rfloor$ est la *partie entière* (voir l'exemple 2.17 p.51). En utilisant le principe des tiroirs, démontrer que

$$\exists (p,q) \in \mathbb{Z} \times \mathbb{N}^*, \quad q \leqslant n \text{ et } \left| x - \frac{p}{q} \right| < \frac{1}{n\,q}$$

où $|\cdot|$ est la *valeur absolue* (voir l'exercice 2.4 p.82). Ce résultat porte le nom de *théorème d'approximation de Dirichlet* (狄利克雷逼近定理).

Exercice 6.14.

1. Soient A, B et C trois ensembles finis. Démontrer que

$$\begin{aligned}
\operatorname{card}(A \cup B \cup C) = {}& \operatorname{card}(A) + \operatorname{card}(B) + \operatorname{card}(C) \\
& - \operatorname{card}(A \cap B) - \operatorname{card}(A \cap C) - \operatorname{card}(B \cap C) \\
& + \operatorname{card}(A \cap B \cap C)
\end{aligned}$$

2. (♠) Plus généralement démontrer que, si $A_1, \dots, A_n$ sont des ensembles finis, alors on a la *formule du crible* (筛法公式) :

$$\operatorname{card}\left(\bigcup_{k=1}^{n} A_k \right) = \sum_{k=1}^{n} (-1)^{k-1} \sum_{1 \leqslant i_1 < \cdots < i_k \leqslant n} \operatorname{card}(A_{i_1} \cap A_{i_2} \cap \cdots \cap A_{i_k}).$$

Chapitre 7

Relations d'équivalence et relations d'ordre
等价关系和序关系

Nous avons vu comment les applications/fonctions permettent de mettre en relation les éléments de deux ensembles. Bien que fondamentale, cette notion a une limitation : les ensembles de départ et d'arrivée ne jouent pas un rôle symétrique.

Nous allons donc introduire la notion de *relation* qui généralise la notion d'application/fonction et qui permet de relier de façon plus symétrique deux ensembles.

Nous allons surtout nous concentrer sur deux types de relations particulières qui sont omniprésentes en mathématiques : les relations d'équivalence et les relations d'ordre.

先修章节中，我们已经学习了映射或函数如何将两个集合的元素联系起来。这一概念至关重要，但通常情况下，映射的出发域和到达域并不是对称的。因此，我们将引入关系的概念，它扩展了映射或函数的概念，并允许我们以一种更加对称的方式连接两个集合。本章节，我们将专注于学习数学领域中普遍存在的两种特定类型的关系：等价关系和序关系。

7.1   Relations 关系

> **Définition 7.1** – relation binaire 二元关系
>
> Soient E et F deux ensembles.
>
> - Une *relation binaire* entre E et F est un sous-ensemble $\mathscr{R}$ de $E \times F$.
> - Lorsque $E = F$ (le cas le plus courant), on dit simplement que $\mathscr{R}$ est une *relation* sur E.
> - Si $\mathscr{R}$ est une relation binaire entre E et F, pour tout $x \in E$ et tout $y \in F$ on note
>
> $$x \mathscr{R} y \quad \text{pour dire que} \quad (x,y) \in \mathscr{R}.$$
>
> -
>
> 设 E 和 F 是两个集合，
>
> - 定义一个 E 和 F 之间的二元关系为 $E \times F$ 的一个子集 $\mathscr{R}$。
> - 当 $E = F$ 时，则称 $\mathscr{R}$ 为 E 上的关系。
> - 如果 $\mathscr{R}$ 是 E 和 F 之间的二元关系，对于 E 中的所有元素 x 和 F 中的所有元素 y，记：
>
> $$x \mathscr{R} y \quad \text{来表示} \quad (x,y) \in \mathscr{R}$$

Exemple 7.1

1. Si E est un ensemble, l'égalité $=$ est une relation sur E.

2. Les relations de comparaisons $\leqslant$, $<$, $\geqslant$ et $>$ sont des relations sur $\mathbb{R}$ (et même sur une partie quelconque de $\mathbb{R}$).

3. Si E est un ensemble, l'inclusion $\subset$ est une relation sur $\mathscr{P}(E)$ (l'ensemble des parties de E).

4. Si E est un ensemble, l'appartenance $\in$ est une relation binaire entre E et $\mathscr{P}(E)$ (l'ensemble des parties de E).

5. La relation de divisibilité[a] $\mid$ sur $\mathbb{Z}$ est une relation sur $\mathbb{Z}$.

---

a. On rappelle (voir la partie 4.3 p.161) que a divise b, noté $a \mid b$, lorsqu'il existe $k \in \mathbb{Z}$ tel que $b = k\,a$ (avec a et b deux entiers).

- -

1. 如果 E 是一个集合，等号 $=$ 是 E 上的一个关系。

2. 符号 $\leqslant$，$<$，$\geqslant$ 和 $>$ 均是 $\mathbb{R}$ 上的一个关系（实际上也是 $\mathbb{R}$ 的任意子集上的关系）。

3. 如果 E 是一个集合，包含 $\subset$ 是 $\mathscr{P}(E)$ 上的一个关系。

4. 如果 E 是一个集合，属于 $\in$ 是 E 与 $\mathscr{P}(E)$ 之间的二元关系。

5. $\mathbb{Z}$ 上整除符号 $|$ 是 $\mathbb{Z}$ 上的一个关系。

On a déjà vu un cas particulier très important de relation binaire entre E et F : les applications. En effet, une application $f : E \to F$ peut-être vue comme la partie $\{(x, f(x)) \mid x \in E\}$ de $E \times F$ (voir la remarque 3.1 p.88).
On peut donc voir les relations binaires comme la généralisation de la notion d'application.

- -

正如前面章节所学，映射也是 E 和 F 之间一个非常重要的二元关系。实际上，一个映射 $f : E \to F$ 可以看作是 $E \times F$ 的一个子集 $\{(x, f(x)) \mid x \in E\}$（参看注释 3.1 p.88）。
因此，可以将二元关系看作是映射概念的更一般的形式。

Définition 7.2 – propriétés des relations 关系的性质

Soit E un ensemble et soit $\mathscr{R}$ une relation sur E. On dit que $\mathscr{R}$ est :

- *réflexive* si : $\forall x \in E,\ x \mathscr{R} x$;
- *antiréflexive* si : $\forall x \in E,\ \text{non}(x \mathscr{R} x)$;
- *transitive* si : $\forall x, y, z \in E,\ (x \mathscr{R} y$ et $y \mathscr{R} z) \implies x \mathscr{R} z$;
- *symétrique* si : $\forall x, y \in E,\ x \mathscr{R} y \implies y \mathscr{R} x$;
- *antisymétrique* si : $\forall x, y \in E,\ (x \mathscr{R} y$ et $y \mathscr{R} x) \implies x = y$.

- -

设 E 是一个集合，$\mathscr{R}$ 是 E 上的一个关系，我们称 $\mathscr{R}$ 是

- **自反**的：如果 $\forall x \in E,\ x \mathscr{R} x$;
- **反自反**的：如果 $\forall x \in E,\ \text{non}(x \mathscr{R} x)$;
- **传递**的：如果 $\forall x, y, z \in E,\ (x \mathscr{R} y$ et $y \mathscr{R} z) \implies x \mathscr{R} z$;
- **对称**的：如果 $\forall x, y \in E,\ x \mathscr{R} y \implies y \mathscr{R} x$;
- **反对称**的：如果 $\forall x, y \in E,\ (x \mathscr{R} y$ et $y \mathscr{R} x) \implies x = y$。

Exemple 7.2

1. Si E est un ensemble, l'égalité $=$ est une relation réflexive, transitive, symétrique et antisymétrique sur E.

2. La relation de comparaison $\leqslant$ sur $\mathbb{R}$ est réflexive, transitive et antisymétrique, mais n'est pas symétrique (on a $1 \leqslant 2$ et $\text{non}(2 \leqslant 1)$).
   La relation de comparaison $<$ sur $\mathbb{R}$ est antiréflexive et transitive.

3. Si E est un ensemble, l'inclusion $\subset$ est une relation réflexive, transitive et antisymétrique sur $\mathscr{P}(E)$ mais qui n'est pas symétrique (sauf si $E = \varnothing$).

4. La relation de divisibilité $|$ sur $\mathbb{Z}$ est une relation réflexive et transitive

mais qui n'est ni symétrique $(2 \mid 4$ et $\text{non}(4 \mid 2))$ ni antisymétrique (on a $-2 \mid 2$ et $2 \mid -2$ mais $2 \neq -2$).

1. 如果 E 是一个集合，等号 $=$ 是 E 上的一个自反的、传递的、对称的和反对称的关系。

2. 在实数集 $\mathbb{R}$ 上的比较关系 $\leqslant$ 是自反的、传递的和反对称的，但不是对称的（因为 $1 \leqslant 2$ 和 $\text{non}(2 \leqslant 1)$）。
在实数集 $\mathbb{R}$ 上的比较关系 $<$ 是反自反的和传递的。

3. 如果 E 是一个集合，包含关系 $\subset$ 是 $\mathscr{P}(E)$ 上的一个自反的、传递的和反对称的关系，但不是对称的（$E = \varnothing$ 时除外）。

4. $\mathbb{Z}$ 上整除符号 $\mid$ 是 $\mathbb{Z}$ 上的一个自反的和传递的关系但既不是对称的也不是反对称的。

7.2   Relations d'équivalence 等价关系

> **Définition 7.3** – relation d'équivalence 等价关系
>
> Soit E un ensemble. Une *relation d'équivalence* sur E est une relation sur E qui est réflexive, transitive et symétrique.
> On note généralement les relations d'équivalence $\sim$ ou $\equiv$.
>
> 设 E 是一个集合，E 上的一个**等价关系**是同时满足自反性、传递性和对称性的 E 上的关系。
> 通常用符号 $\sim$ 或 $\equiv$ 来表示等价关系。

Exemple 7.3

1. Si E est un ensemble, l'égalité $=$ sur E est une relation d'équivalence sur E.

2. Sur $\mathbb{R}^*$, la relation « avoir le même signe » est une relation d'équivalence.

3. Si E et F sont deux ensembles et $f : E \to F$ est une application, la relation $\sim$ sur E définie par

$$\forall x, y \in E, \quad (x \sim y \iff f(x) = f(y))$$

est une relation d'équivalence sur E. Voir l'exercice 7.5 p.281 pour plus de détails.

4. Soit E un ensemble et soit $(A_i)_{i \in I}$ une partition de E. La relation $\sim$ sur E définie par

$$\forall x, y \in E, \quad (x \sim y \iff \exists i \in I, (x \in A_i \text{ et } y \in A_i))$$

est une relation d'équivalence sur E (deux éléments sont en relation lors-qu'il sont dans la même partie de la partition). En effet :

- $\sim$ est réflexive : puisque $\bigcup_{i \in I} A_i = E$, pour tout $x \in E$ il existe $i \in I$ tel que $x \in A_i$ donc $x \sim x$.
- $\sim$ est symétrique : immédiat par commutativité de « et ».
- $\sim$ est transitive : soient $x, y, z \in E$ tels que $x \sim y$ et $y \sim z$. Il existe donc $i \in I$ et $j \in I$ tels que $x \in A_i$, $y \in A_i$, $y \in A_j$ et $z \in A_j$. En particulier, on a $y \in A_i \cap A_j$. Or $A_i \cap A_j = \varnothing$ dès que $i \neq j$. On a donc nécessairement $i = j$ et donc $x \in A_i$ et $z \in A_i$ d'où $x \sim z$.

- -

1. 如果 E 是一个集合，等号 $=$ 是 E 上的等价关系。

2. 在 $\mathbb{R}^*$ 上，关系"正负号相同"是等价关系。

3. 如果 E 和 F 是两个集合且 $f : E \to F$ 是一个映射，定义 E 上的关系 $\sim$ 为

$$\forall x, y \in E, \quad \left(x \sim y \iff f(x) = f(y)\right)$$

那么 $\sim$ 是 E 上的等价关系，参看习题 7.5 p.281 。

4. 设 E 是一个集合，$(A_i)_{i \in I}$ 是 E 上的一个划分，定义 E 上的关系 $\sim$ 为

$$\forall x, y \in E, \quad \left(x \sim y \iff \exists i \in I, (x \in A_i \text{ et } y \in A_i)\right)$$

那么它也是 E 上的一个等价关系。实际上：

- $\sim$ 是自反的：由于 $\bigcup_{i \in I} A_i = E$，对于所有的 $x \in E$ 存在 $i \in I$ 满足 $x \in A_i$，因此有 $x \sim x$。
- $\sim$ 是对称的：由" et "的交换性得到。
- $\sim$ 是传递的：设 $x, y, z \in E$ 满足 $x \sim y$ 和 $y \sim z$。因此存在 $i \in I$ 和 $j \in I$ 满足 $x \in A_i$，$y \in A_i$，$y \in A_j$ 和 $z \in A_j$。特别地，有 $y \in A_i \cap A_j$。又因为当 $i \neq j$ 时，$A_i \cap A_j = \varnothing$，则必然有 $i = j$。因此有 $x \in A_i$ 和 $z \in A_i$，从而得到 $x \sim z$。

On a vu à l'exemple précédent qu'une partition d'un ensemble E donne na-turellement une relation d'équivalence sur E. L'inverse est vrai comme on va le voir : une relation d'équivalence sur E donne également naturellement une partition de E. Autrement dit, l'ensemble des partitions de E et l'ensemble des relations d'équivalence sur E sont en bijection.

- -

从上一例题中看到，集合 E 的一个划分很自然地给出了 E 上的一个等价关系。反过来也是真的，即：E 上的一个等价关系也很自然地给出 E 的一个划分。换言之，E 的所有划分集合和 E 上的所有等价关系集合是一一对应的。

Définition 7.4 – classe d'équivalence, représentant, ensemble quotient, système de représentants
等价类，代表元素，商集，代表系统

Soit E un ensemble et soit $\sim$ une relation d'équivalence sur E.

- Soit $x \in E$. La *classe d'équivalence de x* (pour $\sim$) est l'ensemble noté $\overline{x}$ et défini par

$$\overline{x} \overset{\text{déf}}{=} \{y \in E \mid y \sim x\}.$$

  Autrement dit $\overline{x}$ est l'ensemble des éléments de E en relation avec x.

- Une partie X de E est une *classe d'équivalence* (pour $\sim$) s'il existe $x \in E$ tel que $\overline{x} = X$. Si c'est le cas, x est appelé un *représentant* de X.

- L'ensemble des classes d'équivalence pour $\sim$ est appelé *ensemble quotient de E par $\sim$* et est noté $E/\sim$.

- Un *système de représentants* des classes d'équivalence pour $\sim$ est une partie de E qui contient un et un seul représentant de chaque classe d'équivalence pour $\sim$.

- -

设 E 是一个集合，设 $\sim$ 是 E 上的一个等价关系。

- 设 $x \in E$，x 的**等价类**，记作 $\overline{x}$，定义为

$$\overline{x} \overset{\text{déf}}{=} \{y \in E \mid y \sim x\}$$

  也就是说，$\overline{x}$ 是 E 中与 x 有等价关系的所有元素的集合。

- E 的一个子集 X 如果是等价类，那么存在 $x \in E$ 使得 $\overline{x} = X$。此时，x 被称为 X 的一个**代表元素**或**代表元**。

- $\sim$ 的所有等价类构成的集合称为**商集**或**商空间**，记作 $E/\sim$。

- 关于等价关系 $\sim$ 一个**代表系统**是 E 的一个子集，它包含每个等价类中的一个代表元素。

Remarquons que $\overline{x}$ n'est jamais vide car $x \sim x$ donc $x \in \overline{x}$ par réflexivité de $\sim$.

- -

注意到，$\overline{x}$ 永远不会是空集，因为 $x \sim x$。根据 $\sim$ 的自反性，有 $x \in \overline{x}$。

Exemple 7.4

1. Si E est un ensemble et si $x \in E$, la classe d'équivalence de x pour la relation d'égalité $=$ sur E est simplement $\overline{x} = \{x\}$. L'ensemble quotient $E/=$ est alors l'ensemble des singletons $\{\{x\} \mid x \in E\}$ et l'unique système de représentants est alors E.

2. Sur $\mathbb{R}^*$, notons $\sim$ la relation d'équivalence « avoir le même signe ». Puisque tout nombre réel non nul est soit positif, soit négatif, il y a seulement deux classes d'équivalence : $\mathbb{R}_+^*$ et $\mathbb{R}_-^*$, autrement dit $\mathbb{R}^*/\sim = \{\mathbb{R}_+^*, \mathbb{R}_-^*\}$. Un système de représentants est $\{1, -1\}$ (plus généralement toute partie $\{a, b\}$ telle que $a > 0$ et $b < 0$ est aussi un système de représentants car $\overline{a} = \mathbb{R}_+^*$ et $\overline{b} = \mathbb{R}_-^*$).

- -

1. 如果 E 是一个集合且 $x \in E$，那么关于 E 上等价关系 $=$，x 的等价类是 $\overline{x} = \{x\}$。因此，商集 $E/=$ 是集合中所有单元素集合的集合 $\{\{x\} \mid x \in E\}$，其中 $x \in E$，E 本身是它唯一的代表系统。

2. 在 $\mathbb{R}^*$ 上，记等价关系"正负号相同"为 $\sim$。由于每个非零实数要么是正数，要么是负数，因此只有两个等价类：$\mathbb{R}_+^*$ 和 $\mathbb{R}_-^*$，换言之 $\mathbb{R}^*/\sim = \{\mathbb{R}_+^*, \mathbb{R}_-^*\}$。它的一个代表系统是 $\{1, -1\}$（更一般地说，任何集合包含 $\{a, b\}$ 满足 $a > 0$ 和 $b < 0$ 也是一个代表系统，因为有 $\overline{a} = \mathbb{R}_+^*$ 和 $\overline{b} = \mathbb{R}_-^*$）。

Proposition 7.1 – les classes d'équivalences forment une partition
等价类构成一个划分

Soit E un ensemble non vide et soit $\sim$ une relation d'équivalence sur E. Alors les classes d'équivalence pour $\sim$ forment une partition de E.
Ainsi, si R est un système de représentants pour E, on a

$$E = \bigcup_{x \in R} \overline{x}$$

où les classes d'équivalence $\overline{x}$ pour $x \in R$ sont non vides et deux-à-deux disjointes.

- -

设 E 是一个非空集合，设 $\sim$ 是 E 上的一个等价关系。那么 $\sim$ 的等价类构成了 E 的一个划分。
因此，如果 R 是 E 的一个代表系统，则有

$$E = \bigcup_{x \in R} \overline{x}$$

其中对于 R 中的 x，等价类 $\overline{x}$ 非空且两两不相交。

Commençons par un lemme utile qui caractérise l'égalité de deux classes d'équivalence.

- -

为了证明上述命题，我们先证明如下非常有用的引理，它描述了两个等价类之间的相等性。

Lemme 7.1

Soit E un ensemble et soit $\sim$ une relation d'équivalence sur E. Pour tout $x \in E$ et tout $y \in E$, on a

$$\overline{x} = \overline{y} \iff x \sim y.$$

设 E 是一个集合，设 $\sim$ 是 E 上的一个等价关系。对于所有 $x \in E$ 和 $y \in E$，有

$$\overline{x} = \overline{y} \iff x \sim y$$

Démonstration (du lemme 7.1 p.264)
Soient $x \in E$ et $y \in E$.

- Supposons $\overline{x} = \overline{y}$. Or $x \in \overline{x}$ (car $x \sim x$ par réflexivité) d'où $x \in \overline{y}$ et donc $x \sim y$.
- Supposons $x \sim y$.
  Soit $z \in \overline{x}$. On a donc $z \sim x$. Par transitivité on a $z \sim y$ donc $z \in \overline{y}$. On a donc $\overline{x} \subset \overline{y}$.
  Soit $z \in \overline{y}$. On a donc $z \sim y$. Par symétrie on a $y \sim x$ et par transitivité on a $z \sim x$ donc $z \in \overline{x}$. On a donc $\overline{y} \subset \overline{x}$.
  Par double-inclusions $\overline{x} = \overline{y}$.

Par double-implications $\overline{x} = \overline{y}$ si et seulement si $x \sim y$.

设 $x \in E$ 和 $y \in E$。

- 假设 $\overline{x} = \overline{y}$，因为 $x \in \overline{x}$（由自反性可知 $x \sim x$）。因此，$x \in \overline{y}$，从而得到 $x \sim y$。
- 假设 $x \sim y$，
  设 $z \in \overline{x}$，则有 $z \sim x$。由传递性可知 $z \sim y$。因此有 $z \in \overline{y}$，从而得到 $\overline{x} \subset \overline{y}$。
  设 $z \in \overline{y}$，则有 $z \sim y$。由对称性可知 $y \sim x$，根据传递性有 $z \sim x$。因此有 $z \in \overline{x}$，从而得到 $\overline{y} \subset \overline{x}$。
  由双重包含得 $\overline{x} = \overline{y}$。

由双重蕴含得 $\overline{x} = \overline{y}$ 当且仅当 $x \sim y$。

Démonstration (de la proposition 7.1 p.263)

- On a vu que $x \in \overline{x}$ pour tout $x \in E$ ce qui montre que les classes d'équivalence ne sont jamais vides (et comme $E \neq \varnothing$, il en existe au moins une).
- Le fait que $x \in \overline{x}$ pour tout $x \in E$ nous donne également le fait que $E \subset \bigcup_{x \in E} \overline{x}$. L'inclusion réciproque étant immédiate, on a bien $E = \bigcup_{x \in E} \overline{x}$.
- Soient $x, y \in E$. Si $\overline{x} \cap \overline{y} \neq \varnothing$, il existe $z \in \overline{x}$ et $z \in \overline{y}$. On a donc $z \sim x$ et $z \sim y$. On a donc, par symétrie, $x \sim z$ et $z \sim y$ et donc $x \sim y$ par transitivité. D'après le lemme 7.1 p.264, $\overline{x} = \overline{y}$. On a donc soit $\overline{x} = \overline{y}$ soit $\overline{x} \cap \overline{y} = \varnothing$. Ainsi, les classes d'équivalence sont bien deux-à-deux disjointes.

- 我们已经看到，对于所有 $x \in E$，都有 $x \in \overline{x}$，这表明等价类永远不会是空的（且 $E \neq \varnothing$ 时，至少存在一个等价类）。
- 对于所有 $x \in E$，有 $x \in \overline{x}$。因此，有 $E \subset \bigcup_{x \in E} \overline{x}$。反向的包含关系很显然，因此，有 $E = \bigcup_{x \in E} \overline{x}$。
- 设 $x, y \in E$，如果 $\overline{x} \cap \overline{y} \neq \varnothing$，则存在 $z \in \overline{x}$ 和 $z \in \overline{y}$。因此有 $z \sim x$ 和 $z \sim y$。由对称性得 $x \sim z$ 和 $z \sim y$；由传递性，得 $x \sim y$。由引理 7.1 p.264 得，$\overline{x} = \overline{y}$。因此，我们

要么有 $\overline{x} = \overline{y}$，要么有 $\overline{x} \cap \overline{y} = \varnothing$。因此等价类是两两不相交的。

Ainsi, une relation d'équivalence permet de *classer* les éléments d'un ensemble E par « paquets » (les classes d'équivalence) où les éléments d'un même paquet sont en relation.

Par exemple, on peut regrouper les individus d'une population par classe d'âge (avec la relation « avoir le même âge »).

On a vu qu'une partition donne naturellement une relation d'équivalence et, réciproquement, que les classes d'équivalence d'une relation d'équivalence donne une partition. Ces deux points de vue sont complémentaires : la relation d'équivalence insiste sur le point de vue *relationnel* alors que la partition insiste sur le point de vue *ensembliste*.

- -

等价关系允许我们将集合 E 中的元素按"组"（即等价类）进行分类，同一组中的元素相互之间存在关系。

例如，我们可以根据年龄（使用"同岁数"这一等价关系）来分组一个人口。

我们已经知道，一个划分自然地给出一个等价关系；反之，等价关系的等价类可以给出一个划分。这两种观点是互补的：等价关系侧重于**关系性**视角，而划分侧重于**集合性**视角。

7.3   Un exemple fondamental : $\mathbb{Z}/n\mathbb{Z}$ 经典例题

Soit $a \in \mathbb{Z}$ et soit $n \in \mathbb{N}^*$. Rappelons (définition 4.5 p.164) qu'il existe un unique couple $(q, r) \in \mathbb{Z} \times \mathbb{N}$ tel que

$$a = qn + r \qquad \text{et} \qquad 0 \leqslant r < n.$$

On dit qu'on a effectué la *division euclidienne* de a par n. L'entier q s'appelle le *quotient* et l'entier r s'appelle le *reste*.

- -

让我们回顾一下定义 4.5 p.164：设 $a \in \mathbb{Z}$，$n \in \mathbb{N}^*$，存在唯一的有序对 $(q, r) \in \mathbb{Z} \times \mathbb{N}$ 满足

$$a = qn + r \qquad \text{且} \qquad 0 \leqslant r < n$$

则称对整数 a 进行了以 n 为除数的**欧几里得除法**，整数 q 称为**商**，整数 r 称为**余数**。

Définition 7.5 – relation de congruence 同余关系

Soient a et b deux entiers et soit n un entier naturel non nul. On dit que a est *congru à b modulo n* lorsque a et b ont le même reste pour la division

euclidienne par n ou, de manière équivalente, si n divise $b - a$.
Si c'est le cas, on note $a \equiv_n b$.

设 a 和 b 是两个整数，设 n 是一个非零自然数。当 a 和 b 在以 n 为除数的欧几里得除法中具有相同的余数，或者，如果 n 能整除 $b - a$ 时，则称**整数 a 与 b 对模 n 同余**。此时，记作 $a \equiv_n b$。

Démonstration (de l'équivalence)
Si a et b ont le même reste pour la division euclidienne par n, on a $a = q_1 n + r$ et $b = q_2 n + r$ avec q_1, q_2 les quotients et r le reste commun. On a alors $b - a = (q_2 - q_1) n$ donc n divise $b - a$.
Réciproquement, si n divise $b - a$ alors il existe $k \in \mathbb{Z}$ tel que $b - a = k n$. Si $a = q n + r$ est la division euclidienne de a par n alors $b = a + k n = q n + r + k n = (q + k) n + r$ donc a et b ont le même reste r pour la division euclidienne par n.

如果 a 和 b 在以 n 为除数的欧几里得除法中有相同的余数，那么有 $a = q_1 n + r$ 和 $b = q_2 n + r$，其中 q_1, q_2 是商，r 是共同的余数。因此得到 $b - a = (q_2 - q_1) n$，即 n 能整除 $b - a$。
反之，如果 n 能整除 $b - a$，那么存在 $k \in \mathbb{Z}$ 使得 $b - a = k n$。如果 $a = q n + r$ 是 a 除以 n 的欧几里得除法，那么 $b = a + k n = q n + r + k n = (q + k) n + r$，因此 a 和 b 在以 n 为除数的欧几里得除法中有相同的余数 r。

Proposition 7.2 – $\equiv_n$ est une relation d'équivalence 等价关系 $\equiv_n$

Soit $n \in \mathbb{N}^*$. La relation $\equiv_n$ est une relation d'équivalence sur $\mathbb{Z}$.

设 $n \in \mathbb{N}^*$，关系 $\equiv_n$ 是 $\mathbb{Z}$ 上的等价关系。

Démonstration
C'est immédiat à vérifier. On peut aussi utiliser le point 3 de l'exemple 7.3 p.260 avec $E = \mathbb{Z}$, $F = [\![0, n-1]\!]$ et $f : E \to F$ qui à un entier associe le reste de sa division euclidienne par n.

一方面，我们可以使用定义的方式直接证明。另一方面，我们也可以使用例题 7.3 p.260 的第 3 点的性质，其中 $E = \mathbb{Z}$，$F = [\![0, n-1]\!]$，$f : E \to F$ 是一个映射，它将整数映射为以 n 为除数的欧几里得除法所得到的余数。

Notation 7.1 – $\mathbb{Z}/n\mathbb{Z}$

Soit $n \in \mathbb{N}^*$. L'ensemble quotient $\mathbb{Z}/{\equiv_n}$ est noté $\mathbb{Z}/n\mathbb{Z}$.

设 $n \in \mathbb{N}^*$，在同余关系下，商集 $\mathbb{Z}/{\equiv_n}$ 也记作为 $\mathbb{Z}/n\mathbb{Z}$。

Déterminons les différentes classes d'équivalence de $\mathbb{Z}/n\mathbb{Z}$. Il y a n restes possibles dans la division euclidienne par n : les n entiers de $[\![0, n-1]\!]$. Il y a donc n classes d'équivalence. En particulier, $\mathbb{Z}/n\mathbb{Z}$ est fini avec $\text{card}(\mathbb{Z}/n\mathbb{Z}) = n$. Soit $x \in \mathbb{Z}$. On a, pour tout $y \in \mathbb{Z}$,

$$y \in \overline{x} \iff x \equiv_n y \iff n \mid (y - x) \iff \exists k \in \mathbb{Z}, \; y - x = k\,n$$
$$\iff y \in \{k\,n + x \mid k \in \mathbb{Z}\}.$$

Remarquons enfin que si $x = q\,n + r$ alors $\overline{x} = \overline{r}$ car $r = 0 \times n + r$. Ainsi $\{0, 1, \ldots, n-1\}$ est un système de représentant d'où

$$\mathbb{Z}/n\mathbb{Z} = \left\{\overline{0}, \overline{1}, \ldots, \overline{n-1}\right\}$$

avec, pour tout $r \in [\![0, n-1]\!]$

$$\overline{r} = \{k\,n + r \mid k \in \mathbb{Z}\} = \{\ldots, -2n + r, -n + r, r, n + r, 2n + r, \ldots\}.$$

On « regroupe » ainsi les entiers en fonction de leur reste dans la division euclidienne par n.

- -

确定 $\mathbb{Z}/n\mathbb{Z}$ 的不同等价类。在以 n 为除数的欧几里得除法中，有 n 个可能的余数，即 $[\![0, n-1]\!]$ 中的 n 个整数。因此，有 n 个等价类。特别地，$\mathbb{Z}/n\mathbb{Z}$ 是有限集，其基数为 $\text{card}(\mathbb{Z}/n\mathbb{Z}) = n$。
设 $x \in \mathbb{Z}$，对于所有 $y \in \mathbb{Z}$，有

$$y \in \overline{x} \iff x \equiv_n y \iff n \mid (y - x) \iff \exists k \in \mathbb{Z}, \; y - x = k\,n$$
$$\iff y \in \{k\,n + x \mid k \in \mathbb{Z}\}$$

注意到如果 $x = q\,n + r$，则 $\overline{x} = \overline{r}$（因为 $r = 0 \times n + r$）。因此，集合 $\{0, 1, \ldots, n-1\}$ 是一个代表系统，其中

$$\mathbb{Z}/n\mathbb{Z} = \left\{\overline{0}, \overline{1}, \ldots, \overline{n-1}\right\}$$

对于所有的 $r \in [\![0, n-1]\!]$

$$\overline{r} = \{k\,n + r \mid k \in \mathbb{Z}\} = \{\ldots, -2n + r, -n + r, r, n + r, 2n + r, \ldots\}$$

我们根据以 n 为除数的欧几里得除法中的余数来对整数"分组"。

Définition 7.6 – addition et multiplication sur $\mathbb{Z}/n\mathbb{Z}$
$\mathbb{Z}/n\mathbb{Z}$ 上的加法与乘法

Soit $n \in \mathbb{N}^*$.

- On définit une addition sur $\mathbb{Z}/n\mathbb{Z}$, notée $+$, par

$$\forall x, y \in \mathbb{Z}, \quad \overline{x} + \overline{y} \overset{\text{déf}}{=} \overline{x + y}$$

où le $+$ dans le membre de droite est l'addition usuelle sur $\mathbb{Z}$.

- On définit une multiplication sur $\mathbb{Z}/n\mathbb{Z}$, notée $\times$, par

$$\forall x, y \in \mathbb{Z}, \quad \overline{x} \times \overline{y} \overset{\text{déf}}{=} \overline{x \times y}$$

où le $\times$ dans le membre de droite est la multiplication usuelle sur $\mathbb{Z}$.

- -

设 $n \in \mathbb{N}^*$，

- 定义 $\mathbb{Z}/n\mathbb{Z}$ 上的加法 $+$，为

$$\forall x, y \in \mathbb{Z}, \quad \overline{x} + \overline{y} \overset{\text{déf}}{=} \overline{x + y}$$

其中右边的 $+$ 为整数集 $\mathbb{Z}$ 上常用的加法。

- 定义 $\mathbb{Z}/n\mathbb{Z}$ 上的乘法 $\times$，为

$$\forall x, y \in \mathbb{Z}, \quad \overline{x} \times \overline{y} \overset{\text{déf}}{=} \overline{x \times y}$$

其中右边的 $\times$ 为整数集 $\mathbb{Z}$ 上常用的乘法。

Pour que cette définition ait un sens, il faut vérifier que $\overline{x + y}$ et $\overline{x \times y}$ ne dépendent pas du choix des représentants des classes d'équivalence $\overline{x}$ et $\overline{y}$.

- -

为了让定义具有意义，我们需要验证 $\overline{x + y}$ 和 $\overline{x \times y}$ 不依赖于等价类 $\overline{x}$ 和 $\overline{y}$ 中代表元素的选择。

Démonstration

Fixons $x \in \mathbb{Z}$ et $y \in \mathbb{Z}$. Soient $x' \in \overline{x}$ et $y' \in \overline{y}$. Montrons que $\overline{x' + y'} = \overline{x + y}$.

Puisque $x' \in \overline{x}$, $n \mid (x' - x)$ donc il existe $k_x \in \mathbb{Z}$ tel que $x' - x = k_x \, n$. De même il existe $k_y \in \mathbb{Z}$ tel que $y' - y = k_y \, n$. On a donc

$$(x' + y') - (x + y) = (x' - x) + (y' - y) = k_x \, n + k_y \, n = (k_x + k_y) \, n$$

ce qui montre que $n \mid \big((x' + y') - (x + y)\big)$. On a donc bien $\overline{x' + y'} = \overline{x + y}$.

De même,

$$(x' \times y') - (x \times y) = y' \times (x' - x) + x \times (y' - y) = y' \, k_x \, n + x \, k_y \, n = (y' \, k_x + x \, k_y) \, n$$

ce qui montre que $n \mid \big((x' \times y') - (x \times y)\big)$. On a donc bien $\overline{x' \times y'} = \overline{x \times y}$.

确定 $x \in \mathbb{Z}$ 和 $y \in \mathbb{Z}$。设 $x' \in \overline{x}$ 和 $y' \in \overline{y}$,证明 $\overline{x' + y'} = \overline{x + y}$。
由于 $x' \in \overline{x}$ 且有 $n \mid (x' - x)$,因此存在 $k_x \in \mathbb{Z}$ 满足 $x' - x = k_x\, n$。同样地,$k_y \in \mathbb{Z}$ 满足 $y' - y = k_y\, n$。因此有

$$(x' + y') - (x + y) = (x' - x) + (y' - y) = k_x\, n + k_y\, n = (k_x + k_y)\, n$$

从而证得 $n \mid \big((x' + y') - (x + y)\big)$,因此有 $\overline{x' + y'} = \overline{x + y}$。
同样的方法,有

$$(x' \times y') - (x \times y) = y' \times (x' - x) + x \times (y' - y) = y'\, k_x\, n + x\, k_y\, n = (y'\, k_x + x\, k_y)\, n$$

因此有 $n \mid \big((x' \times y') - (x \times y)\big)$。从而证得 $\overline{x' \times y'} = \overline{x \times y}$。

Lorsque l'on calcule dans $\mathbb{Z}/n\mathbb{Z}$ avec l'addition et la multiplication de la définition 7.6 p.267, on « oublie » les quotients et on ne retient plus que les restes. Par exemple, pour $n = 12$, on retrouve l'arithmétique d'une horloge de 12 heures : s'il est 9h sur l'horloge et qu'on ajoute 7h, on obtient 4h sur l'horloge. Cela s'écrit, dans $\mathbb{Z}/12\mathbb{Z}$,

$$\overline{9} + \overline{7} = \overline{9 + 7} = \overline{16} = \overline{12 + 4} = \overline{4}.$$

在 $\mathbb{Z}/n\mathbb{Z}$ 中,使用定义 7.6 p.267 中的加法和乘法进行计算时,我们通常"忽略"商,而只保留余数。
例如,对于 $n = 12$,如 12 小时制时钟的算术中:如果时钟显示 9 时,如果我们加上 7 小时,则在时钟上得到 4 时。在 $\mathbb{Z}/12\mathbb{Z}$ 中,可以写成:

$$\overline{9} + \overline{7} = \overline{9 + 7} = \overline{16} = \overline{12 + 4} = \overline{4}$$

7.4   Relations d'ordre 序关系

Définition 7.7 – relation d'ordre 序关系

Soit E un ensemble. Une *relation d'ordre* sur E est une relation réflexive, antisymétrique et transitive.
On note généralement les relations d'ordre $\leqslant$.

设 E 是一个集合,E 上的一个**序关系**是一种同时满足自反性、反对称性和传递性的 E 上的关系。
通常用符号 $\leqslant$ 表示序关系。

Exemple 7.5

1. L'inégalité usuelle $\leqslant$ est une relation d'ordre sur $\mathbb{R}$ (ou plus généralement sur une partie quelconque de $\mathbb{R}$).

2. Si E est un ensemble, l'inclusion $\subset$ est une relation d'ordre sur $\mathscr{P}(E)$ (l'ensemble des parties de E).

3. La relation de divisibilité $|$ est une relation d'ordre sur $\mathbb{N}$ mais pas sur $\mathbb{Z}$ (elle n'est pas antisymétrique).

4. Sur $\mathbb{R}^2$, la relation $\preccurlyeq$ définie par

$$(x, y) \preccurlyeq (x', y') \iff \big(x < x' \text{ ou } (x = x' \text{ et } y \leqslant y')\big)$$

est une relation d'ordre appelée *ordre lexicographique* : on compare d'abord le premier élément de chaque couple, puis le deuxième s'ils sont égaux comme on le fait pour l'ordre alphabétique. Voir l'exercice 7.6 p.282 pour plus de détails.

- -

1. 常用不等式符号 $\leqslant$ 是 $\mathbb{R}$ 上的一个序关系 (更一般地，也是 $\mathbb{R}$ 上任意子集上的一个序关系)。

2. 如果 E 是一个集合，包含 $\subset$ 是 $\mathscr{P}(E)$ 上的一个序关系。

3. 整除 $|$ 是 $\mathbb{N}$ 上的一个序关系，但不是 $\mathbb{Z}$ 上的序关系 (因为它不是反对称的)。

4. 在 $\mathbb{R}^2$ 上，定义关系 $\preccurlyeq$ 为

$$(x, y) \preccurlyeq (x', y') \iff \big(x < x' \text{ ou } (x = x' \text{ et } y \leqslant y')\big)$$

它是一个序关系，也称作字典序：首先比较每对元素的第一个元素，如果它们相等，则比较第二个元素，就像按字母顺序排列一样。参看习题 7.6 p.282。

Définition 7.8 – relation d'ordre stricte associée à une relation d'ordre 严格序关系

Soit E un ensemble et soit $\leqslant$ une relation d'ordre sur E. La *relation d'ordre stricte* sur E est la relation sur E notée $<$ et définie par

$$\forall x, y \in E, \quad x < y \iff (x \neq y \text{ et } x \leqslant y).$$

- -

设 E 是一个集合，设 $\leqslant$ 是 E 上的一个序关系。在 E 上的**严格序关系**，记作 $<$，定义为

$$\forall x, y \in E, \quad x < y \iff (x \neq y \text{ et } x \leqslant y)$$

Remarque 7.1

La relation $<$ est antiréflexive et transitive. Elle est même antisymétrique car « $x < y$ et $y < x$ » est toujours fausse donc l'implication $(x < y$ et $y < x) \implies x = y$ est toujours vraie.

关系 < 是反自反的和传递的。它也是反对称的，因为"$x < y$ 和 $y < x$"总是假命题，因此蕴含式 $(x < y \text{ et } y < x) \implies x = y$ 总是为真。

Notation 7.2 – relation d'ordre réciproque 逆序关系

Soit E un ensemble. Si $\leqslant$ est une relation d'ordre sur E, on définit une autre relation sur E notée $\geqslant$ et appelée *relation d'ordre réciproque* définie par

$$\forall x, y \in E, \quad y \geqslant x \iff x \leqslant y.$$

De même, en notant $<$ la relation d'ordre stricte associée à $\leqslant$, on définit la relation $>$ sur E par

$$\forall x, y \in E, \quad y > x \iff x < y.$$

设 E 是一个集合。如果 $\leqslant$ 是 E 上的一个序关系，E 上逆序关系，记作 $\geqslant$，定义为

$$\forall x, y \in E, \quad y \geqslant x \iff x \leqslant y$$

同样地，记 $<$ 为与序关系 $\leqslant$ 相关联的严格序关系，它在 E 上的逆序关系 $>$ 定义为

$$\forall x, y \in E, \quad y > x \iff x < y$$

Définition 7.9 – relation d'ordre total, relation d'ordre partielle 全序关系，偏序关系

Soit E un ensemble et soit $\leqslant$ une relation d'ordre sur E.

- La relation d'ordre $\leqslant$ est dite *totale* si on peut toujours comparer deux éléments de E, c'est-à-dire que pour tout $x, y \in E$, on a toujours $x \leqslant y$ ou $y \leqslant x$.
- Si ce n'est pas le cas, on dit qu'elle est partielle.

设 E 是一个集合，$\leqslant$ 是 E 上的一个序关系，

- 如果总是能够比较 E 中的任意两个元素，即对于所有 $x, y \in E$，总是有 $x \leqslant y$ 或 $y \leqslant x$，则称序关系 $\leqslant$ 为**全序关系**。
- 如果不是这种情况，则称为**偏序关系**。

Exemple 7.6

1. L'inégalité usuelle $\leqslant$ est une relation d'ordre totale sur $\mathbb{R}$ (ou plus généralement sur une partie quelconque de $\mathbb{R}$).

2. Si E est un ensemble ayant au moins deux éléments, l'inclusion $\subset$ est une relation d'ordre partielle sur $\mathscr{P}(E)$. Par exemple si $E = \{1,2,3\}$, les parties $\{1\}$ et $\{2\}$ ne sont pas incluses l'une dans l'autre, on ne peut pas les comparer.

On peut représenter les différentes inclusions des éléments de $\mathscr{P}(\{1,2,3\})$ de la manière suivante où chaque flèche représente une inclusion :

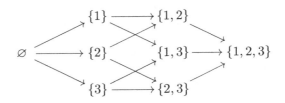

3. La relation de divisibilité $|$ est une relation d'ordre partielle sur $\mathbb{N}$: 2 ne divise pas 3 et 3 ne divise pas 2.

4. L'ordre lexicographique $\preccurlyeq$ sur $\mathbb{R}^2$ est total (voir l'exercice 7.6 p.282).

- -

1. 常用符号 $\leqslant$ 是 $\mathbb{R}$ 上的全序关系 (更一般地，也是 $\mathbb{R}$ 上任意子集上的一个全序关系).

2. 如果 E 是一个至少有两个元素的集合，包含关系 $\subset$ 是 $\mathscr{P}(E)$ 上的一个偏序关系。例如，如果 $E = \{1,2,3\}$，子集 $\{1\}$ 和 $\{2\}$ 互不包含，我们无法比较它们。

可以通过以下方式表示 $\mathscr{P}(\{1,2,3\})$ 中元素的不同包含关系，其中每条箭头表示一个包含关系：

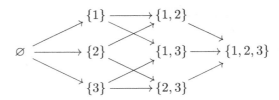

3. 整除 $|$ 是 $\mathbb{N}$ 上的一个偏序关系：因为 2 不能整除 3 且 3 也不能整除 2。

4. 在 $\mathbb{R}^2$ 上的字典序 $\preccurlyeq$ 是全序（参看习题 7.6 p.282）。

Définition 7.10 – partie majorée, majorant, partie minorée, minorant, partie bornée 上界，下界，有界集

Soit E un ensemble, soit $\leqslant$ une relation d'ordre sur E et soit A une partie de E.

- Un *majorant* de A est un élément $M \in E$ tel que $a \leqslant M$ pour tout $a \in A$.

Si c'est le cas, on dit que A est *majorée* par M (ou encore que M *majore* A).

- Un *minorant* de A est un élément $m \in E$ tel que $m \leqslant a$ pour tout $a \in A$.
  Si c'est le cas, on dit que A est *minorée* par m (ou encore que m *minore* A).

- Si A est à la fois majorée et minorée, on dit qu'elle est *bornée*.

设 E 是一个集合，$\leqslant$ 是 E 上的一个序关系，A 是 E 的一个子集。

- A 的一个上界是 E 中的一个元素 M，满足对于所有 $a \in A$，都有 $a \leqslant M$。
  此时，称 M 是集合 A 的**上界**，或者称集合 A 有上界。

- A 的一个下界是 E 中的一个元素 m，满足对于所有 $a \in A$，都有 $m \leqslant a$。
  此时，称 m 是集合 A 的**下界**，或者称集合 A 有下界。

- 若集合 A 既有上界又有下界，称 A 是有界的。

Exemple 7.7

1. $\mathbb{R}$ (pour la relation d'ordre usuelle $\leqslant$) n'est ni minorée ni majorée. L'intervalle $[0,1]$ est bornée : il est majorée par 1 (et même par tout nombre réel $M \geqslant 1$) et minorée par 0 (et même par tout nombre réel $m \leqslant 0$).

2. Si E est un ensemble, $\mathscr{P}(E)$ est minorée par $\varnothing$ et majorée par E (pour la relation d'ordre de l'inclusion $\subset$).

3. L'ensemble $\{8, 10, 12\}$ est minoré par 2 et majoré par 120 pour la relation de divisibilité $|$ sur $\mathbb{N}$.

---

1. 对于实数集 $\mathbb{R}$（通常的序关系 $\leqslant$），它没有下界也没有上界。闭区间 $[0,1]$ 是有界的：如 1 是它的上界（实际上，任何大于等于 1 的实数 M 都可以作为它的上界），0 是它的下界（实际上，任何小于等于 0 的实数 m 都可以作为它的下界）。

2. 如果 E 是一个集合，那么 $\varnothing$ 是幂集 $\mathscr{P}(E)$ 的下界以及 E 是 $\mathscr{P}(E)$ 的上界（关于序关系 $\subset$）。

3. 集合 $\{8, 10, 12\}$，在自然数上的整除关系 $|$ 下，2 是它的下界以及 120 是它的上界。

> ### Définition 7.11 – maximum, minimum 最大值，最小值
>
> Soit E un ensemble, soit $\leqslant$ une relation d'ordre sur E et soit A une partie de E.
>
> - S'il existe un élément de A qui majore A, il est unique et on dit que c'est le *maximum* de A et on le note $\max A$.
> - S'il existe un élément de A qui minore A, il est unique et on dit que c'est le *minimum* de A et on le note $\min A$.
>
> -
>
> 设 E 是一个集合，$\leqslant$ 是 E 上的一个序关系，A 是 E 的一个子集
>
> - 如果 A 中存在一个元素是 A 的上界，则这个元素是唯一的，并称为 A 的**最大值**，记作为 $\max A$。
> - 如果 A 中存在一个元素是 A 的下界，则这个元素是唯一的，并称为 A 的**最小值**，记作为 $\min A$。

Démonstration (de l'unicité du maximum et du minimum)

Supposons que A admette deux maximums M et M'. On a donc $M \in A$, $M' \in A$, $a \leqslant M$ et $a \leqslant M'$ pour tout $a \in A$. En particulier, on a $M' \leqslant M$ (prendre $a = M'$) et $M \leqslant M'$ (prendre $a = M$). Par antisymétrie de $\leqslant$, on a $M = M'$, ce qui démontre l'unicité (en cas d'existence) du maximum de A.

L'unicité du minimum se démontre de la même façon.

- -

假设集合 A 有两个最大值 M 和 M'，则有 $M \in A$, $M' \in A$。因此，对于所有的 $a \in A$，有 $a \leqslant M$ 和 $a \leqslant M'$。特别地，有 $M' \leqslant M$（取 $a = M'$）和 $M \leqslant M'$（取 $a = M$）。根据 $\leqslant$ 的反对称性，得 $M = M'$。因此，集合 A 的最大值（如果存在的话）是唯一的。

同样的方法可以证明最小值也是唯一的。

Exemple 7.8

1. Le segment $[0, 1]$ admet pour maximum 1.
   L'intervalle $[0, 1[$ n'admet pas de maximum : s'il existait un maximum $M \in [0, 1[$, en posant $M' = \frac{M+1}{2}$, on aurait $M' \in [0, 1[$ et $M' > M$, absurde.

2. Si E est un ensemble ayant au moins deux éléments et si $A = \{\{x\} \mid x \in E\}$ est l'ensemble des singletons de E, alors A n'admet pas de maximum (pour la relation d'inclusion $\subset$). En effet, s'il existait un maximum $M = \{e\}$ avec $e \in E$, on aurait $\{x\} \subset \{e\}$ pour tout $x \in E$ d'où $\{x\} = \{e\}$ pour tout $x \in E$ ce qui donne $x = e$ pour tout $x \in E$ ce qui contredit le fait que E a au moins deux éléments.

3. Pour la relation de divisibilité $\mid$ sur $\mathbb{N}$:
   - $\{2, 3, 6\}$ admet pour maximum 6 mais n'admet pas de minimum (par exemple 1 divise 2, 3 et 6) ;
   - on a $\max \mathbb{N} = 0$ (car $z \mid 0$ pour tout $z \in \mathbb{N}$) et $\min \mathbb{N} = 1$ (car $1 \mid z$ pour tout $z \in \mathbb{N}$).

Pour la relation d'ordre usuelle, on a $\min \mathbb{N} = 0$ *et* $\mathbb{N}$ *n'est pas majoré.*

---

1. 闭区间 $[0,1]$ 存在最大值 1。

   区间 $[0,1[$ 不存在最大值：如果存在一个最大值 $M \in [0,1[$，设 $M' = \frac{M+1}{2}$，根据 M 的性质，我们得到 $M' \in [0,1[$ 和 $M' > M$ 两个结论，但它们是矛盾的。

2. 如果 E 是至少有两个元素的集合，设集合 $A = \{\{x\} \mid x \in E\}$ 是 E 中所有单元素集合的集合，那么在包含关系 $\subset$ 下，集合 A 没有最大值。

   实际上，如果存在一个最大值 $M = \{e\}$ 其中 $e \in E$，那么对于所有的 $x \in E$，$\{x\} \subset \{e\}$。因此，对于所有的 $x \in E$，$\{x\} = \{e\}$。从而得到，对于所有的 $x \in E$，$x = e$。也就是说所有元素都是 e，这与集合 E 至少有两个元素矛盾。

3. 关于 $\mathbb{N}$ 上的整除关系 $\mid$：

   - 在整除关系 $\mid$ 下，集合 $\{2,3,6\}$ 存在最大值 6 但不存在最小值（如 1 能整除 2, 3 和 6，但 1 不在集合内）；

   - 在整除关系 $\mid$ 下，有 $\max \mathbb{N} = 0$（因为对于所有的 $z \in \mathbb{N}$，有 $z \mid 0$）和 $\min \mathbb{N} = 1$（因为对于所有的 $z \in \mathbb{N}$，有 $1 \mid z$）。

     对于常用的序关系，$\min \mathbb{N} = 0$ 但 $\mathbb{N}$ 没有上界。

Le théorème suivant est fondamental : il montre que toute partie non vide de $\mathbb{N}$ admet un minimum en utilisant le principe de récurrence. L'exercice 7.12 p.283 établit la réciproque : si l'on suppose que toute partie non vide de $\mathbb{N}$ admet un minimum, alors on en déduit le principe de récurrence. Voir également la remarque 4.2 p.149.

如下定理是非常重要的。其中，我们使用归纳法证明了"自然数集 $\mathbb{N}$ 的任何非空子集都存在一个最小元素"。另外，习题 7.12 p.283 构建了其逆命题，如果假设自然数集 $\mathbb{N}$ 的任何非空子集都存在一个最小元素，那么可以推导出归纳法的原理。参看注释 4.2 p.149。

Théorème 7.1 – parties non vides de $\mathbb{N}$ 自然数集 $\mathbb{N}$ 的非空子集

Soit A une partie **non vide** de $\mathbb{N}$. Alors, pour la relation d'ordre usuelle,

1. A admet un minimum ;
2. si de plus A est majorée, alors A admet un maximum.

设 A 是自然数集 $\mathbb{N}$ 的一个非空子集。那么，对于常用序关系，

1. A 存在一个最小值；
2. 如果 A 有上界，那么 A 存在一个最大值。

Démonstration

1. Supposons par l'absurde que A n'admette pas de minimum. Montrons par récurrence que A est minorée par tout $n \in \mathbb{N}$.

   - *Initialisation.* On a bien $0 \leqslant a$ pour tout $a \in A$ donc A est minorée par 0.
   - *Hérédité.* Soit $n \in \mathbb{N}$ tel que A soit minorée par n. Comme A n'admet pas de minimum, on a nécessairement $n \notin A$, c'est-à-dire $n < a$ pour tout $a \in \mathbb{N}$. On a donc $n + 1 \leqslant a$ pour tout $a \in \mathbb{N}$ (on travaille ici avec des entiers) ce qui montre que $n + 1$ minore A.

   Par principe de récurrence, A est minorée par tout $n \in \mathbb{N}$, c'est-à-dire que $n \leqslant a$ pour tout $a \in A$. C'est absurde : en considérant un $a \in A$ (possible car $A \neq \varnothing$) et $n = a + 1 \in \mathbb{N}$, on aurait $a + 1 \leqslant a$, absurde. Ainsi A admet un minimum.

2. Supposons de plus que A soit majorée. L'ensemble $E = \{M \in \mathbb{N} \mid \forall a \in A, \ a \leqslant M\}$ des majorants de A est non vide (par hypothèse) donc admet un minimum m d'après le premier point. On a donc $a \leqslant m$ pour tout $a \in A$. Pour conclure que $m = \max A$, il reste à montrer que $m \in A$.

   - Si $m = 0$, on a $a \leqslant 0$ pour tout $a \in A$ donc $a = 0$ pour tout $a \in A$. Puisque $A \neq \varnothing$, on a $A = \{0\}$ et donc A admet pour maximum $0 = m$.
   - Si $m \neq 0$, $m - 1$ (qui est bien dans $\mathbb{N}$) ne majore pas A (sinon m ne pourrait pas être le minimum de E). Il existe donc $a \in A$ tel que $m - 1 < a$. Or m est dans E donc on a $m - 1 < a \leqslant m$. Puisque ces trois quantités sont des entiers, on a $m = a \in A$.

   Conclusion : A admet pour maximum m.

---

1. 证明任意的非空子集 A 存在最小值。通过反证法来证明，假设 A 没有最小值。用归纳法证明 "所有的 $n \in \mathbb{N}$ 是集合 A 的下界"。

   - 归纳奠基：对于所有的 $a \in A$，有 $0 \leqslant a$，因此 A 关于 0 有下界。
   - 归纳递推：设 $n \in \mathbb{N}$ 且是集合 A 的下界，（目标证得 $n + 1$ 也是 A 的下界）。由于假设 A 没有最小值，则必然有 $n \notin A$，也就是说对于所有的 $a \in \mathbb{N}$，$n < a$。因此对于所有的 $a \in \mathbb{N}$，有 $n + 1 \leqslant a$（这里我们考虑的是自然数），从而证得 $n + 1$ 也是集合 A 的下界。

   由归纳法得 "所有的 $n \in \mathbb{N}$ 是集合 A 的下界"。换言之，对于所有的 $a \in A$，$n \leqslant a$。我们得出一个矛盾的结果：考虑元素 $a \in A$（$A \neq \varnothing$）和 $n = a + 1 \in \mathbb{N}$，则有 $a + 1 \leqslant a$，也就是说 $n \in \mathbb{N}$ 不是 A 的下界，矛盾。因此，A 有一个最小值。

2. 更进一步，假设集合 A 有上界，那么集合 A 的所有上界构成的集合 $E = \{M \in \mathbb{N} \mid \forall a \in A, \ a \leqslant M\}$ 不是空集。由第一点结论可知，E 存在最小值 m。对于所有的 $a \in A$，$a \leqslant m$。因此证明 $m = \max A$，则只需证明 $m \in A$：

   - 如果 $m = 0$，则对于所有的 $a \in A$，有 $a \leqslant 0$。因此对于所有的 $a \in A$，$a = 0$。由于 $A \neq \varnothing$，则有 $A = \{0\}$，因此 A 存在最大值 $0 = m$。
   - 如果 $m \neq 0$，则 $m - 1$（包含于 $\mathbb{N}$）不是 A 的上界，那么存在 $a \in A$ 满足 $m - 1 < a$。由于 m 在 E 中，因此有 $m - 1 < a \leqslant m$。由于三个数均是整数，所有有 $m = a \in A$。

   总结：A 存在最大值 m。

Définition 7.12 – borne supérieure, borne inférieure 上确界，下确界

Soit E un ensemble, soit $\leqslant$ une relation d'ordre sur E et soit A une partie de E.

- On dit que A admet une *borne supérieure* s'il existe un élément $M \in E$

qui est le plus petit des majorants de A, c'est-à-dire :

1. M est un majorant de A : $a \leqslant M$ pour tout $a \in A$;
2. c'est le plus petit des majorants : si M' est un majorant de A (c'est-à-dire $a \leqslant M'$ pour tout $a \in A$) alors $M \leqslant M'$.

Si c'est le cas, M est unique et on pose $\sup A \stackrel{\text{déf}}{=} M$.

- On dit que A admet une *borne inférieure* s'il existe un élément $m \in E$ qui est le plus grand des minorants de A, c'est-à-dire :

1. m est un minorant de A : $m \leqslant a$ pour tout $a \in A$;
2. c'est le plus grand des minorants : si m' est un minorant de A (c'est-à-dire $m' \leqslant a$ pour tout $a \in A$) alors $m' \leqslant m$.

Si c'est le cas, m est unique et on pose $\inf A \stackrel{\text{déf}}{=} m$.

设 E 是一个集合，$\leqslant$ 是 E 上的一个序关系，集合 A 是 E 的一个子集。

- A 的**上确界**，为集合 A 所有上界中最小的元素 $M \in E$。换言之：

1. M 是 A 的一个上界：对于所有的 $a \in A$，$a \leqslant M$；
2. 它是所有上界中最小的：如果 M' 也是 A 的上界，则有 $M \leqslant M'$。

如果存在这样的上界，M 是唯一的，并记作 $\sup A \stackrel{\text{déf}}{=} M$。

- A 的**上确界**，定义为集合 A 所有下界中最大的元素 $m \in E$。换言之：

1. m 是 A 的一个下界：对于所有的 $a \in A$，$m \leqslant a$；
2. 它是所有下界中最大的：如果 m' 也是 A 的下界，则有 $m' \leqslant m$。

如果存在这样的下界，m 是唯一的，并记作 $\inf A \stackrel{\text{déf}}{=} m$。

Démonstration (de l'unicité de la borne supérieure et de la borne inférieure)
Supposons que A admette deux bornes supérieures M et M'. En particulier, M et M' sont des majorants de A : $a \leqslant M$ et $a \leqslant M'$ pour tout $a \in A$. Or M est le plus petit des majorants de A donc $M \leqslant M'$. De même, M' est le plus petit des majorants de A donc $M' \leqslant M$. Par antisymétrie de $\leqslant$, on a $M = M'$, ce qui démontre l'unicité (en cas d'existence) de la borne supérieure de A.
L'unicité de la borne inférieure se démontre de la même façon.

假设集合 A 有两个上确界 M 和 M'。特别地，M 和 M' 都是 A 的上界：对于所有 $a \in A$，有 $a \leqslant M$ 和 $a \leqslant M'$。由于，由于 M 是 A 的所有上界中最小的，因此我们有 $M \leqslant M'$；同样地，$M' \leqslant M$。根据 $\leqslant$ 的反对称性，得出 $M = M'$。证明了 A 的上确界的唯一性（如果存在的话）。
下确界的唯一性可以用相同的方法证明。

La différence principale entre maximum et borne supérieure est que la borne supérieure, quand elle existe, n'appartient pas nécessairement à la partie, contrairement au maximum.

最大值和上确界的主要区别在于，当上确界存在时，它不一定属于该集合，而最大值则一定属于集合。

Exemple 7.9

1. On a vu à l'exemple 7.8 p.274 que $[0,1[$ n'admet pas de maximum. Montrons que 1 est la borne supérieure de $[0,1[$:

   - 1 est bien un majorant de $[0,1[$: $x \leqslant 1$ pour tout $x \in [0,1[$;
   - soit M un majorant de $[0,1[$: $x \leqslant M$ pour tout $x \in [0,1[$. Supposons par l'absurde que $M < 1$. Il est clair qu'on ne peut pas avoir $M < 0$ car $0 \in [0,1[$. On a alors $0 \leqslant M < 1$ donc $M < \frac{M+1}{2}$. Or $\frac{M+1}{2} \in [0,1[$ donc M ne majore pas $[0,1[$, absurde. On a donc $M \geqslant 1$, ce qui montre que 1 est le plus petit des majorants de $[0,1[$.

   Conclusion : $[0,1[$ admet 1 comme borne supérieure.

2. Soit E un ensemble et soient A et B deux parties de E. Montrons que $\{A,B\}$ admet pour borne supérieure $A \cup B$ (on travaille dans $\mathscr{P}(E)$ muni de la relation d'inclusion $\subset$).

   - $A \cup B$ est bien un majorant de $\{A,B\}$: on a $A \subset A \cup B$ et $B \subset A \cup B$.
   - Soit $M \in \mathscr{P}(E)$ un majorant de $\{A,B\}$: $A \subset M$ et $B \subset M$. Ainsi, M contient à la fois A et B donc contient $A \cup B$: $A \cup B \subset M$. Ainsi $A \cup B$ est le plus petit des majorants de $\{A,B\}$.

   Conclusion : $\{A,B\}$ admet pour borne supérieure $A \cup B$.
   On montre de même que $\{A,B\}$ admet pour borne inférieure $A \cap B$.

---

1. 在例题 7.8 p.274 中，已知集合 $[0,1[$ 不存在最大值，证明 1 为 $[0,1[$ 的上确界：

   - 1 是 $[0,1[$ 集合的一个上界：对于所有的 $x \in [0,1[$，有 $x \leqslant 1$；
   - 设 M 是集合 $[0,1[$ 的上界：对于所有的 $x \in [0,1[$，$x \leqslant M$。应用反证法证明，假设 $M < 1$，由于 $0 \in [0,1[$，因此不可能有 $M < 0$，从而有 $0 \leqslant M < 1$，得 $M < \frac{M+1}{2}$。由于 $\frac{M+1}{2} \in [0,1[$，因此 M 不是 $[0,1[$ 的上界，矛盾。我们证得 $M \geqslant 1$，因此有 1 是 $[0,1[$ 的最小上界。

   总结：$[0,1[$ 的上确界为 1。

2. 设 E 是一个集合，A 和 B 是 E 的两个子集，证明集合 $\{A,B\}$ 的上确界 $A \cup B$（在 $\mathscr{P}(E)$ 中，使用包含 $\subset$ 作为序关系）。

   - $A \cup B$ 是 $\{A,B\}$ 的一个上界：因为有 $A \subset A \cup B$ 和 $B \subset A \cup B$。
   - 设 $M \in \mathscr{P}(E)$ 是 $\{A,B\}$ 任意的一个上界，则有 $A \subset M$ 和 $B \subset$

M。因此, M 既包含 A 也包含 B，因此也包含 $A \cup B$：即 $A \cup B \subset M$。因此 $A \cup B$ 是 $\{A, B\}$ 最小的上界。

总结：$\{A, B\}$ 的上确界为 $A \cup B$。

同样的方法可证明 $\{A, B\}$ 的下确界为 $A \cap B$。

Proposition 7.3 – le maximum est une borne supérieure, le minimum est une borne inférieure

最大值与上确界，最小值与下确界

Soit E un ensemble, soit $\leqslant$ une relation d'ordre sur E et soit A une partie de E.

- Si A admet un maximum, alors A admet une borne supérieure et $\sup A = \max A$.
- Si A admet un minimum, alors A admet une borne inférieure et $\inf A = \min A$.

- -

设 E 是一个集合，设 $\leqslant$ 是 E 上的一个序关系，设 A 是 E 的一个子集。

- 如果 A 存在最大值，那么 A 存在上界，并且 $\sup A = \max A$。
- 如果 A 存在最小值，那么 A 存在下界，并且 $\inf A = \min A$。

Démonstration

- Par définition du maximum, $\max A$ majore A : $a \leqslant \max A$ pour tout $a \in A$.
- Soit M un majorant de A : $a \leqslant M$ pour tout $a \in A$. Mais $\max A \in A$ donc $\max A \leqslant M$. Ainsi $\max A$ est le plus petit des majorants de A.

Conclusion : A admet pour borne supérieure $\max A$.

Le deuxième point se démontre de la même façon.

- -

- 根据最大值的定义可知 $\max A$ 是 A 的上界，即：对于所有的 $a \in A$，有 $a \leqslant \max A$。
- 设 M 是 A 的一个上界，则对于所有的 $a \in A$，$a \leqslant M$。又由于 $\max A \in A$，因此 $\max A \leqslant M$，从而证得 $\max A$ 是集合 A 最小的上界。

总结：A 存在上确界 $\max A$。

同样的方法可证明下确界。

Terminons ce chapitre sur un résultat fondamental que nous admettrons (il est lié à la construction même de $\mathbb{R}$ qui n'est pas abordée dans ce livre).

- -

让我们以一个与实数集 $\mathbb{R}$ 构造密切相关的重要结论来结束本章节。

Théorème 7.2 – propriété de la borne supérieure 上确界的性质

Toute partie non vide majorée de $\mathbb{R}$ possède une borne supérieure.
Toute partie non vide minorée de $\mathbb{R}$ possède une borne inférieure.

所有非空且有上界的实数集 $\mathbb{R}$ 的子集都有上确界。
所有非空且有下界的实数集 $\mathbb{R}$ 的子集都有下确界。

Remarque 7.2
Soient a et b deux nombres réels tels que $a \leqslant b$. On travaille avec la relation d'ordre $\leqslant$ usuelle sur $\mathbb{R}$.

- Les intervalles fermés à droite admettent un maximum :
$$\max \,]-\infty, b] = \max \,]a, b] = \max[a, b] = b.$$

- Les intervalles ouverts à droite admettent une borne supérieure mais pas de maximum :
$$\sup \,]-\infty, b[= \sup \,]a, b[= \sup[a, b[= b$$
(avec $a < b$ pour le cas $]a, b[$) ;

- Les intervalles fermés à gauche admettent un minimum :
$$\min[a, +\infty[= \min[a, b[= \min[a, b] = a$$

- Les intervalles ouverts à gauche admettent une borne inférieure mais pas de minimum ;
$$\inf \,]a, +\infty[= \inf \,]a, b[= \inf[a, b] = a$$
(avec $a < b$ pour le cas $]a, b[$) ;

- $\varnothing$, $\mathbb{R}$, $[a, +\infty[$ et $]a, +\infty[$ n'admettent pas de borne supérieure (ni de maximum) ;
- $\varnothing$, $\mathbb{R}$, $]-\infty, b]$ et $]-\infty, b[$ n'admettent pas de borne inférieure (ni de minimum).

设 a 和 b 是两个实数满足 $a \leqslant b$，设 $\leqslant$ 是 $\mathbb{R}$ 上的常用序关系。

- 如下右闭区间存在最大值：
$$\max \,]-\infty, b] = \max \,]a, b] = \max[a, b] = b$$

- 如下右开区间存在上确界，但不存在最大值
$$\sup \,]-\infty, b[= \sup \,]a, b[= \sup[a, b[= b$$
（当 $]a, b[$ 时，取 $a < b$）；

- 如下左闭区间存在最小值：
$$\min[a, +\infty[= \min[a, b[= \min[a, b] = a$$

- 如下左开区间存在下确界，但不存在最小值：
$$\inf \,]a, +\infty[= \inf \,]a, b[= \inf[a, b] = a$$
（当 $]a, b[$ 时，取 $a < b$）；

- $\varnothing$，$\mathbb{R}$，$[a, +\infty[$ 和 $]a, +\infty[$ 不存在上确界，也不存在最大值；
- $\varnothing$，$\mathbb{R}$，$]-\infty, b]$ 和 $]-\infty, b[$ 不存在下确界，也不存在最小值。

7.5 Exercices 习题

Les questions et exercices ayant le symbole ♠ sont plus difficiles.

- -

带有 ♠ 符号的习题有一定难度。

Exercice 7.1. Sur $\mathbb{R}^2$, on définit une relation par

$$(x, y) \sim (x', y') \iff x = x'.$$

Démontrer que c'est une relation d'équivalence puis déterminer les classes d'équivalence pour cette relation.

Exercice 7.2. On définit une relation $\preccurlyeq$ sur $\mathbb{N}$ par

$$p \preccurlyeq q \iff \exists k \in \mathbb{N}, \ q = p^k.$$

Démontrer que $\preccurlyeq$ est une relation d'ordre sur $\mathbb{N}$. Est-elle totale ?

Exercice 7.3. Soit E un ensemble et soit A une partie de E. On définit une relation sur $\mathscr{P}(E)$ par

$$X \sim Y \iff X \cap A = Y \cap B.$$

1. Démontrer que $\sim$ est une relation d'équivalence.
2. Déterminer les classes d'équivalence de $\varnothing$ et de E.
3. Déterminer une bijection de $\mathscr{P}(A)$ sur l'ensemble quotient $\mathscr{P}(E)/\sim$.

Exercice 7.4. On définit une relation $\sim$ sur $\mathbb{R}^2$ par

$$(x, y) \sim (x', y') \iff \big(\exists a > 0, \ \exists b > 0, \ x' = a\,x \text{ et } y' = b\,y\big).$$

1. Démontrer que $\sim$ est une relation d'équivalence.
2. Démontrer qu'il y a exactement 9 classes d'équivalence et les déterminer.

Exercice 7.5. Soient E et F sont deux ensembles et $f : E \to F$ une application. On définit une relation $\sim$ sur E par

$$x \sim y \iff f(x) = f(y).$$

1. Montrer que $\sim$ est une relation d'équivalence.

2. On pose
$$\overline{f} : \begin{cases} E/\sim & \longrightarrow & F \\ \overline{x} & \longmapsto & f(x). \end{cases}$$

Démontrer que cette application est bien définie, c'est-à-dire que cette définition ne dépend pas du choix des représentants (autrement dit : démontrer que, pour tout $x, y \in E$, si $\overline{x} = \overline{y}$ alors $f(x) = f(y)$).

3. Démontrer que $\overline{f}$ est injective.

À la proposition 3.7 p.117, on avait vu qu'à partir d'une application $f : E \to F$, on pouvait toujours construire par corestriction une application surjective $f|^{\mathrm{Im}\,f} : E \to \mathrm{Im}\,f$. Cet exercice montre qu'on peut toujours construire une application injective $\overline{f} : E/\sim \to F$ à partir de f.

Exercice 7.6. Soit E et F deux ensembles et soient $\leqslant_E$ et $\leqslant_F$ des relations d'ordre sur E et sur F. On définit une relation $\preccurlyeq$ sur $E \times F$ par

$$(x, y) \preccurlyeq (x', y') \iff \big(x <_E x' \text{ ou } (x = x' \text{ et } y \leqslant_F y) \big)$$

appelée *ordre lexicographique* (ici $<_E$ est la relation d'ordre strict associée à $\leqslant_E$).

1. Démontrer que $\preccurlyeq$ est une relation d'ordre sur $E \times F$.

2. Démontrer que $\preccurlyeq$ est total si et seulement si $\leqslant_E$ et $\leqslant_F$ sont totaux.

Exercice 7.7. Soit E un ensemble fini de cardinal n. Combien existe-t-il :

1. de relations sur E ?

2. de relations réflexives sur E ?

3. de relations symétriques sur E ?

4. de relations antisymétriques sur E ?

5. de relations d'ordre totales ?

Il n'existe pas de formule « simple » pour le nombre de relations d'ordre sur E. Pour le nombre de relations d'équivalence sur E qui le même que le nombre de partitions de E (nombre de Bell), voir l'exercice 6.9 p.255.

Exercice 7.8. On dit qu'une relation d'ordre sur un ensemble E est un *bon ordre* si toute partie non vide de E admet un minimum.

1. Donner un exemple de bon ordre et donner un exemple d'une relation d'ordre qui n'est pas un bon ordre.

2. Soit E un ensemble et soit $\leqslant$ une relation d'ordre sur E. Démontrer que si $\leqslant$ est un bon ordre alors c'est une relation d'ordre totale. La réciproque est-elle vraie ?

3. On munit $E \times E$ de l'ordre lexicographique $\preccurlyeq$ (voir l'exercice 7.6 p.282). Montrer que $\preccurlyeq$ est un bon ordre si et seulement si $\leqslant$ est un bon ordre.

Exercice 7.9. On travaille dans $\mathbb{N}$ avec la relation de divisibilité notée « $\mid$ ». L'ensemble $E = \{2^n \mid n \in \mathbb{N}\}$ possède-t-il un minimum? Un maximum? Une borne inférieure? Une borne supérieure?

Exercice 7.10. On travaille dans un ensemble E muni d'un ordre total $\leqslant$. On note $<$ la relation d'ordre stricte associée. Soit A une partie de E et soit m un majorant de A. Démontrer que $s = \sup A$ si e seulement si pour tout $x \in E$ tel que $x < s$, il existe $a \in A$ tel que $x < a \leqslant s$. Que se passe-t-il si l'ordre n'est pas total?

Exercice 7.11 (♠). On définit une relation $\sim$ sur $\mathbb{N}^2$ par

$$(a, b) \sim (c, d) \iff a + d = b + c.$$

1. Démontrer que $\sim$ est une relation d'équivalence sur $\mathbb{N}^2$.
2. Expliquer pourquoi l'ensemble quotient $\mathbb{N}^2/\sim$ permet de définir l'ensemble $\mathbb{Z}$ des entiers relatifs.
3. On définit une opération notée $\oplus$ sur $\mathbb{N}^2$ par

$$(a, b) \oplus (c, d) \overset{\text{déf}}{=} (a + c, b + d).$$

Expliquer comment on peut définir l'addition $+$ sur $\mathbb{Z} = \mathbb{N}^2/\sim$ à partir de $\oplus$.

Exercice 7.12 (♠). Démontrer que si l'on suppose que toute partie non vide de $\mathbb{N}$ admet un minimum (pour la relation d'ordre usuel), alors on en déduit le *principe de récurrence*, c'est-à-dire que pour toute proposition $\mathscr{P}$, si

$$\mathscr{P}(0) \quad \text{et} \quad \Big(\forall n \in \mathbb{N},\ \big(\mathscr{P}(n) \implies \mathscr{P}(n+1)\big)\Big)$$

alors $\mathscr{P}(n)$ pour tout $n \in \mathbb{N}$. *Voir la remarque 4.2 p.149 et le texte avant le théorème 7.1 p.275.*

Index 索引